수리 강의록 시리즈 1

2017년 개정판

이공학도를 위한

수학의 기초

경북대학교 기초교육원

KM 경문사

머리말

대부분의 전공분야에서는 효율적인 교수/학습/연구를 위해 어느 정도의 수학적 지식을 요구하며, 대학에서는 이러한 수학적 지식에 대한 요구를 충족하고자 영역에 따라 적절한 교재를 채택하여 대학수학을 지도해 오고 있다. 그러나 일반적으로 많이 사용되는 미국을 중심으로 개발된 많은 대학수학 교재들은 상당 부분이 우리나라 고등학교 교육과정과 중복이 되어 있어 효율적인 교육을 어렵게 하고 있다.

본 강의록에서는 고등학교와 중복부분을 가능한 한 제외하고 대학수학에서 반드시 필요한(실제 강의에서 반드시 다루어야만 하는) 핵심 내용만을 정선하고자 시도하였으나, 이에 따라 풍부한 설명이나 예시가 부족하여 학생들의 지적인 호기심을 충분히 해소할 수 없는 한계를 가지고 있다. 따라서 본 강의록시리즈를 강의에 사용할 때에는 적절한 부교재를 선택하여 학생들이 참고할 수 있도록 하는 것을 권장한다.

강의록시리즈는 2009년에 처음 강의록시리즈1 이공학도를 위한 수학의 기초와 강의록시리즈2 이공학도를 위한 대학수학을 발간하였고 이후 내용을 보완하여 개정판을 발간하게 되었으며, 2011년에는 강의록시리즈3 경영·경제학도를 위한 선형계획법과 미분적분학을 발간하였다. 앞으로 생명과학도를 위한 대학수학, 수리적사고 등의 강의록은 개발되는 대로 출간할 예정이다.

강의록시리즈1 이공학도를 위한 수학의 기초는 이공학도를 위한 대학수학을 수강하는데 필요한 수학의 기초지식을 다루고 있으며, 강의록시리즈2 이공학도를 위한 대학수학은 이공계 전공에 꼭 필요한 미적분학 및 기초선형대수를 다루고 있고, 강의록시리즈3 경영·경제학도를 위한 선형계획법과 미분적분학은 선형모델, 선형계획법, 복리법 그리고 기초 미분적분학 등 경영·경제학 분야에서 요구되는 수학적 지식을 다루고 있다. 생명과학도를 위한 대학수학은 미분적분학보다는 BT분야에서 직접적으로 활용될 수 있는 수학적 기법들을 주로 다루며, 수리적사고는 생활 속에서 다양하게 이용되는 수학적 원리들을 직접 경험하게 함으로써, 수학의 아름다움을 이해하고 생활 속에서 수학을 활용할 수 있도록 개발 중이다.

교재의 개발이 완벽하지 못하여 수정 및 개선이 필요한 부분이 많아 깊은 유감을 느끼며 다음 판에서는 좀 더 개선된 모습으로 바뀔 수 있도록 최선의 노력을 다하고자 한다. 독자들의 넓은 이해를 구하며, 고쳐야할 부분과 부족한 부분에 대한 기탄없는 지적과 질타를 구한다.

경북대학교 기초교육원

차 례

제 3 장 적분 / 149

제 4 장 수열 / 211

제 5 장 공간벡터와 행렬 / 239

찾아보기 / 283

제1장 함수

1.1 함수와 함수의 연산

정의 1.1.1 [함수]

실수의 집합 $\mathbb{R}$의 두 부분집합 X, Y에 대하여, X의 각 원소 x를 Y의 오직 하나의 원소 y에 대응시키는 대응규칙 f를 X에서 Y로의 **함수**(function)라고 하고,

$$f : X \to Y \quad (\text{간단히 } f \text{ 또는 } f(x))$$

와 같이 나타낸다. 이때

(1) y를 함수 f에 의한 x의 **상**(image), 또는 x에서 f의 **함숫값**(function value)이라고 하고, $y = f(x)$라고 쓴다.

(2) 집합 X를 f의 **정의역**(domain), 집합 Y를 f의 **공역**(co-domain), 집합 $f(X) = \{f(x) \mid x \in X\}$를 f의 **치역**(range)이라고 부른다.

(3) 함수 $f : X \to Y$에 대하여, 집합 $\{(x, f(x)) \mid x \in X\}$를 f의 **그래프**(graph)라 한다.

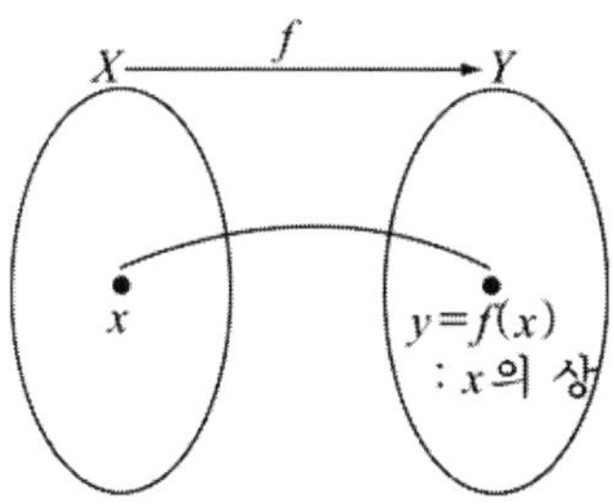

[그림 1.1.1]

예제 1.1.2 함수 $f(x)=2x+3$의 정의역이 $\{x \mid 1 \le x \le 6\}$일 때, 함수 f의 치역을 구하여라.

●●● **풀이** $1 \le x \le 6$이면 $2 \le 2x \le 12$이고 $5 \le 2x+3 \le 15$이다. 따라서 함수 f의 치역은 $\{y \mid 5 \le y \le 15\}$이다.

예제 1.1.3 다음 함수의 정의역과 치역을 구하여라.

(1) $f(x)=x^2$ (2) $g(x)=\dfrac{1}{x}$ (3) $h(x)=\sqrt{x}$

(4) $p(x)=\dfrac{3x}{x^2-4}$ (5) $q(x)=\sqrt{4-3x}$

●●● **풀이** (1) f의 정의역은 실수의 집합이고 치역은 음이 아닌 실수의 집합이다.

(2) g의 정의역과 치역은 0을 제외한 실수의 집합이다.

(3) h의 정의역과 치역은 음이 아닌 실수의 집합이다.

(4) p의 정의역은 $\{x \mid x \neq \pm 2\}$이고 치역은 실수의 집합이다.

(5) q의 정의역은 $\left\{x \mid x \le \dfrac{4}{3}\right\}$이고 치역은 음이 아닌 실수의 집합이다.

정의 1.1.4 [증가함수와 감소함수]

구간 I에서 정의된 함수 f가 $x_1 < x_2$인 임의의 두 점 $x_1, x_2 \in I$에 대하여,

(1) $f(x_1) < f(x_2)$일 때, 함수 f는 구간 I에서 **증가함수**(increasing function)라고 한다.

(2) $f(x_1) > f(x_2)$일 때, f는 구간 I에서 **감소함수**(decreasing function)라고 한다.

(3) $f(x_1) = f(x_2)$일 때, f는 구간 I에서 **상수함수**(constant function)라고 한다.

예제 1.1.5 함수 $y=f(x)$의 그래프가 다음 그림과 같다고 하자. 함수 $f(x)$가 증가하는 구간, 감소하는 구간과 상수함수가 되는 구간을 구하여라.

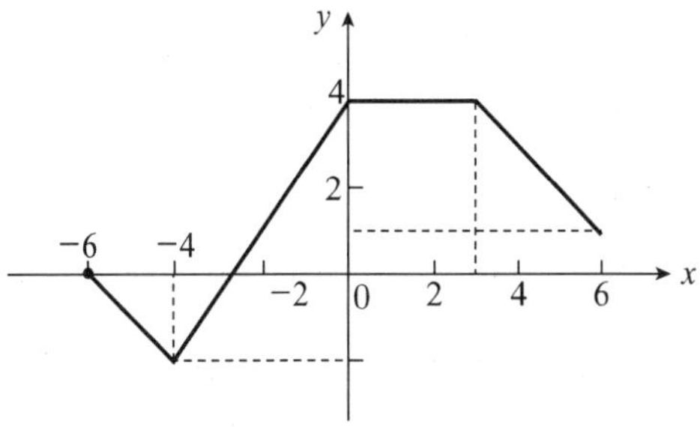

[그림 1.1.2]

풀이 $f(x)$가 감소하는 구간은 $[-6, -4] \cup [3, 6]$이고, 증가하는 구간은 $[-4, 0]$이다. 그리고 $f(x)$가 상수함수인 구간은 $[0, 3]$이다.

정의 1.1.6 [우함수와 기함수]

실수의 집합 $\mathbb{R}$에서 정의된 함수 f가 임의의 실수 x에 대하여,

(1) $f(-x)=f(x)$를 만족하면 함수 f를 **우함수**(even function)라 하고

(2) $f(-x)=-f(x)$를 만족하면 함수 f를 **기함수**(odd function)라 한다.

예제 1.1.7 두 함수 $f(x)=|x|$와 $g(x)=x^3$가 우함수인지 기함수인지 정의를 이용하여 판별하여라.

풀이 $f(-x)=|-x|=|x|=f(x)$이므로 f는 우함수이고

$g(-x)=(-x)^3=-x^3=-g(x)$이므로 g는 기함수이다.

[그래프 그리는 방법]

함수 $y=f(x)$의 그래프가 주어져 있을 때

(1) x축 방향으로 평행이동: 함수 $y=f(x-c)$ (c는 상수)의 그래프는 주어진 그래프를 x축 방향으로 c만큼 평행이동한 그래프이다.

(2) y축 방향으로 평행이동: 함수 $y=f(x)+c$ (c는 상수)의 그래프는 주어진 그래프를 y축 방향으로 c만큼 평행이동한 그래프이다.

(3) 수축과 확장: 함수 $y=kf(x)$ ($k>0$는 상수)의 그래프는 주어진 그래프를 수직으로 수축($0<k<1$)하거나 수직으로 확장($k>1$)한 그래프이다.

(4) x축 대칭: 함수 $y=-f(x)$의 그래프는 주어진 함수의 그래프를 x축에 대하여 대칭이동한 그래프이다.

(5) y축 대칭: 함수 $y=f(-x)$의 그래프는 주어진 그래프를 y축에 대하여 대칭이동한 그래프이다.

(6) 원점 대칭: 함수 $y=-f(-x)$의 그래프는 주어진 그래프를 원점에 대하여 대칭이동한 그래프이다.

정리 1.1.8

함수 f가 우함수이면 f의 그래프는 y축에 대하여 대칭이고, 함수 f가 기함수이면 f의 그래프는 원점에 대하여 대칭이다.

정의 1.1.9 [주기함수]

모든 x에 대해 $f(x+p)=f(x)$인 양수 p가 존재할 때, $y=f(x)$를 **주기함수**(periodic function)라고 하고, 이때 최소 양수 p를 함수 f의 **주기**(period)라고 한다.

예제 1.1.10 함수 $y=|x|$의 그래프를 이용하여 $y=3|x|$의 그래프를 그려라.

●●● **풀이** $y=3|x|$의 그래프는 $y=|x|$의 그래프를 수직으로 확장하면 아래와 같다.

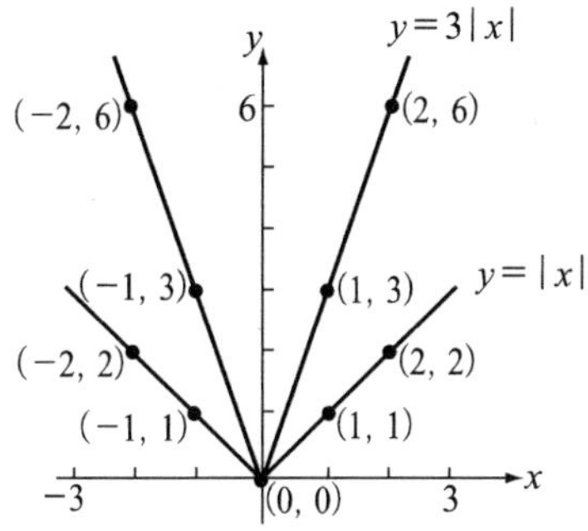

[그림 1.1.3]

예제 1.1.11 함수 $y=x^3$의 그래프를 이용하여 $y=(x-1)^3+3$의 그래프를 그려라.

●●● **풀이** $y=(x-1)^3+3$의 그래프는 $y=x^3$의 그래프를 x축 방향으로 1만큼 평행이동하고 y축 방향으로 3만큼 평행이동하면 다음과 같다.

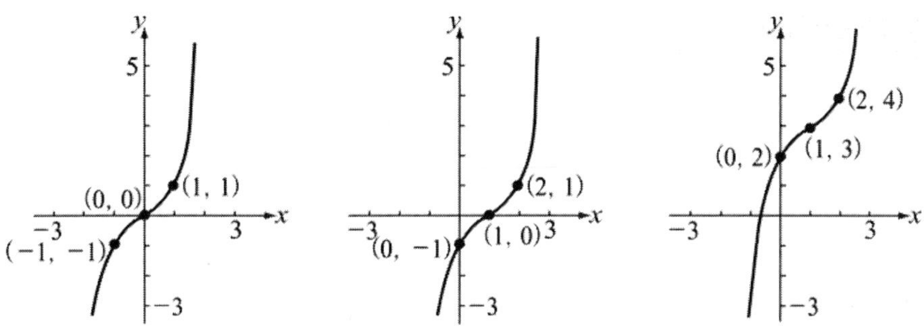

$y=x^3$　　　$y=(x-1)^3$　　　$y=(x-1)^3+3$

정의 1.1.12 [함수의 연산]

두 함수 $f: X_1 \to \mathbb{R}$, $g: X_2 \to \mathbb{R}$ 와 상수 c에 대하여, cf, $f+g$, $f-g$, fg, f/g을 다음과 같이 정의한다.

(1) $(cf)(x) = cf(x)$

(2) $(f+g)(x) = f(x) + g(x)$

(3) $(f-g)(x) = f(x) - g(x)$

(4) $(fg)(x) = f(x)g(x)$

(5) $(f/g)(x) = f(x)/g(x)$

여기서, cf의 정의역은 X_1이고 $f+g$, $f-g$, fg의 정의역은 $X_1 \cap X_2$이며 f/g의 정의역은 $X_1 \cap X_2 \cap \{x \mid g(x) \neq 0\}$이다.

예제 1.1.13 두 함수 $f(x) = \dfrac{1}{2x}$와 $g(x) = \sqrt{-x}$에 대하여, $(fg)(x)$의 정의역을 구하고 $(fg)(-1)$을 구하여라.

풀이 $(fg)(x)$의 정의역은 $\{x \mid x \neq 0\} \cap \{x \mid x \leq 0\} = \{x \mid x < 0\}$이고 $(fg)(-1) = f(-1)g(-1) = -\dfrac{1}{2}$이다.

정의 1.1.14 [합성]

두 함수 f와 g의 **합성**(composite) $f \circ g$는

$$(f \circ g)(x) = f(g(x))$$

로 정의한다. 여기서, $f \circ g$의 정의역은 $g(x)$가 f의 정의역에 속하는 g의 정의역 원소들의 집합이다.

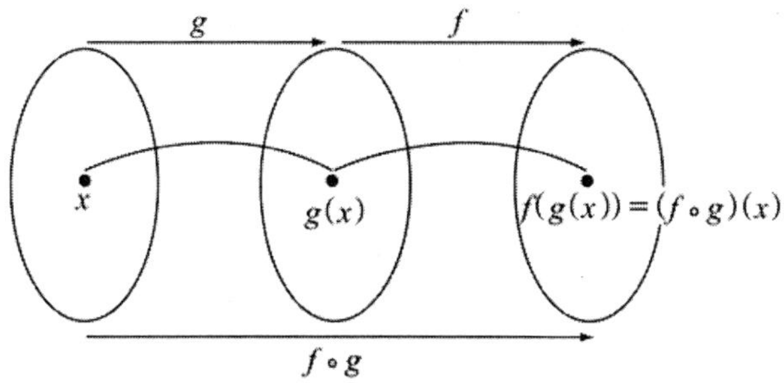

[그림 1.1.5]

예제 1.1.15 두 함수 $f(x)=\sqrt{x}$ 와 $g(x)=x^3-1$에 대하여, $f\circ g$와 $g\circ f$와 정의역을 구하여라.

풀이 $(f\circ g)(x)=f(g(x))=f(x^3-1)=\sqrt{x^3-1}$ 이고, $f\circ g$의 정의역은 $\{x \mid x^3-1\geq 0\}=\{x \mid x\geq 1\}$이다.

또한, $(g\circ f)(x)=g(f(x))=g(\sqrt{x})=(\sqrt{x})^3-1=x\sqrt{x}-1$ 이고, $g\circ f$ 의 정의역은 $\{x \mid x\geq 0\}$이다.

위의 예제에서 보듯이 일반적으로 $f\circ g\neq g\circ f$ 이다.

예제 1.1.16 세 함수 $f(x)=x^2$, $g(x)=\dfrac{1}{x+1}$와 $h(x)=2x+1$에 대하여, $f\circ f$ 와 $(f\circ g)\circ h$를 구하여라.

풀이 $(f\circ f)(x)=f(x^2)=x^4$이고,

$$((f\circ g)\circ h)(x)=(f\circ g)(2x+1)=f(g(2x+1))$$
$$=f\left(\frac{1}{(2x+1)+1}\right)=\left(\frac{1}{2x+2}\right)^2=\frac{1}{4(x+1)^2}$$

정의 1.1.17 [일대일 함수와 일대일 대응]

함수 $f: X \to Y$에 대하여,

(1) $x_1 \neq x_2$인 임의의 $x_1, x_2 \in X$가 $f(x_1) \neq f(x_2)$를 만족하면 함수 f를 **단사**(injective) 또는 **일대일 함수**(one-to-one function)라 한다.

(2) $f(X) = Y$이면 함수 f를 **전사**(surjective 또는 onto)라고 한다.

(3) f가 단사이고 전사이면 함수 f를 **전단사**(bijective) 또는 **일대일 대응**(one-to-one correspondence)이라고 한다.

정리 1.1.18

증가함수와 감소함수는 일대일 함수이다.

정의 1.1.19 [역함수]

함수 $f: X \to Y$에서 Y의 각 원소 y에 대하여, $f(x) = y$을 만족하는 x가 X에 유일하게 존재하면 y를 x에 대응시키는 함수 $g: Y \to X$가 존재한다. 이때 $g: Y \to X$를 $f: X \to Y$의 **역함수**(inverse function)라고 부르고 $g = f^{-1}$로 나타낸다. 즉,

$$f: X \to Y,\ f(x) = y \quad \Leftrightarrow \quad g: Y \to X,\ x = g(y)$$

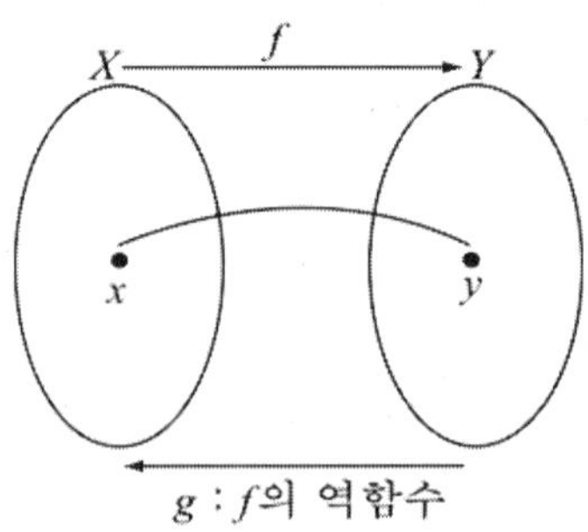

[그림 1.1.6]

정의 1.1.19 를 만족하는 함수 f는 일대일 대응임을 알 수 있고 $f^{-1}(f(x))=x$ 이고 $f(f^{-1}(y))=y$임을 알 수 있다. 그리고 f의 정의역과 f^{-1}의 치역이 같고 f의 치역과 f^{-1}의 정의역이 같다.

예제 1.1.20 다음의 두 함수가 서로의 역함수임을 보여라.

(1) $f(x)=2x+3$, $g(x)=\frac{1}{2}(x-3)$

(2) $f(x)=x^3$, $g(x)=\sqrt[3]{x}$

●●● **풀이** (1) $g(f(x))=g(2x+3)=\frac{1}{2}((2x+3)-3)=x$이고,

$f(g(x))=f\left(\frac{1}{2}(x-3)\right)=2\left(\frac{1}{2}(x-3)\right)+3=x$이다.

(2) $g(f(x))=g(x^3)=\sqrt[3]{x^3}=x$이고 $f(g(x))=f(\sqrt[3]{x})=(\sqrt[3]{x})^3=x$ 이다.

정리 1.1.21

함수 f의 그래프와 역함수 f^{-1}의 그래프는 직선 $y=x$에 대하여 서로 대칭이다.

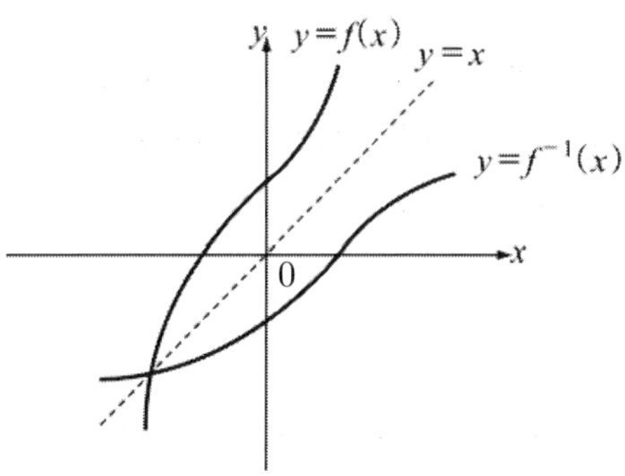

[그림 1.1.7]

정리 1.1.22

두 함수 $f: X \to Y$와 $g: Y \to Z$가 일대일 대응이면, 다음이 성립한다.

$$(g \circ f)^{-1} = f^{-1} \circ g^{-1}$$

일반적으로 $f: X \to Y$가 일대일 함수일 때, 공역 Y를 치역 $f(X)$로 바꾸면 함수 $f: X \to f(X)$는 일대일 대응이므로 역함수를 구할 수 있다.

[역함수를 구하는 방법]

(1) 함수 $y = f(x)$가 일대일 함수인지 판별한다.

(2) $y = f(x)$에서 x와 y을 교환하여 $x = f(y)$을 얻는다.

(3) $x = f(y)$를 y에 대하여 정리하여 $y = f^{-1}(x)$의 형태가 되게 한다.

예제 1.1.23 함수 $f(x) = x^2\ (x \geq 0)$의 역함수를 구하여라.

풀이 역함수를 구하는 방법에 따라

(1) $f(x) = x^2\ (x \geq 0)$은 일대일 함수이다. 따라서 f는 역함수를 가진다.

(2) x와 y을 교환하여 $x = y^2\ (y \geq 0)$을 얻는다.

(3) $x, y \geq 0$이므로 y에 대하여 정리하면 $y = \sqrt{x}$ 이다.
즉, $f^{-1}(x) = \sqrt{x}$ 이다.

예제 1.1.24 함수 $f(x) = \dfrac{1}{x+2}$의 역함수를 구하여라.

●●● **풀이** 역함수를 구하는 방법에 따라

(1) $f(x)=\dfrac{1}{x+2}$은 $x\neq-2$에서 일대일 함수이다. 따라서 f는 역함수를 가진다.

(2) x와 y을 교환하여 $x=\dfrac{1}{y+2}\ (y\neq-2)$을 얻는다.

(3) $x\neq 0$이므로 y에 대하여 정리하면 $y=\dfrac{1}{x}-2$이다.

즉, $f^{-1}(x)=\dfrac{1}{x}-2$이다.

▶▶▶ 연습문제 1.1

STEP 1

01 다음 중에서 y가 x의 함수의 그래프가 아닌 것을 찾으면?

①
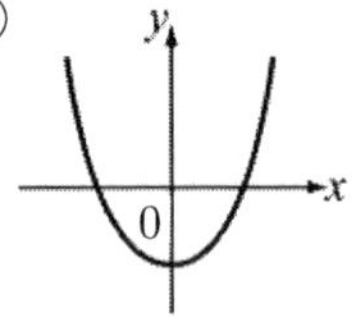

②
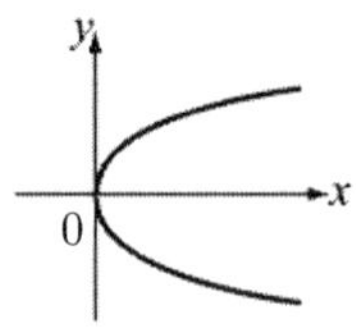

③
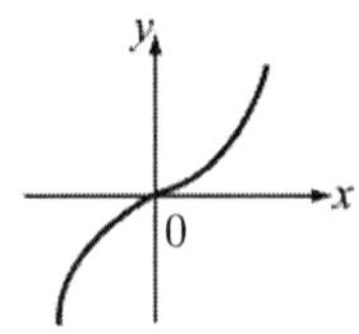

④
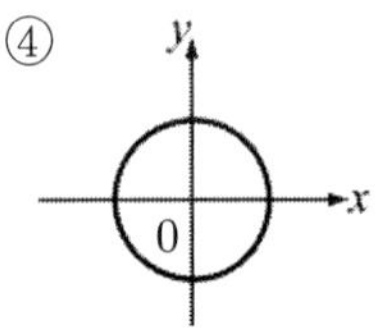

⑤
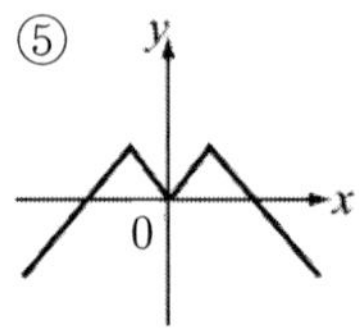

02 함수 $f(x) = x^2 + 2x - 4$의 함숫값 $f(0)$와 $f(-1)$을 구하여라.

03 다음 함수의 정의역을 구하여라.

(1) $f(x) = x^2 - 2x$　　(2) $f(x) = \dfrac{x^2 - 4}{x - 2}$

(3) $f(x) = \sqrt{x-1}$　　(4) $f(x) = \sqrt{x-1} - \sqrt{x+1}$

04 함수 $y = 2x^3$의 그래프를 이용하여 다음 함수의 그래프를 그려라.

(1) $y = 2x^3 + 4$　　(2) $y = -2(x+1)^3$

05 다음 함수의 그래프를 그려라.

(1) $y = |x-1|$　　(2) $y = |x| - 1$　　(3) $y = |x-1| - 1$

06 정의를 이용하여 다음 함수가 우함수인지, 기함수인지 또는 어느 것도 아닌지 설명하여라.

(1) $f(x) = x + |x|$ (2) $g(x) = \dfrac{1}{x^2}$ (3) $h(x) = \dfrac{x^3}{3x^2 - 9}$

07 두 함수 $f(x)$와 $g(x)$의 함숫값이 다음 표와 같다.

x	1	2	3	4	5	6
$f(x)$	3	1	4	2	2	5
$g(x)$	6	3	2	1	2	3

이때 다음 함숫값을 구하여라.

(1) $f(g(1))$ (2) $g(f(1))$ (3) $(f \circ f)(1)$

(4) $g(g(1))$ (5) $(f \circ g)(6)$ (6) $(g \circ f)(3)$

08 세 함수 $f(x) = x^2$, $g(x) = x - 1$와 $h(x) = 2\sqrt{x}$ 에 대하여, 다음 함숫값을 구하여라.

(1) $(f + g)(1)$ (2) $\left(\dfrac{f}{g}\right)(4)$ (3) $(f \circ g)(0)$

09 주어진 두 함수 f, g에 대하여, 합성 $f \circ g$ 와 $g \circ f$ 를 구하여라.

(1) $f(x) = \dfrac{1}{x}$, $g(x) = x^2 - 1$ (2) $f(x) = 2x^2 + 1$, $g(x) = \sqrt{x}$

10 다음 함수가 일대일 함수인지 아닌지 판별하여라.

(1) $f(x) = \dfrac{1}{2}x + 3$ (2) $f(x) = (x + 2)^2$

(3) $f(x) = x^3 + x^2$ (4) $f(x) = \sqrt{x} + 2$

11. 다음 함수의 역함수를 구하여라.

(1) $f(x)=x+3$

(2) $f(x)=x^2\ (x\le 0)$

(3) $f(x)=\dfrac{2}{x+1}$

(4) $f(x)=\dfrac{4x+3}{2x-1}$

STEP 2

12. 다음 함수의 정의역을 구하여라.

(1) $f(x)=\dfrac{x-4}{x^3-4x}$

(2) $f(x)=\sqrt{x^2-x-2}$

(3) $f(x)=\dfrac{1}{|x-1|+|x+1|}$

(4) $f(x)=\dfrac{1}{\sqrt{(x+1)^2}}$

13. 다음 함수의 그래프를 그려라.

(1) $y=(x+2)^2+1$

(2) $y=|x-1|^2$

(3) $y=2-\sqrt{x-2}$

14. 다음 함수가 우함수인지 기함수인지 설명하여라.

(1) $f(x)=x^2|x|$

(2) $f(x)=x|x|$

15. 실수의 집합 $\mathbb{R}$에서 $\mathbb{R}$로의 함수 f를 $f(x)=a|x-1|+(2-a)x+a$ 로 정의할 때, f가 일대일 대응이 되는 실수 a의 값의 범위를 구하여라.

16. 함수 $f(x)=\dfrac{x+a}{x-3}$ 의 역함수는 $f^{-1}(x)=\dfrac{3x-2}{x-1}$ 이다. 실수 a의 값을 구하여라.

17. 함수 $f(x)=\dfrac{x}{x+1}$일 때, $(f\circ f)(x)$와 $(f\circ(f\circ f))(x)$를 구하여라.

18. 양의 실수의 집합에서 정의된 함수 $f(x)=\sqrt{x}$와 $g(x)=2x-1$에 대하여, $(g^{-1}\circ f^{-1})(x)$를 구하여라.

STEP 3

19. 다음 함수의 그래프를 그려라.

(1) $y=(x-1)^2-1$　　(2) $y=(|x|-1)^2-1$

(3) $y=|(x-1)^2-1|$

20. 함수 $f(x)$가 우함수이고 $g(x)$가 기함수일 때, 다음 함수가 우함수인지 기함수인지 설명하여라.

(1) $(fg)(x)$　　(2) $(g(x))^3$　　(3) $(f\circ g)(x)$

21. 함수 $f(x)=\begin{cases}2x+1, & x\ge 0\\ -x^2+1, & x<0\end{cases}$가 $f^{-1}(3)+f^{-1}(a)=0$을 만족할 때, a의 값을 구하여라.

22. 함수 $f(x)=\dfrac{1}{4}x^2+a\quad(x\ge 0)$의 역함수를 $g(x)$라 할 때, 방정식 $f(x)=g(x)$이 음이 아닌 서로 다른 두 실근을 가질 a의 범위를 구하여라.

1.2 유리함수와 무리함수

정의 1.2.1 [다항함수]

n이 음이 아닌 정수일 때, 함수

$$f(x) = a_n x^n + a_{n-1} x^{n-1} + \cdots + a_1 x + a_0$$

를 **정함수** 혹은 **다항함수**(polynomial function)라 부른다. 여기서 $a_n \neq 0$이고 $a_n, a_{n-1}, \cdots, a_1, a_0$ 는 실수이다. 이때 정수 n을 $f(x)$의 **차수**(degree)라 한다. 다항함수의 정의역은 실수의 집합이다.

정의 1.2.1에서 $n=1$인 경우 즉, $f(x) = a_1 x + a_0$ $(a_1 \neq 0)$를 **일차함수**(linear function)라고 한다.

일차함수 $y = a_1 x + a_0$의 그래프는 기울기가 a_1이고 y절편이 a_0인 직선이다. $a_1 > 0$이면 $y = a_1 x + a_0$는 증가하는 함수이고 $a_1 < 0$이면 감소하는 함수이다.

예제 1.2.2 구간 $1 \leq x \leq 3$에서 일차함수 $y = 2x - 1$의 최댓값과 최솟값을 구하여라.

●●● **풀이** 일차함수 $y = 2x - 1$은 기울기가 2이므로 증가하는 함수이다. 따라서 $x = 1$일 때, $y = 1$이 최솟값이고 $x = 3$일 때, $y = 5$가 최댓값이다.

정리 1.2.3

$x_1 \neq x_2$인 두 점 $P_1(x_1, y_1)$과 $P_2(x_2, y_2)$를 지나는 직선의 방정식은 다음과 같다.

$$y - y_1 = \frac{y_2 - y_1}{x_2 - x_1}(x - x_1)$$

예제 1.2.4 두 점 $(2,3)$과 $(-4,5)$를 지나는 직선의 방정식을 구하여라.

●●● **풀이** 구하는 직선의 방정식은 $y-3=\dfrac{5-3}{-4-2}(x-2)$이다. 즉,

$$y=-\frac{1}{3}x+\frac{11}{3}$$

정의 1.2.1에서 $n=2$인 경우 즉, $f(x)=a_2x^2+a_1x+a_0\ \ (a_2\neq 0)$를 **이차함수** (quadratic function)라고 한다.

이차함수 $f(x)=a_2x^2$의 그래프는 다음과 같다.

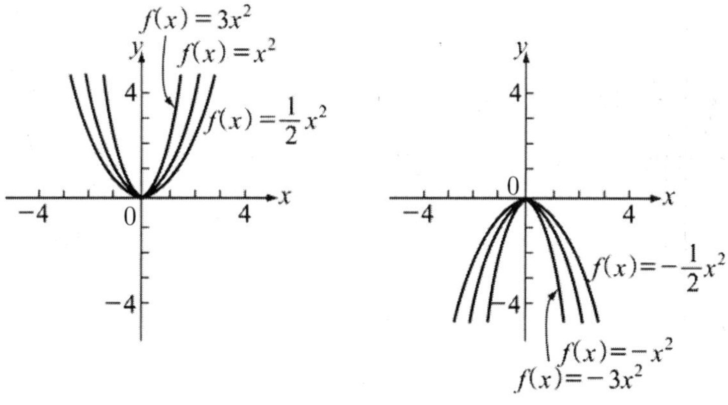

$a_2>0$인 경우 　　　　　 $a_2<0$인 경우

[그림 1.2.1]

$|a_2|$ 의 값이 크면 클수록 그 폭이 좁아진다. 즉, $|a_2|$ 의 값에 따라서 폭이 넓어지고 좁아진다. 이때 점 $(0,0)$을 $f(x)=a_2x^2$의 그래프의 **꼭짓점**, y축을 **대칭축**이라 부른다. 또한,

$$f(x)=a_2x^2+a_1x+a_0=a_2\left(x+\frac{a_1}{2a_2}\right)^2-\frac{a_1^2-4a_0a_2}{4a_2}$$

이므로 이차함수 $f(x)=a_2x^2+a_1x+a_0$의 그래프의 y절편은 a_0, 꼭짓점은 $\left(-\dfrac{a_1}{2a_2},\ -\dfrac{a_1^2-4a_0a_2}{4a_2}\right)$이고 대칭축은 $x=-\dfrac{a_1}{2a_2}$이다. 따라서 $f(x)=a_2x^2+a_1x+a_0$의 그래프는 $y=a_2x^2$의 그래프를 평행이동하여 그릴 수 있다.

예제 1.2.5 이차함수 $f(x)=2x^2+8x+5$의 꼭짓점을 구하고, 그래프를 그려라.

풀이 $f(x)=2x^2+8x+5=2(x+2)^2-3$이므로 꼭짓점은 $(-2,-3)$이고 그래프는 $y=2x^2$의 그래프를 x축 방향으로 -2만큼, y축 방향으로 -3만큼 평행이동하여 아래와 같이 그릴 수 있다.

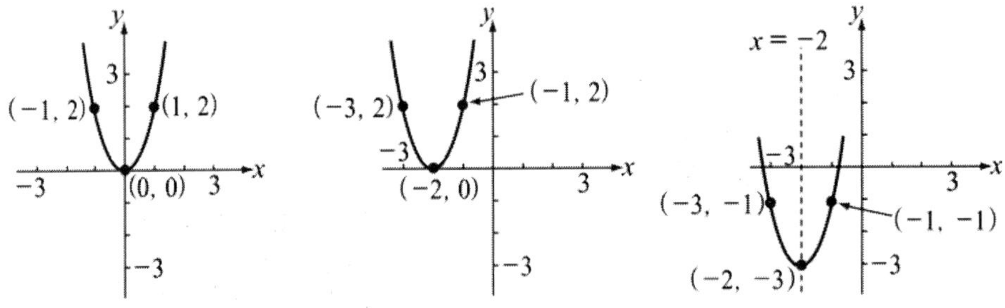

$y=2x^2$　　　$y=2(x+2)^2$　　　$y=2(x+2)^2-3$

[그림 1.2.2]

예제 1.2.6 이차함수 $y=x^2-4x+3$의 치역을 구하고 최댓값과 최솟값을 구하여라.

풀이 $y=x^2-4x+3=(x-2)^2-1$이므로 치역은 $\{y \mid y\geq -1\}$이다. 따라서 최솟값은 -1이고 최댓값은 없다.

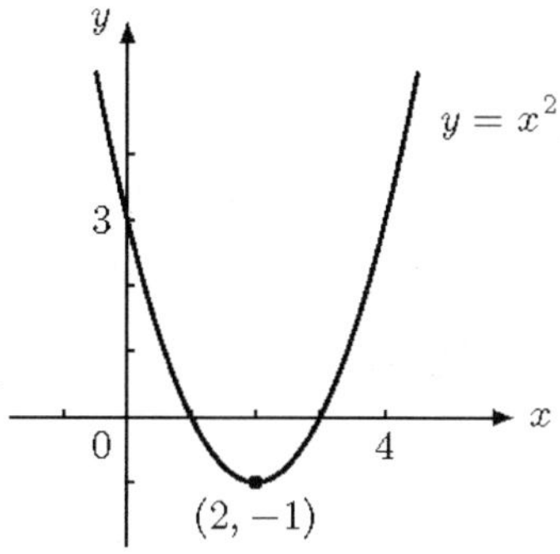

[그림 1.2.3]

예제 1.2.7 구간 $-2 \le x \le 0$에서 이차함수 $f(x) = -2x^2 - 6x$의 치역을 구하고 최댓값과 최솟값을 구하여라.

●●● 풀이

$$f(x) = -2x^2 - 6x = -2\left(x + \frac{3}{2}\right)^2 + \frac{9}{2}$$

이므로 대칭축 $x = -\frac{3}{2}$은 구간 $-2 \le x \le 0$에 포함된다. $f(x)$의 2차항의 계수가 음이므로 꼭짓점에서 최댓값 $f\left(-\frac{3}{2}\right) = \frac{9}{2}$을 갖는다. $f(-2) = 4$, $f(0) = 0$이므로 치역은 $\left\{y \mid 0 \le y \le \frac{9}{2}\right\}$이다. 따라서 최댓값은 $\frac{9}{2}$이고 최솟값은 0이다.

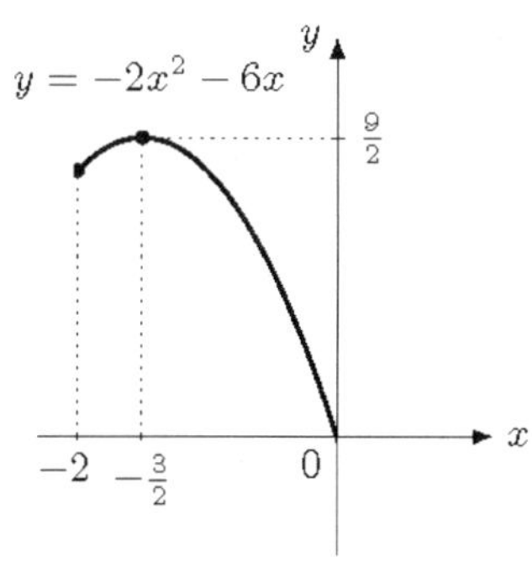

[그림 1.2.4]

$2x+1=0$, $3x^2-2x+7=0$, $4x^3+x+5=0$, $|x|-1=0$ 와 같이 x 를 미지수로 가지는 등식을 x에 관한 **방정식**(equation)이라 한다. 특히, $ax+b=0$와 $ax^2+bx+c=0$ $(a \neq 0,\ a, b, c \in \mathbb{R})$를 각각 **일차방정식**과 **이차방정식**이라고 한다. 또한, 방정식을 만족하는 x의 값을 그 방정식의 **해**(solution) 또는 **근**(root)이라고 하고 해를 구하는 것을 **방정식을 푼다**고 한다.

[일차방정식의 해법]

일차방정식 $ax+b=0$ $(a \neq 0)$은 다음과 같은 단계로 해를 얻는다.

(1) $ax=-b$로 변형한다.

(2) $x=-\dfrac{b}{a}$가 일차방정식 $ax+b=0$의 해이다.

[이차방정식의 해법]

이차방정식의 해는 다음의 근의 공식을 이용하여 얻을 수 있다.

(1) $ax^2+bx+c=0$ $(a \neq 0)$일 때, 해는 $x=\dfrac{-b \pm \sqrt{b^2-4ac}}{2a}$이다.

(2) $ax^2+2b'x+c=0$ $(a \neq 0)$일 때, 해는 $x=\dfrac{-b' \pm \sqrt{(b')^2-ac}}{a}$이다.

〈주의〉 이차방정식의 해법은 위에서 서술한 근의 공식을 주로 사용하지만 인수분해를 이용하거나 완전제곱식을 이용하여 해를 구할 수 있다.

예제 1.2.8 방정식 $15x^2-44x+32=0$을 풀어라.

●●● **풀이** $a=15$, $b'=22$, $c=32$이므로 근의 공식에 의하여

$$x=\frac{-(-22)\pm\sqrt{(-22)^2-15\cdot 32}}{15}=\frac{22\pm 2}{15}$$

따라서 해는 $x=\frac{8}{5}, \frac{4}{3}$이다.

정의 1.2.9 [유리함수]

공통인수를 가지지 않는 다항함수 $p(x)$, $q(x)$에 대하여,

$$f(x)=\frac{p(x)}{q(x)} \text{ (단, } q(x)\neq 0)$$

를 **유리함수**(rational function)라 한다.

예제 1.2.10 함수 $y=\frac{2x+1}{x-1}$의 정의역과 치역을 구하여라.

●●● **풀이** $y=\frac{2x+1}{x-1}=2+\frac{3}{x-1}$이므로 $y=\frac{3}{x}$의 그래프를 x축 방향으로 1만큼, y축 방향으로 2만큼 평행이동한 그래프이다. 함수 $y=\frac{3}{x}$의 정의역은 $\{x|x\neq 0\}$이고 치역은 $\{y|y\neq 0\}$이므로 $y=\frac{2x+1}{x-1}$의 정의역은 $\{x|x\neq 1\}$이고 치역은 $\{y|y\neq 2\}$이다.

예제 1.2.11 함수 $y=\frac{1}{x}$의 그래프를 이용하여 $y=\frac{1}{x-1}+2$의 그래프를 그려라.

●●● **풀이** $y=\dfrac{1}{x-1}+2$의 그래프는 $y=\dfrac{1}{x}$의 그래프를 x축 방향으로 1만큼, y축 방향으로 2만큼 평행이동한 그래프이다. 따라서 $y=\dfrac{1}{x-1}+2$의 그래프는 다음 그림과 같다.

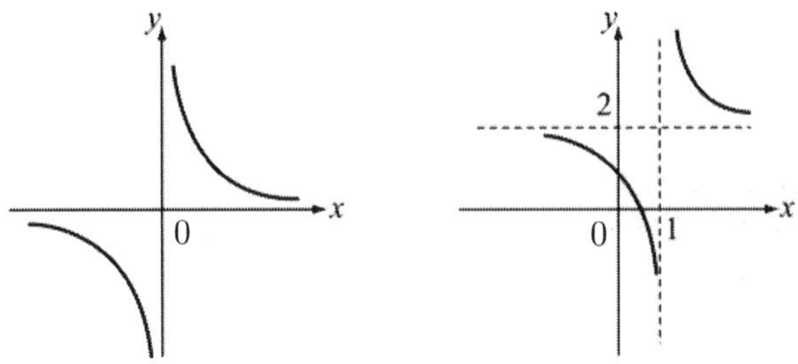

$y=\dfrac{1}{x}$ $\qquad$ $y=\dfrac{1}{x-1}+2$

[그림 1.2.5]

앞의 예제에서 x축과 y축은 함수 $y=\dfrac{1}{x}$의 그래프와 만나지는 않지만, x의 값이 증가하거나 감소함에 따라 함수의 그래프와 한없이 가까워진다. 마찬가지로 직선 $x=1$과 $y=2$는 함수 $y=\dfrac{1}{x-1}+2$의 그래프와 만나지는 않지만 x의 값이 증가하거나 감소함에 따라 함수의 그래프와 한없이 가까워진다. 이러한 직선을 그래프의 **점근선**(asymptote)이라 한다.

함수의 그래프의 점근선은 그래프의 어떤 부분에도 접하지는 않으나 점점 가까워지는 직선을 말한다. 점근선 중에서 x축과 평행인 점근선을 **수평점근선**(horizontal asymptote)이라 하고, x축에 수직인 점근선을 **수직점근선**(vertical asymptote)이라 한다. 또한 직선 $y=ax+b$ $(a\neq 0)$ 의 형태를 가진 점근선을 **사선점근선**(slant asymptote)이라 한다.

예제 1.2.11에서 $y=\frac{1}{x}$의 그래프의 수평점근선은 $y=0$(x축)이고, 수직점근선은 $x=0$(y축)이다. 또한 $y=\frac{1}{x-1}+2$의 수평점근선은 $y=2$이고 수직점근선은 $x=1$이다.

예제 1.2.12 다음 함수의 그래프의 점근선을 찾아라.

(1) $y=\frac{1}{x}+3$ (2) $y=\frac{4x+1}{2x-2}$

●●● **풀이** (1) $y=\frac{1}{x}+3$의 그래프는 $y=\frac{1}{x}$의 그래프를 y축 방향으로 3만큼 평행이동한 그래프이다. 그러므로 $y=\frac{1}{x}$의 점근선 $y=0$을 y 축 방향으로 3만큼 평행이동하여 $y=\frac{1}{x}+3$의 점근선을 구할 수 있다. 그러므로 수직점근선은 $x=0$이고 수평점근선은 $y=3$이다.

(2) $y=\frac{4x-3}{2x-2}=\frac{2(2x-2)+1}{2x-2}=2+\frac{1}{2(x-1)}$ 이므로 $y=\frac{4x-3}{2x-2}$의 그래프는 $y=\frac{1}{2x}$의 그래프를 x축 방향으로 1만큼, y축 방향으로 2만큼 평행이동한 그래프이다. 그러므로 $y=\frac{1}{2x}$의 점근선 $x=0$, $y=0$을 x축 방향으로 1만큼, y축 방향으로 2만큼 평행이동을 하여 $x=1$과 $y=2$를 구할 수 있다. 따라서 $y=\frac{4x+1}{2x-2}$의 수직점근선은 $x=1$, 수평점근선은 $y=2$이다.

예제 1.2.13 두 함수 $y=\frac{1}{x}$와 $y=x+1$의 그래프를 이용하여 $y=x+1+\frac{1}{x}$의 그래프를 그려라.

●●● **풀이** $y=\dfrac{1}{x}$의 그래프와 $y=x+1$의 그래프를 한 평면 위에 그리고 두 그래프의 y좌표의 합을 y좌표로 가지는 곡선을 그린다. 이때 $y=x+1$은 이 그래프의 사선점근선이고 $y=x+1+\dfrac{1}{x}$의 그래프는 다음 그림과 같다.

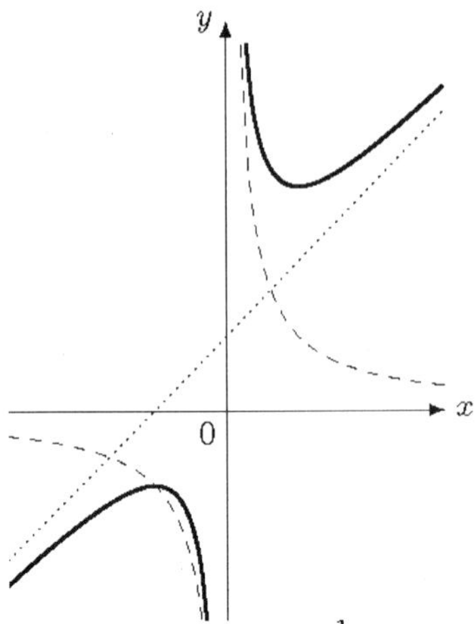

$f(x)=x+1+\dfrac{1}{x}$

[그림 1.2.6]

예제 1.2.14 함수 $y=\dfrac{1}{x}+3\ \ (x\neq 0)$의 역함수를 구하여라.

●●● **풀이** $x\neq 0$ 일 때, $y=\dfrac{1}{x}+3$ 은 일대일 함수이므로 역함수를 가진다. x와 y를 교환하면 $x=\dfrac{1}{y}+3$이고 y에 대하여 정리하면 $y=\dfrac{1}{x-3}$이고 정의역은 $\{x|x\neq 3\}$ 이다. 따라서 역함수는 $y=\dfrac{1}{x-3}$이다.

유리함수가 아닌 $\sqrt[n]{f(x)}\ \ (n\geq 2)$ 형태의 함수를 **무리함수**(irrational function)라고 한다. $f(x)$가 다항함수, 유리함수일 때를 주로 다룬다.

예제 1.2.15 다음 함수의 정의역과 치역을 구하여라.

(1) $y=\sqrt{x+1}$ (2) $y=\sqrt{1-x}+2$

●●● **풀이** (1) $x+1 \geq 0$이므로 정의역은 $\{x \mid x \geq -1\}$이다. $\sqrt{x+1} \geq 0$이므로 치역은 $\{y \mid y \geq 0\}$이다.

(2) $1-x \geq 0$이므로 정의역은 $\{x \mid x \leq 1\}$이다. $\sqrt{1-x} \geq 0$이므로 치역은 $\{y \mid y \geq 2\}$이다.

예제 1.2.16 함수 $y=\sqrt{x}$의 그래프를 이용하여 $y=\sqrt{x+1}+1$의 그래프를 그려라.

●●● **풀이** $y=\sqrt{x+1}+1$의 그래프는 $y=\sqrt{x}$의 그래프를 x축 방향으로 -1만큼, y축 방향으로 1만큼 평행이동한 것이므로 다음 그림과 같다.

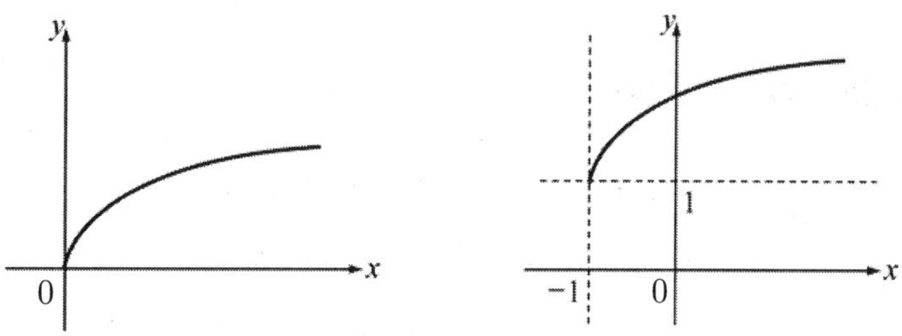

$y=\sqrt{x}$ $y=\sqrt{x+1}+1$

[그림 1.2.7]

예제 1.2.17 함수 $y=\sqrt{x}$의 그래프를 이용하여 함수 $y=\sqrt{1-x}+2$의 그래프를 그려라.

●●● **풀이** $y=\sqrt{1-x}+2=\sqrt{-(x-1)}+2$의 그래프는 $y=\sqrt{x}$의 그래프를 y축에 대하여 대칭이동한 후 x축 방향으로 1만큼 평행이동하고 y축 방향으로 2만큼 평행이동하면 다음 그림과 같다.

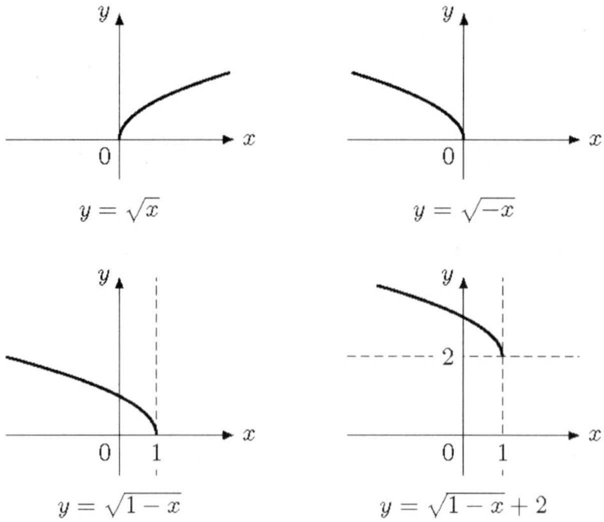

[그림 1.2.8]

[무리함수의 그래프 그리기]

무리함수 $y = p\sqrt{f(x)} + q$의 그래프는 다음의 방법으로 얻을 수 있다.

(1) $y = p\sqrt{f(x)} + q$를 $y - q = p\sqrt{f(x)}$ 로 바꾼다.

(2) 양변을 제곱하여 이차곡선의 방정식으로 유도한다.

(3) x와 y의 범위에 유의하여 그래프를 그린다.

예제 1.2.18 다음 함수의 그래프를 그려라.

(1) $y = \sqrt{4x-8} - 1$ (2) $y = \sqrt{4-x^2}$

풀이 (1) $y = \sqrt{4x-8} - 1$의 그래프는 $(y+1)^2 = 4(x-2)$ $(x \geq 2,\ y \geq -1)$의 그래프와 같으므로 다음과 같다.

(2) $y = \sqrt{4-x^2}$ 의 그래프는 $x^2 + y^2 = 4$ $(-2 \leq x \leq 2,\ y \geq 0)$의 그

래프와 같으므로 다음과 같다.

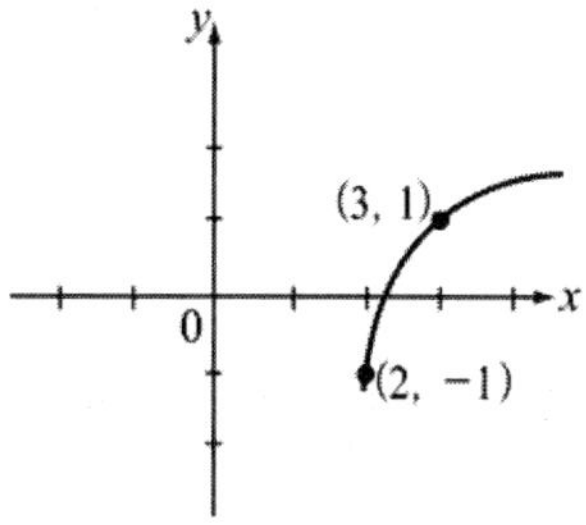

$y = \sqrt{4x-8} - 1$

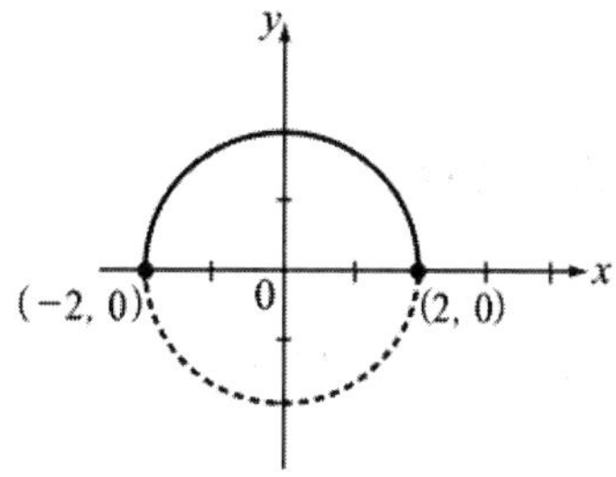

$y = \sqrt{4-x^2}$

[그림 1.2.9]

예제 1.2.19 함수 $y = \sqrt{4x-8} - 1$의 역함수를 구하여라.

풀이 역함수를 구하는 방법(1.1절 참고)에 따라

(1) $y = \sqrt{4x-8} - 1$ $(x \geq 2,\ y \geq -1)$은 일대일 대응이다.

(2) x와 y를 바꾸어 양변을 제곱하면 $(x+1)^2 = 4(y-2)$ $(x \geq -1,$ $y \geq 2)$를 얻는다.

(3) y에 대해 정리하면 역함수는 $y = \dfrac{1}{4}x^2 + \dfrac{1}{2}x + \dfrac{9}{4}$ $(x \geq -1, y \geq 2)$ 이다.

예제 1.2.20 함수 $y = \sqrt{4-x^2}$ $(0 \leq x \leq 2)$의 역함수를 구하여라.

풀이 역함수를 구하는 방법에 따라

(1) 정의역 $0 \leq x \leq 2$에서 $y = \sqrt{4-x^2}$는 일대일 함수이고 $0 \leq y \leq 2$이다.

(2) x와 y를 바꾸어 양변을 제곱하면 $x^2 = 4 - y^2$ $(0 \leq y \leq 2,$ $0 \leq x \leq 2)$ 를 얻는다.

(3) y에 대해서 정리하면 $y = \pm\sqrt{4-x^2}$이고 $0 \leq y \leq 2$이므로 역함수는 $y = \sqrt{4-x^2}$ $(0 \leq x \leq 2)$이다.

▶▶▶ 연습문제 1.2

STEP 1

01 두 점 $(1,1)$과 $(-2,4)$를 지나는 직선의 방정식을 구하여라.

02 일차함수 $y=-3x+1$ $(-1 \le x \le 2)$의 최댓값과 최솟값을 구하여라.

03 꼭짓점이 $(2,2)$이고, 점 $(3,5)$를 지나는 이차함수를 구하여라.

04 이차함수 $y=-4x-2x^2$의 꼭짓점과 대칭축을 구하고 그래프를 그려라.

05 다음 이차함수의 치역을 구하여라.

(1) $f(x)=6x^2+12x-3$

(2) $f(x)=-x^2+10x-4$

(3) $f(x)=-2x^2+8x+3$

(4) $f(x)=4x^2-4x$

06 다음 함수의 그래프를 그려라.

(1) $y=\dfrac{2x+1}{x-2}$

(2) $y=\sqrt{2-x}+3$

07 무리함수 $y=\sqrt{-2x-2}-2$의 그래프는 $y=\sqrt{-2x}$의 그래프를 x축 방향으로 m만큼, y축 방향으로 n만큼 평행이동한 것이다. 이때 $m+n$의 값을 구하여라.

08. 다음 함수의 역함수를 구하여라.

(1) $y = \dfrac{x-1}{x+2}$　　　　(2) $y = \sqrt{1-x^2}$ $(0 \le x \le 1)$

STEP 2

09. 주어진 구간에서 이차함수의 최댓값과 최솟값을 구하여라.

(1) $y = -x^2 - 3x$ $(-2 \le x \le 2)$　　　　(2) $y = x^2 + 4x - 1$ $(0 < x \le 2)$

10. 유리함수 $f(x) = \dfrac{x-b}{x-a}$에서 $f(2)=0$이고 $f(1)$은 정의되지 않을 때, a와 b의 값을 구하여라.

11. 유리함수 $y = \dfrac{bx+3}{x+a}$의 점근선이 $x=1$와 $y=2$일 때, a와 b의 값을 구하여라.

12. 유리함수 $f(x) = \dfrac{x+1}{x+2}$의 역함수가 $f^{-1}(x) = \dfrac{bx+c}{x+a}$ 일 때, 상수 a, b, c를 구하여라.

13. 무리함수 $y = \sqrt{4-x^2}$ $(-2 \le x \le 0)$의 역함수를 구하여라.

14. 무리함수 $f(x) = \sqrt{x+a}$ 의 역함수를 $g(x)$라고 하자. $g(1)=2$ 일 때, a와 $g(x)$를 구하여라.

15. 무리함수 $y=\sqrt{x-\frac{1}{4}}$ 과 이 함수의 역함수와의 교점의 좌표를 $P(a,b)$라 할 때 $a+b$의 값을 구하여라.

STEP 3

16. 두 개의 곡선 $y=ax^2+bx+8$, $y=2x^2-3x+2$ 의 두 교점을 연결하는 직선이 $y=-x+6$일 때, $a+b$의 값을 구하여라.

17. 길이가 $2\pi cm$인 끈을 잘라 두 개의 원을 만들 때, 두 원의 넓이의 합의 최솟값을 구하여라.

18. 이차함수 $y=f(x)$가 두 조건 $f(x-1)-f(x)=2x-1$와 $f(0)=-1$을 만족할 때 $f(x)$를 구하고, 정의역이 $\{x|-1\le x<2\}$ 일 때의 최댓값 또는 최솟값을 구하여라.

19. 유리함수 $f(x)=\dfrac{ax+b}{x-1}$ 의 그래프가 점 $(2,5)$를 지나고 점근선이 $y=3$일 때, $f^{-1}(4)$를 구하여라.

20. 유리함수 $f(x)=\dfrac{x+6}{x+2}$의 역함수를 $g(x)$라 할 때 곡선 $y=g(x)$을 x축 방향으로 a만큼, y축의 방향으로 b만큼 평행이동하면 곡선 $y=f(x)$와 일치한다. 이때 $a+b$의 값을 구하여라.

21. 정의역이 $\{x\,|\,x>0\}$인 두 함수 $f(x)=\dfrac{1}{1+x^2}$와 $g(x)=\sqrt{x}$가 있다.

$f(g^{-1}(a))=\frac{1}{2}$일 때, $g(f(a))$의 값을 구하여라.

22. 두 함수 $f(x)=2x-1$, $g(x)=\sqrt{x-1}$에 대하여 다음 값을 구하여라.

$$(f\circ(f\circ g)^{-1}\circ f)(2)$$

1.3 삼각함수와 역삼각함수

평면 유클리드 기하학에서는 각을 평면상의 한 점에서 그은 2개의 반직선에 의하여 이루어지는 도형으로 정의하고 있다. 그리고 각을 수치화하는 방법으로 각의 크기를 정의하고 이를 토대로 각에 대한 여러 가지 정의와 함께 이론을 전개해 나간다. 또한 등거리변환(isometry)에 의하여 2개의 반직선에 의하여 이루어지는 도형에 포개어질 때 같은 값의 수치로 나타낼 수 있는데 이 수치화된 것을 각으로 정의하여 사용하고자 한다.

한 점에서 그은 두 개의 반직선에서 한 반직선 $\overrightarrow{OX}$을 **기준선**(또는, **시초선**)이라고 하고 다른 반직선 $\overrightarrow{OP}$을 **동경**이라고 하자. **각**(angle)을 기준선에서 반시계방향으로 동경까지 측정한 양을 **양의 각**(positive angle), 기준선에서 시계방향으로 동경까지 측정한 양을 **음의 각**(negative angle)으로 정의한다.

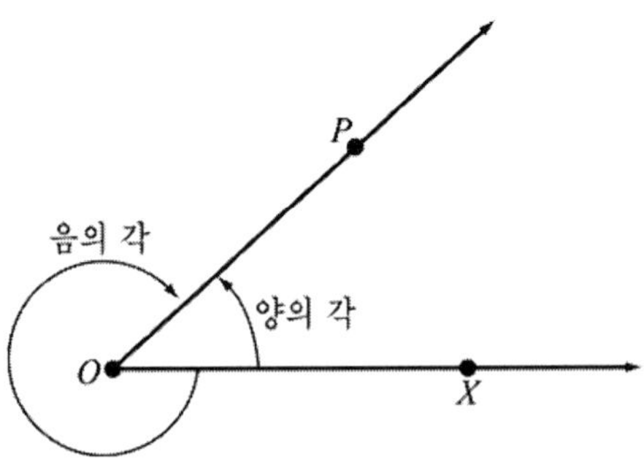

[그림 1.3.1]

일반적으로 각의 단위로는 각도(degree)와 호도(radian)를 사용한다. 동경이 기준선에서 출발하여 반시계 방향으로 한 바퀴 회전하여 다시 기준선까지 이동한 것을 360등분하여 하나에 해당하는 양을 1**도**(degree)라 하고 $1°$로 표시한다. (이것을 **60분법**이라고 한다.) 이번에는 동경이 기준선에서 출발하여 반시계 방향으로 한 바퀴 회전하여 다시 기준선까지 이동한 것을 반지름이 1인 원의 원주에 해당하는 2π라 하고 1에 해당하는 양을 1**호도**(radian)라 하고 1 radian으로 표시하기도 하지만 일반적으로 radian은 생략한다. (이것을 **호도법**이라고 한다.) $0°$와 $90°$사이의 각도를 **예각**(acute angle), $90°$와 $180°$사이의 각도를 **둔각**(obtuse angle), $\pm 90°$의 각도를 **직각**(right angle) 그리고 $180°$의 각도를 **평각**(straight angle)이라고 부른다.

앞의 그림 1.3.1에서처럼 반직선 $\overrightarrow{OX}$와 $\overrightarrow{OP}$에 의하여 이루어지는 각을 $\angle XOP$로 나타낸다. $\angle XOP = \alpha$ $(\theta°)$라고 하면, 임의의 정수 n에 대해 다음의 값들도 $\angle XOP$을 나타내는데 이를 $\angle XOP$의 **일반각**이라고 한다.

$$\angle XOP = \alpha + 2n\pi \quad (\text{또는 } \theta° + (360n)°), \ \ n = 0, \pm 1, \pm 2, \cdots$$

이때 점 O가 좌표평면의 원점이고 점 X가 양의 x축 위에 있는 점이라고 할 때, 동경 $\overrightarrow{OP}$가 속하는 사분면에 따라 $\angle XOP$을 제 1사분면의 각, 제 2사분면의 각, 제 3사분면의 각 그리고 제 4사분면의 각이라고 부른다. 예를 들어 아래 그림 1.3.2에서 각 $\angle XOP$는 제1사분면의 각이다.

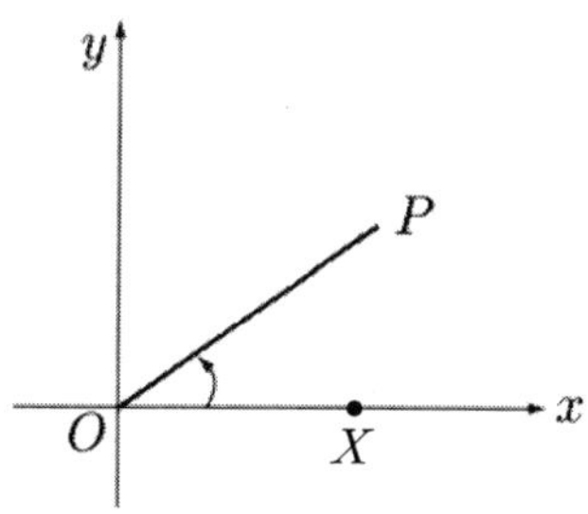

[그림 1.3.2]

예제 1.3.1 다음은 각각 몇 사분면의 각인지 말하여라.

$$-\frac{\pi}{3}, \ 470°$$

풀이 $-\frac{\pi}{3}$는 제4사분면의 각이고 $470°$는 제 2사분면의 각이다.

정리 1.3.2

반지름이 r, 중심각이 θ인 부채꼴의 호의 길이를 l, 넓이를 s라고 하면 다음이 성립한다.

$$l = r\theta,\ \ s = \frac{1}{2}r^2\theta = \frac{1}{2}rl$$

(증명) 그림과 같이 주어진 부채꼴 OAB에 대하여, 호의 길이를 l이라 하면 l은 중심각 θ에 비례한다. 반지름이 r인 원의 원둘레는 $2\pi r$이므로 $l = r\theta$이다.

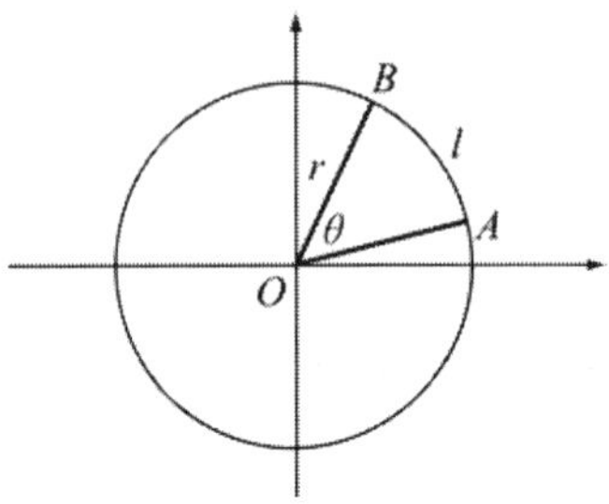

[그림 1.3.3]

반지름이 r인 원의 넓이는 πr^2이고 부채꼴의 넓이 s가 중심각 θ에 비례하므로 다음이 성립한다.

$$2\pi : \pi r^2 = \theta : s$$

따라서 $s = \frac{1}{2}r^2\theta = \frac{1}{2}rl$이다. ∎

예제 1.3.3 중심각이 $\frac{\pi}{3}$이고 부채꼴의 넓이가 $\frac{\pi}{2}$일 때, 부채꼴의 반지름을 구하여라.

●●● **풀이** $\theta = \frac{\pi}{3}$이고 $s = \frac{\pi}{2}$이므로 $r^2 = 3$이다. 따라서 $r = \sqrt{3}$이다.

정의 1.3.4 [삼각함수]

중심이 원점 O이고 반지름이 r인 원에서 원주 위의 한 점을 P라고 하자. 동경 $\overrightarrow{OP}$가 x축의 양의 방향과 이루는 각을 θ라고 하고 동경 $\overrightarrow{OP}$가 원과 만나는 점의 좌표를 $P(x,y)$라고 할 때, 임의의 각 θ에 대한 **코사인**(cosine)함수, **사인**(sine)함수, **탄젠트**(tangent)함수, **시컨트**(secant)함수, **코시컨트**(cosecant)함수, **코탄젠트**(cotangent)함수는 다음과 같이 정의한다.

$$\cos\theta = \frac{x}{r},\ \sin\theta = \frac{y}{r},\ \tan\theta = \frac{y}{x}$$

$$\sec\theta = \frac{r}{x},\ \csc\theta = \frac{r}{y},\ \cot\theta = \frac{x}{y}$$

위의 여섯 가지 함수를 **삼각함수**(trigonometric function)이라고 한다.

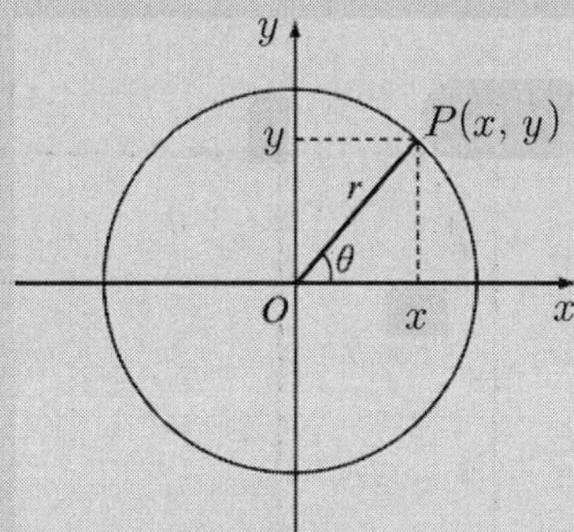

[그림 1.3.4]

〈주의〉 θ가 임의의 각일 때, 삼각함수의 정의로부터 다음의 항등식을 얻을 수 있다.

$$\tan\theta = \frac{\sin\theta}{\cos\theta},\ \sec\theta = \frac{1}{\cos\theta},\ \csc\theta = \frac{1}{\sin\theta},\ \cot\theta = \frac{1}{\tan\theta}$$

예제 1.3.5 $\cos\frac{\pi}{2}$, $\sin\frac{\pi}{2}$, $\tan\frac{\pi}{2}$, $\sec\frac{\pi}{2}$, $\csc\frac{\pi}{2}$, $\cot\frac{\pi}{2}$의 값을 구하여라.

풀이 $\cos\frac{\pi}{2} = 0$, $\sin\frac{\pi}{2} = 1$, $\csc\frac{\pi}{2} = 1$, $\cot\frac{\pi}{2} = 0$이고, $\tan\frac{\pi}{2}$와 $\sec\frac{\pi}{2}$는 그 값이 정의되지 않는다.

〈주의〉 삼각함수의 값의 부호는 θ가 존재하는 사분면에 따라 다음 표와 같다.

	$\cos\theta$	$\sin\theta$	$\tan\theta$	$\sec\theta$	$\csc\theta$	$\cot\theta$
제1사분면	+	+	+	+	+	+
제2사분면	−	+	−	−	+	−
제3사분면	−	−	+	−	−	+
제4사분면	+	−	−	+	−	−

〈주의〉 특수 각에 대한 삼각함수의 값은 다음 표와 같다.

함수 \ θ	0	$\frac{\pi}{6}$	$\frac{\pi}{4}$	$\frac{\pi}{3}$	$\frac{\pi}{2}$
$\cos\theta$	1	$\frac{\sqrt{3}}{2}$	$\frac{1}{\sqrt{2}}$	$\frac{1}{2}$	0
$\sin\theta$	0	$\frac{1}{2}$	$\frac{1}{\sqrt{2}}$	$\frac{\sqrt{3}}{2}$	1
$\tan\theta$	0	$\frac{1}{\sqrt{3}}$	1	$\sqrt{3}$	없다

정리 1.3.6

θ를 임의의 각이라 하면 다음의 항등식이 성립한다.

$$\cos^2\theta + \sin^2\theta = 1, \quad 1 + \tan^2\theta = \sec^2\theta$$

(증명) 정의 1.3.4에 의하여 $\cos^2\theta + \sin^2\theta = \left(\frac{x}{r}\right)^2 + \left(\frac{y}{r}\right)^2 = \frac{x^2+y^2}{r^2}$이다. 한편 $r^2 = x^2 + y^2$이므로 $\cos^2\theta + \sin^2\theta = 1$이 성립한다. 이 항등식의 양변을 $\cos^2\theta$으로 나누면 $1 + \tan^2\theta = \sec^2\theta$이 성립한다. ∎

예제 1.3.7 $\cos\theta + \sin\theta = \frac{1}{2}$일 때, $\cos\theta\sin\theta$을 구하여라.

●●● **풀이** 식 $\cos\theta + \sin\theta = \dfrac{1}{2}$의 양변을 제곱하면

$$\cos^2\theta + 2\cos\theta\sin\theta + \sin^2\theta = \frac{1}{4}$$

이다. 따라서 $\cos\theta\sin\theta = -\dfrac{3}{8}$이다.

예제 1.3.8 $\tan\theta = \sqrt{3}$일 때, $\cos\theta$을 구하여라.

●●● **풀이** $\dfrac{1}{\cos^2\theta} = \sec^2\theta = 1 + \tan^2\theta = 1 + (\sqrt{3})^2 = 4$이므로 $\cos^2\theta = \dfrac{1}{4}$이다.

따라서 $\cos\theta = \pm\dfrac{1}{2}$이다. 그런데 $\tan\theta > 0$이므로 θ는 제1사분면의 각 또는 제3사분면의 각이다. 즉, θ가 제1사분면의 각이면 $\cos\theta = \dfrac{1}{2}$이고 θ가 제3사분면의 각이면 $\cos\theta = -\dfrac{1}{2}$이다.

정리 1.3.9

θ을 임의의 각이라고 하고 n을 정수라고 하면 다음이 성립한다.

$$\cos(2n\pi + \theta) = \cos\theta,\ \ \sin(2n\pi + \theta) = \sin\theta,\ \ \tan(n\pi + \theta) = \tan\theta$$

코사인함수와 사인함수는 주기가 2π인 주기함수이고, 탄젠트함수는 주기가 π인 주기함수이다.

정리 1.3.10

θ을 임의의 각이라 할 때, 다음이 성립한다.

$$\cos(-\theta) = \cos\theta, \quad \sin(-\theta) = -\sin\theta, \quad \tan(-\theta) = -\tan\theta$$

코사인함수는 우함수이고 사인함수와 탄젠트함수는 기함수이다.

정리 1.3.11

θ을 임의의 각이라 할 때, 다음이 성립한다.

$$\cos\left(\frac{\pi}{2}+\theta\right) = -\sin\theta, \quad \sin\left(\frac{\pi}{2}+\theta\right) = \cos\theta, \quad \tan\left(\frac{\pi}{2}+\theta\right) = -\cot\theta$$

$$\cos(\pi+\theta) = -\cos\theta, \quad \sin(\pi+\theta) = -\sin\theta, \quad \tan(\pi+\theta) = \tan\theta$$

예제 1.3.12 다음을 구하여라.

$$\cos\left(-\frac{\pi}{4}\right), \ \sin\left(-\frac{\pi}{4}\right), \ \tan\left(-\frac{\pi}{4}\right), \ \cos\frac{5\pi}{4}, \ \sin\frac{5\pi}{4}, \ \tan\frac{5\pi}{4}$$

●●● 풀이 $\cos\left(-\frac{\pi}{4}\right) = \cos\frac{\pi}{4} = \frac{1}{\sqrt{2}}$, $\sin\left(-\frac{\pi}{4}\right) = -\sin\frac{\pi}{4} = -\frac{1}{\sqrt{2}}$

$$\tan\left(-\frac{\pi}{4}\right) = -\tan\frac{\pi}{4} = -1$$

$$\cos\frac{5\pi}{4} = \cos\left(\pi+\frac{\pi}{4}\right) = -\cos\frac{\pi}{4} = -\frac{1}{\sqrt{2}}$$

$$\sin\frac{5\pi}{4} = \sin\left(\pi+\frac{\pi}{4}\right) = -\sin\frac{\pi}{4} = -\frac{1}{\sqrt{2}}$$

$$\tan\frac{5\pi}{4} = \tan\left(\pi+\frac{\pi}{4}\right) = \tan\frac{\pi}{4} = 1$$

▪ 삼각함수의 그래프

삼각함수 $y = \sin x$의 그래프는 반지름이 1인 원을 생각하여 다음과 같이 각 x에 대하여, 점 $(x, \sin x)$를 좌표평면 위에 나타내어 얻을 수 있다.

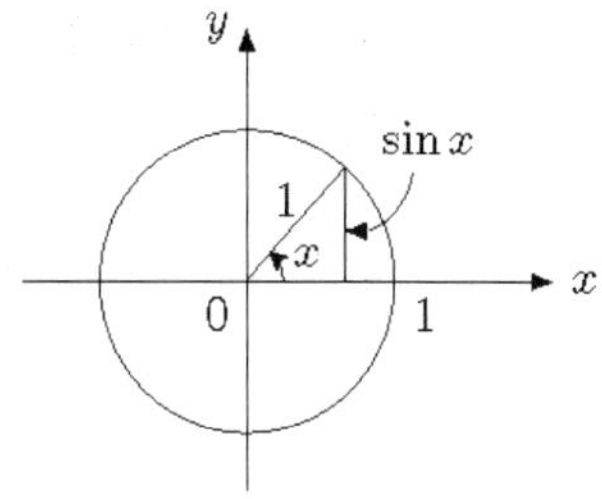

[그림 1.3.5]

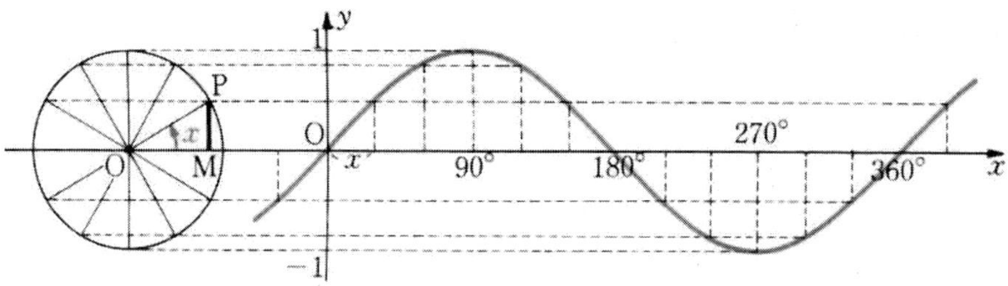

[그림 1.3.6]

$y = \cos x$, $y = \tan x$의 그래프도 마찬가지 방법으로 그릴 수 있고 $y = \csc x$, $y = \sec x$, $y = \cot x$의 그래프는 각각 $y = \sin x$, $y = \cos x$, $y = \tan x$의 그래프를 이용하여 그릴 수 있다.

▪ $y = \sin x$의 그래프와 성질

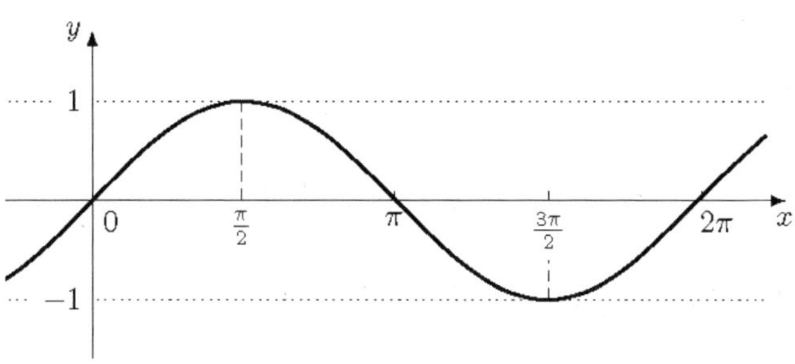

[그림 1.3.7]

(1) 정의역은 실수의 집합이고 치역은 $\{y \mid -1 \le y \le 1\}$ 이다.

(2) 주기가 2π인 주기함수이다.

(3) x절편은 $\cdots, -2\pi, -\pi, 0, \pi, 2\pi, \cdots$ 이고 y절편은 0이다.

(4) 최댓값은 1이고 최솟값은 -1이다.

(5) 기함수($\sin(-x) = -\sin x$)이므로 그래프는 원점에 대하여 대칭이다.

▪ $y = \cos x$의 그래프와 성질

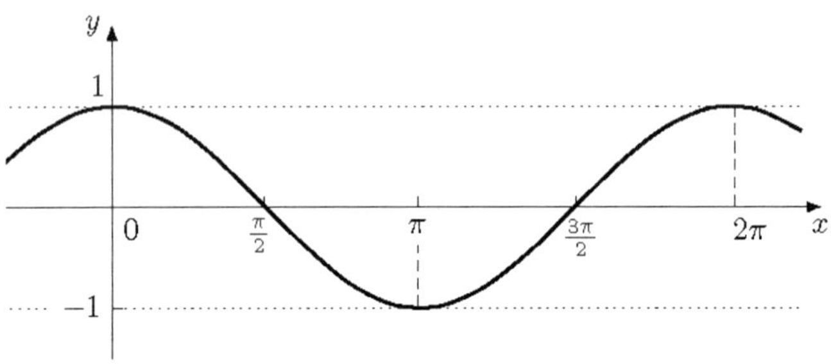

[그림 1.3.8]

(1) 정의역은 실수의 집합이고 치역은 $\{y \mid -1 \le y \le 1\}$ 이다.

(2) 주기가 2π인 주기함수이다.

(3) x절편은 $\cdots, -\frac{3\pi}{2}, -\frac{\pi}{2}, \frac{\pi}{2}, \frac{3\pi}{2}, \cdots$ 이고 y절편은 1이다.

(4) 최댓값은 1이고 최솟값은 -1이다.

(5) 우함수($\cos(-x) = \cos x$)이므로 그래프는 y축에 대하여 대칭이다.

(6) $\sin\left(x + \frac{\pi}{2}\right) = \cos x$이므로 $y = \cos x$의 그래프는 $y = \sin x$의 그래프를 x축 방향으로 $-\frac{\pi}{2}$만큼 평행이동한 것이다.

■ $y=\tan x$의 그래프와 성질

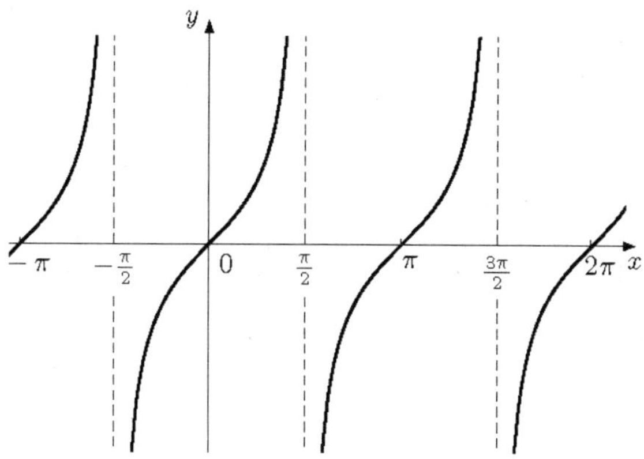

[그림 1.3.9]

(1) 정의역은 $\left\{x \mid x \neq \dfrac{\pi}{2}+n\pi,\ n\text{은 정수}\right\}$ 이고 치역은 실수의 집합이다.

(2) 주기가 π인 주기함수이다.

(3) x절편은 $\cdots, -2\pi, -\pi, 0, \pi, 2\pi, \cdots$ 이고 y절편은 0이다.

(4) 최댓값과 최솟값은 없다.

(5) 기함수 $(\tan(-x)=-\tan x)$ 이므로 그래프는 원점에 대하여 대칭이다.

(6) 수직점근선 $x=\dfrac{\pi}{2}+n\pi$ (단, n은 정수)을 가진다.

$y=\sec x$, $y=\csc x$와 $y=\cot x$의 그래프는 다음과 같다.

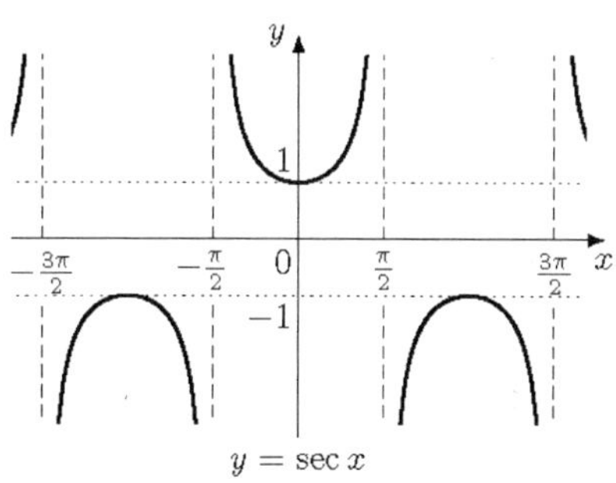

[그림 1.3.10]

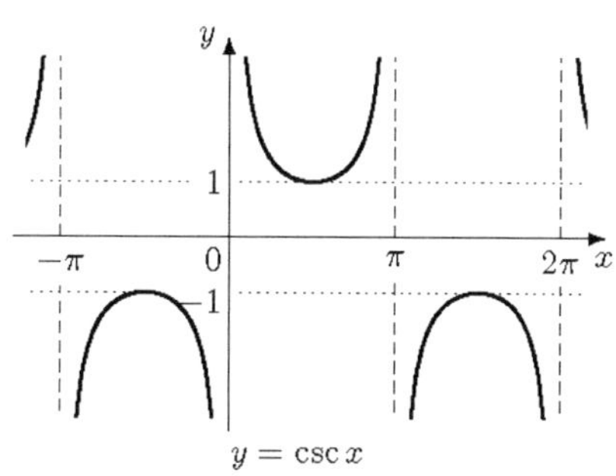

[그림 1.3.11]

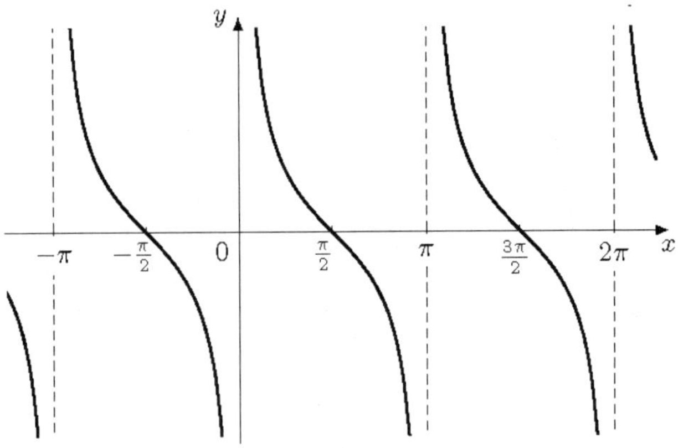

$y = \cot x$

[그림 1.3.12]

예제 1.3.13 다음 함수의 그래프를 그려라.

(1) $y = 2\cos x$　　　　(2) $y = \sin x + 2$

●●● **풀이** (1) $-2 \le 2\cos x \le 2$이므로 $y = 2\cos x$의 최댓값은 2이고 최솟값은 -2이다. 또한 x절편은 $\frac{2n+1}{2}\pi$ (단, n은 정수)이고 주기가 2π이므로 $y = 2\cos x$의 그래프는 다음과 같다.

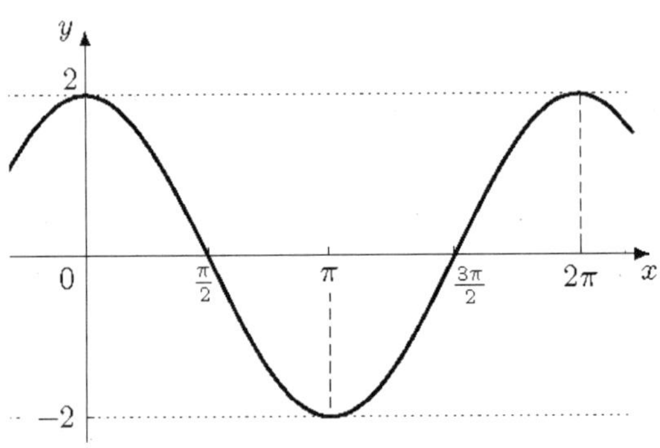

[그림 1.3.13]

(2) $y = \sin x + 2$의 그래프는 $y = \sin x$의 그래프를 y축 방향으로 2만큼

이동한 그래프이다.

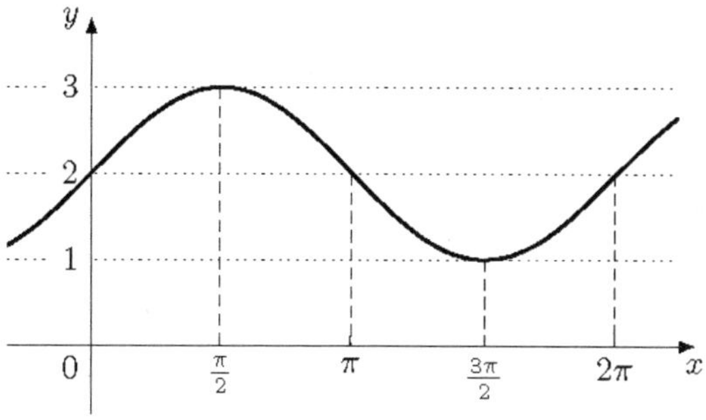

[그림 1.3.14]

정리 1.3.14

$a \neq 0$일 때, 함수 $y = \cos ax$와 $y = \sin ax$의 주기는 $\frac{2\pi}{|a|}$이고 $y = \tan ax$의 주기는 $\frac{\pi}{|a|}$이다.

(증명) 함수 $y = \cos ax$에 대해 생각해보자. $a > 0$이면

$$\cos a\left(x + \frac{2\pi}{|a|}\right) = \cos(ax + 2\pi) = \cos ax$$

이고, $a < 0$이면

$$\cos a\left(x + \frac{2\pi}{|a|}\right) = \cos(ax - 2\pi) = \cos ax$$

이므로 함수 $y = \cos x$의 주기는 $\frac{2\pi}{|a|}$이다. 같은 방법으로 $y = \sin ax$와 $y = \tan ax$의 경우도 주기가 각각 $\frac{2\pi}{|a|}$와 $\frac{\pi}{|a|}$임을 보일 수 있다. ∎

예제 1.3.15 $y=\sin\frac{x}{2}$와 $y=\tan 2x$의 주기를 구하여라.

●●● **풀이** 정리 1.3.14에 의하여, $y=\sin\frac{x}{2}$의 주기는 4π이고 $y=\tan 2x$의 주기는 $\frac{\pi}{2}$이다.

예제 1.3.16 함수 $y=\sin 2x$의 그래프를 그려라.

●●● **풀이** $-1\le\sin 2x\le 1$이므로 $y=\sin 2x$의 최댓값은 1이고 최솟값은 -1이다. 또한 x절편은 $\frac{n}{2}\pi$ (단, n은 정수)이고 주기가 π이므로 $y=\sin 2x$의 그래프는 다음과 같다.

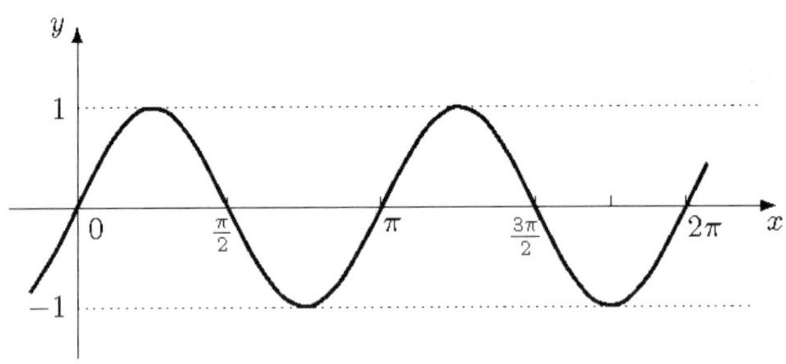

[그림 1.3.15]

▪ 삼각함수의 공식

아래의 삼각함수의 여러 공식들은 삼각함수의 미분법과 적분법에서 사용하기 위해 모아 두었다. 복잡한 증명은 이 절의 끝에 있다.

정리 1.3.17 [사인법칙]

삼각형 $\triangle ABC$에 대하여, 그림과 같이 세 변의 길이가 a, b, c이고 그 대각의 크기를 각각 A, B, C라고 하면 다음의 관계가 성립한다. 여기서, R은 $\triangle ABC$의 외접원의 반지름이다.

$$\frac{a}{\sin A} = \frac{b}{\sin B} = \frac{c}{\sin C} = 2R$$

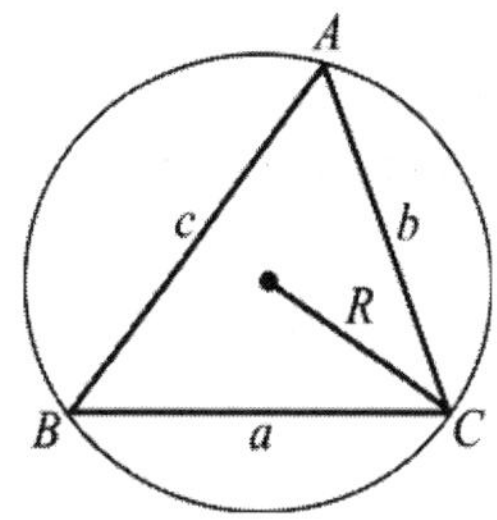

[그림 1.3.16]

예제 1.3.18 $\triangle ABC$에서 $A = \frac{\pi}{4}$, $R = 10$일 때, a의 길이를 구하여라.

●●● **풀이** $\frac{a}{\sin A} = 2R$ 이므로 $a = 2R\sin A = 20\sin\frac{\pi}{4} = 10\sqrt{2}$ 이다.

정리 1.3.19 [코사인법칙]

삼각형 $\triangle ABC$에 대하여, 그림과 같이 세 변의 길이가 a, b, c이고 그 대각의 크기를 각각 A, B, C라고 하면 다음의 관계가 성립한다.

(1) 제1코사인법칙

$$a = b\cos C + c\cos B$$

$$b = c\cos A + a\cos C$$

$$c = a\cos B + b\cos A$$

(2) 제2코사인법칙

$$a^2 = b^2 + c^2 - 2bc\cos A$$

$$b^2 = a^2 + c^2 - 2ca\cos B$$

$$c^2 = a^2 + b^2 - 2ab\cos C$$

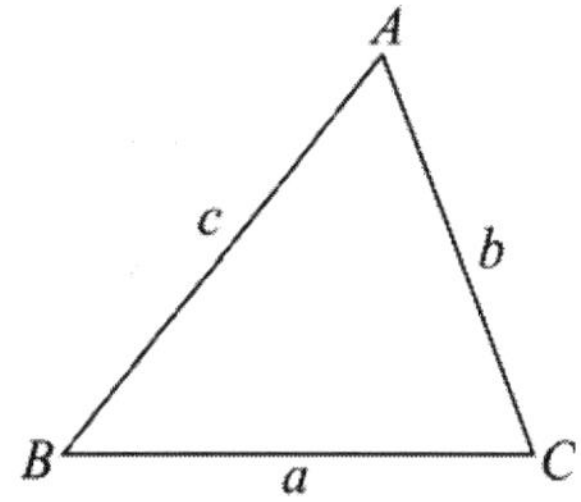

[그림 1.3.17]

예제 1.3.20 $\triangle ABC$에서 $a=\sqrt{7}, b=2, c=3$일 때, 예각 A의 값을 구하여라.

●●● **풀이** 제 2 코사인법칙에 의하여 $\cos A = \frac{b^2+c^2-a^2}{2bc} = \frac{4+9-7}{12} = \frac{1}{2}$이다.

따라서 $A = \frac{\pi}{3}$이다.

정리 1.3.21 [덧셈정리]

(1) $\sin(x \pm y) = \sin x \cos y \pm \cos x \sin y$

(2) $\cos(x \pm y) = \cos x \cos y \mp \sin x \sin y$

(3) $\tan(x \pm y) = \dfrac{\tan x \pm \tan y}{1 \mp \tan x \tan y}$

예제 1.3.22 $\sin 75°$와 $\cos 15°$을 구하여라.

●●● **풀이**
$$\sin 75° = \sin(45° + 30°) = \sin 45° \cos 30° + \cos 45° \sin 30° = \frac{\sqrt{6}+\sqrt{2}}{4}$$

$$\cos 15° = \cos(45° - 30°) = \cos 45° \cos 30° + \sin 45° \sin 30° = \frac{\sqrt{6}+\sqrt{2}}{4}$$

정리 1.3.23 [배각의 공식]

(1) $\sin 2x = 2\sin x \cos x$

(2) $\cos 2x = \cos^2 x - \sin^2 x = 2\cos^2 x - 1 = 1 - 2\sin^2 x$

(3) $\tan 2x = \dfrac{2\tan x}{1-\tan^2 x}$

(증명) 덧셈정리 (정리 1.3.21) 에서 $x=y$로 두면 위의 결과를 얻을 수 있다. ∎

예제 1.3.24 $\dfrac{\pi}{2} < x < \dfrac{3\pi}{2}$이고 $\sin x = \dfrac{3}{5}$일 때, $\sin 2x$, $\cos 2x$, $\tan 2x$를 구하여라.

●●● **풀이** $\sin x = \dfrac{3}{5}$이므로 $\cos x = -\sqrt{1-\sin^2 x} = -\sqrt{1-\dfrac{9}{25}} = -\dfrac{4}{5}$이고

$\tan x = \dfrac{\sin x}{\cos x} = -\dfrac{3}{4}$이다. 따라서

$$\sin 2x = 2\sin x \cos x = -\frac{24}{25},$$

$$\cos 2x = 1 - 2\sin^2 x = \frac{7}{25},$$

$$\tan 2x = \frac{2\tan x}{1-\tan^2 x} = -\frac{24}{7}$$

정리 1.3.25 [반각의 공식]

(1) $\sin^2\dfrac{x}{2} = \dfrac{1-\cos x}{2}$ (2) $\cos^2\dfrac{x}{2} = \dfrac{1+\cos x}{2}$

(3) $\tan^2\dfrac{x}{2} = \dfrac{1-\cos x}{1+\cos x}$

(증명) 배각의 공식 (정리 1.3.23) 중 $\cos 2x = 2\cos^2 x - 1 = 1 - 2\sin^2 x$ 에서 x에 $\frac{x}{2}$을 넣으면 위의 결과를 얻을 수 있다. ∎

예제 1.3.26 $\cos^4 x$을 일차의 삼각함수들의 결합으로 나타내어라.

●●● **풀이** $\cos^4 x = (\cos^2 x)^2 = \left(\frac{1+\cos 2x}{2}\right)^2 = \frac{1+2\cos 2x + \cos^2 2x}{4}$ 이고

$\cos^2 2x = \frac{1+\cos 4x}{2}$ 이므로 $\cos^4 x = \frac{3}{8} + \frac{1}{2}\cos 2x + \frac{1}{8}\cos 4x$ 이다.

정리 1.3.27 [곱을 합과 차로 바꾸는 공식]

(1) $\sin x \cos y = \frac{1}{2}[\sin(x+y) + \sin(x-y)]$

(2) $\cos x \sin y = \frac{1}{2}[\sin(x+y) - \sin(x-y)]$

(3) $\cos x \cos y = \frac{1}{2}[\cos(x+y) + \cos(x-y)]$

(4) $\sin x \sin y = -\frac{1}{2}[\cos(x+y) - \cos(x-y)]$

(증명) 덧셈정리(정리 1.3.21)를 적용하면 위의 결과를 얻을 수 있다. ∎

예제 1.3.28 $\sin 75° \cos 15°$와 $\cos 75° \cos 15°$를 구하여라.

●●● **풀이** $\sin 75° \cos 15° = \frac{1}{2}(\sin 90° + \sin 60°) = \frac{1}{2}\left(1 + \frac{\sqrt{3}}{2}\right) = \frac{2+\sqrt{3}}{4}$

$\cos 75° \cos 15° = \frac{1}{2}(\cos 90° + \cos 60°) = \frac{1}{2}\left(0 + \frac{1}{2}\right) = \frac{1}{4}$

정리 1.3.29 [합과 차를 곱으로 바꾸는 공식]

(1) $\sin x + \sin y = 2\sin\frac{x+y}{2}\cos\frac{x-y}{2}$

(2) $\sin x - \sin y = 2\cos\frac{x+y}{2}\sin\frac{x-y}{2}$

(3) $\cos x + \cos y = 2\cos\frac{x+y}{2}\cos\frac{x-y}{2}$

(4) $\cos x - \cos y = -2\sin\frac{x+y}{2}\sin\frac{x-y}{2}$

(증명) 곱을 합과 차로 바꾸는 공식(정리 1.3.27)의 x에 $\frac{x+y}{2}$, y에 $\frac{x-y}{2}$을 바꾸어 넣으면 위의 결과를 얻을 수 있다. ∎

예제 1.3.30 $\sin 5° + \sin 125° - \sin 115°$의 값을 구하여라.

●●● **풀이** $\sin 125° - \sin 115° = 2\cos 120° \sin 5° = -\sin 5°$ 이므로
$\sin 5° + \sin 125° - \sin 115° = 0$이다.

정리 1.3.31 [삼각함수의 합성]

(1) $\cos y = \frac{a}{\sqrt{a^2+b^2}}$이고 $\sin y = \frac{b}{\sqrt{a^2+b^2}}$일 때,

$$a\sin x + b\cos x = \sqrt{a^2+b^2}\sin(x+y)$$

(2) $\sin z = \frac{a}{\sqrt{a^2+b^2}}$이고 $\cos z = \frac{b}{\sqrt{a^2+b^2}}$일 때,

$$a\sin x + b\cos x = \sqrt{a^2+b^2}\cos(x-z)$$

예제 1.3.32 다음 식을 $r\sin(x+a)$의 꼴로 나타내어라.

(1) $\sin x+\cos x$ (2) $\sqrt{3}\sin x-\cos x$

●●● **풀이** (1) $\sin x+\cos x=\sqrt{2}\left(\frac{1}{\sqrt{2}}\sin x+\frac{1}{\sqrt{2}}\cos x\right)$

$$=\sqrt{2}\left(\cos\frac{\pi}{4}\sin x+\sin\frac{\pi}{4}\cos x\right)$$

$$=\sqrt{2}\sin\left(x+\frac{\pi}{4}\right)$$

(2) $\sqrt{3}\sin x-\cos x=2\left(\frac{\sqrt{3}}{2}\sin x+\frac{-1}{2}\cos x\right)$

$$=2\left(\cos\left(-\frac{\pi}{6}\right)\sin x+\sin\left(-\frac{\pi}{6}\right)\cos x\right)$$

$$=2\sin\left(x-\frac{\pi}{6}\right)$$

예제 1.3.33 함수 $f(x)=2\sqrt{3}\sin x+3\cos\left(x+\frac{\pi}{3}\right)$에 대하여,

(1) $f(x)$를 $a\sin x+b\cos x$의 꼴로 나타내어라.

(2) $f(x)$의 최댓값과 최솟값을 구하여라.

●●● **풀이** (1) $\cos\left(x+\frac{\pi}{3}\right)=\cos x\cos\frac{\pi}{3}-\sin x\sin\frac{\pi}{3}=\frac{1}{2}\cos x-\frac{\sqrt{3}}{2}\sin x$

이므로

$$f(x)=2\sqrt{3}\sin x+3\left(\frac{1}{2}\cos x-\frac{\sqrt{3}}{2}\sin x\right)$$

$$=\frac{\sqrt{3}}{2}\sin x+\frac{3}{2}\cos x$$

(2) $f(x)=\frac{\sqrt{3}}{2}\sin x+\frac{3}{2}\cos x$

$$= \sqrt{3}\left(\frac{1}{2}\sin x + \frac{\sqrt{3}}{2}\cos x\right)$$

$$= \sqrt{3}\left(\cos\frac{\pi}{3}\sin x + \sin\frac{\pi}{3}\cos x\right)$$

$$= \sqrt{3}\sin\left(x + \frac{\pi}{3}\right)$$

이므로 $f(x)$의 최댓값은 $\sqrt{3}$ 이고 최솟값은 $-\sqrt{3}$ 이다.

각이 미지수인 삼각함수를 포함하는 방정식을 **삼각방정식**이라 하며 삼각방정식의 일반해는 다음과 같다.

정리 1.3.34

다음 각 삼각방정식에 대하여, θ을 특수해(방정식을 만족하는 하나의 해)라고 하면, 일반해는 다음과 같다.

(1) $\sin x = a$의 일반해는 $x = n\pi + (-1)^n\theta$이다. (단, n은 정수)

(2) $\cos x = a$의 일반해는 $x = 2n\pi \pm \theta$이다. (단, n은 정수)

(3) $\tan x = a$의 일반해는 $x = n\pi + \theta$이다. (단, n은 정수)

(증명) (1) $\sin\theta = a$이면 $\sin(\pi - \theta) = a$이고 사인함수의 주기가 2π이고 사인함수의 그래프로부터 $\sin x = a$의 일반해는 $x = n\pi + (-1)^n\theta$임을 확인할 수 있다.

(2) $\cos\theta = a$이면 $\cos(-\theta) = a$이고 코사인함수의 주기가 2π이고 코사인함수의 그래프로부터 $\cos x = a$의 일반해는 $x = 2n\pi \pm \theta$임을 확인할 수 있다.

(3) 탄젠트함수의 주기가 π이고 탄젠트함수의 그래프로부터 $\tan x = a$의 일반해는 $x = n\pi + \theta$임을 확인할 수 있다. ▮

예제 1.3.35 방정식 $\sin x = \frac{1}{2}$의 일반해를 구하여라.

●●● **풀이** $\sin\frac{\pi}{6} = \frac{1}{2}$이므로 정리 1.3.34에 의하여, $\sin x = \frac{1}{2}$의 일반해는

$$x = n\pi + (-1)^n \frac{\pi}{6},\ n\text{은 정수}$$

예제 1.3.36 방정식 $\cos 2x - 5\cos x + 3 = 0$의 일반해를 구하여라.

●●● **풀이** 배각의 공식에 의하여 $\cos 2x = 2\cos^2 x - 1$ 이므로

$$\begin{aligned}\cos 2x - 5\cos x + 3 &= 2\cos^2 x - 5\cos x + 2\\ &= (2\cos x - 1)(\cos x - 2)\end{aligned}$$

따라서 주어진 방정식의 해는 $\cos x = \frac{1}{2}$의 해와 같다.

$\cos\frac{\pi}{3} = \frac{1}{2}$이므로 정리 1.3.34에 의하여, 주어진 방정식의 일반해는 다음과 같다.

$$x = 2n\pi \pm \frac{\pi}{3},\ n\text{은 정수}$$

▪ 역삼각함수

이제 삼각함수의 역함수를 생각해보자. 삼각함수는 일대일함수가 아니므로 역함수를 갖지 않는다. 그러나 $y = \sin x$의 경우 그림 1.3.18처럼 정의역을 구간 $\left[-\frac{\pi}{2}, \frac{\pi}{2}\right]$으로 제한하면 일대일함수가 된다. 따라서 정의역을 제한한 사인함수의 역함수가 존재하게 되고 이 역함수를 $\sin^{-1}$ 또는 arcsin으로 나타내고 **역사인함수**

또는 **아크사인함수**라 한다. 역사인함수 $\sin^{-1}x$는 정의역 $[-1, 1]$과 치역 $\left[-\frac{\pi}{2}, \frac{\pi}{2}\right]$를 갖게 되고 사인함수의 그래프와 $y=x$에 대하여 대칭이 된다.

$$\sin^{-1}x = y,\ \ x\in[-1, 1] \ \Leftrightarrow\ \sin y = x,\ \ y\in\left[-\frac{\pi}{2}, \frac{\pi}{2}\right]$$

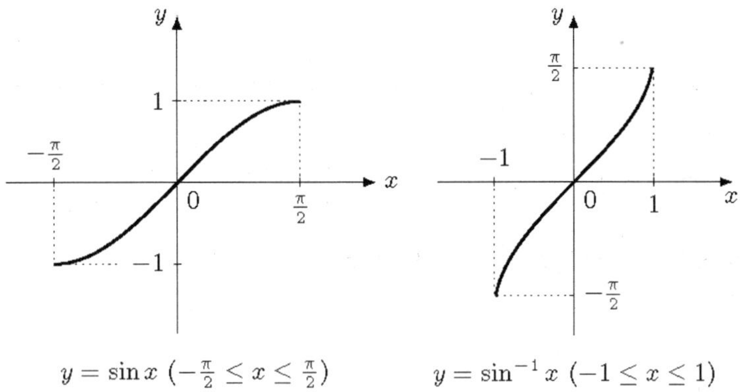

[그림 1.3.18]

예제 1.3.37 다음 값을 구하여라.

(1) $\sin^{-1}\frac{1}{2}$ (2) $\sin^{-1}\left(-\frac{1}{\sqrt{2}}\right)$

●●● **풀이** (1) $\sin\frac{\pi}{6}=\frac{1}{2}$이고 $\frac{\pi}{6}\in\left[-\frac{\pi}{2}, \frac{\pi}{2}\right]$이므로 $\sin^{-1}\frac{1}{2}=\frac{\pi}{6}$이다.

(2) $\sin\left(-\frac{\pi}{4}\right)=-\frac{1}{\sqrt{2}}$이고 $-\frac{\pi}{4}\in\left[-\frac{\pi}{2}, \frac{\pi}{2}\right]$이므로

$\sin^{-1}\left(-\frac{1}{\sqrt{2}}\right)=-\frac{\pi}{4}$이다.

마찬가지 방법으로 나머지 삼각함수도 정의역을 제한하여 역함수를 구할 수 있다.

정의 1.3.38 [역삼각함수]

(1) $y = \sin^{-1}x \;\; (x \in [-1, 1]) \Leftrightarrow \sin y = x, \;\; y \in \left[-\frac{\pi}{2}, \frac{\pi}{2}\right]$

(2) $y = \cos^{-1}x \;\; (x \in [-1, 1]) \Leftrightarrow \cos y = x, \;\; y \in [0, \pi]$

(3) $y = \tan^{-1}x \;\; (x \in \mathbb{R}) \Leftrightarrow \tan y = x, \;\; y \in \left(-\frac{\pi}{2}, \frac{\pi}{2}\right)$

(4) $y = \csc^{-1}x \;\; (|x| \ge 1) \Leftrightarrow \csc y = x, \;\; y \in \left[0, \frac{\pi}{2}\right] \cup \left[\pi, \frac{3}{2}\pi\right]$

(5) $y = \sec^{-1}x \;\; (|x| \ge 1) \Leftrightarrow \sec y = x, \;\; y \in \left[0, \frac{\pi}{2}\right) \cup \left[\pi, \frac{3}{2}\pi\right)$

(6) $y = \cot^{-1}x \;\; (x \in \mathbb{R}) \Leftrightarrow \cot y = x, \;\; y \in (0, \pi)$

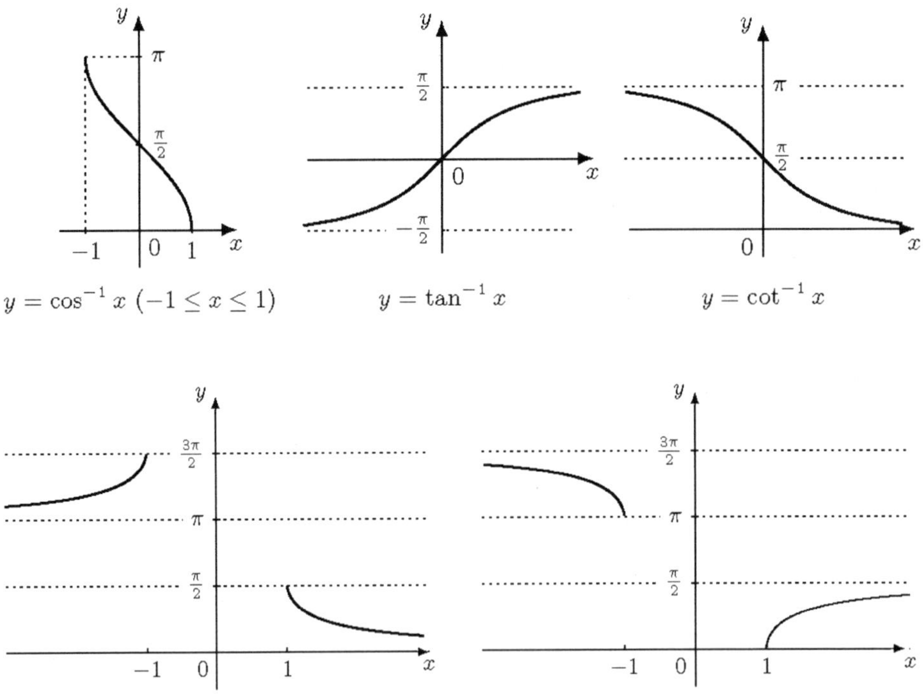

$y = \cos^{-1}x \; (-1 \le x \le 1)$ $\quad$ $y = \tan^{-1}x$ $\quad$ $y = \cot^{-1}x$

$y = \csc^{-1}x \; (|x| \ge 1)$ $\quad$ $y = \sec^{-1}x \; (|x| \ge 1)$

[그림 1.3.19]

예제 1.3.39 다음 값을 구하여라.

(1) $\tan^{-1}(-1)$　　　　(2) $\sin\left(\cos^{-1}\frac{4}{5}\right)$

●●● **풀이** (1) $\tan\left(-\frac{\pi}{4}\right)=-1$이고 $-\frac{\pi}{4}\in\left(-\frac{\pi}{2}, \frac{\pi}{2}\right)$이므로 $\tan^{-1}(-1)=-\frac{\pi}{4}$이다.

(2) $\cos^{-1}\frac{4}{5}=\theta$로 두면 $\cos\theta=\frac{4}{5}$이고 $\theta\in[0, \pi]$이다. 따라서

$$\sin\left(\cos^{-1}\frac{4}{5}\right)=\sin\theta=\sqrt{1-\cos^2\theta}=\sqrt{1-\left(\frac{4}{5}\right)^2}=\frac{3}{5}$$

(정리 1.3.17의 증명)

먼저 $\frac{a}{\sin A}=2R$ 임을 증명하자. 각 A의 크기에 따라 세 가지 경우로 나누어보자.

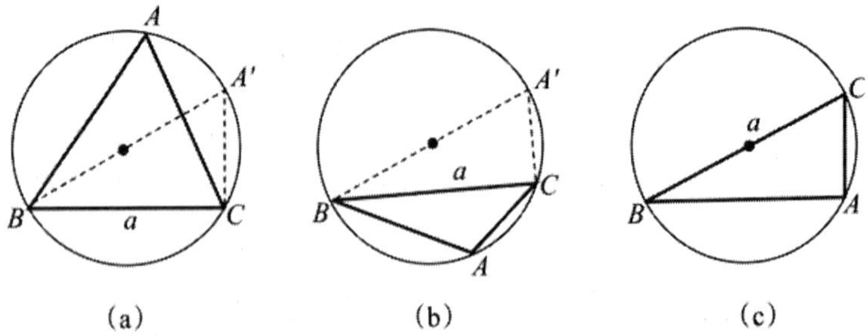

[그림 1.3.20]

(1) $A<\frac{\pi}{2}$일 때, 그림 (a)에서 $A=A'$이다. 따라서

$$\sin A=\sin A'=\frac{a}{2R}$$

(2) $A>\frac{\pi}{2}$일 때, 그림 (b)에서 $A=\pi-A'$이므로

$$\sin A=\sin(\pi-A')=\sin A'=\frac{a}{2R}$$

(3) $A=\frac{\pi}{2}$일 때, 그림 (c)에서 $a=2R$이고 $\sin A=\sin\frac{\pi}{2}=1$이므로

$$\sin A=1=\frac{a}{2R}$$

따라서 모든 A에 대하여, $\frac{a}{\sin A}=2R$ 이고 다음이 성립함을 알 수 있다.

$$\frac{a}{\sin A}=\frac{b}{\sin B}=\frac{c}{\sin C}=2R$$ ■

(정리 1.3.19의 증명)

내각이 모두 예각일 때, 그림으로부터 $a = b\cos C + c\cos B$ 임을 알 수 있다.

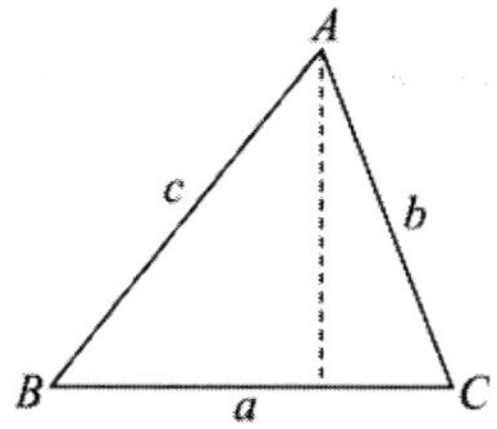

[그림 1.3.21]

예각이 아닌 경우도 같은 방법으로 증명할 수 있다.

제1코사인법칙의 양변에 각각 a, b, c를 곱하면

$$a^2 = ab\cos C + ac\cos B$$

$$b^2 = bc\cos A + ba\cos C$$

$$c^2 = ca\cos B + cb\cos A$$

이다. 마지막 두 식의 합에서 처음 식을 빼면 다음과 같다.

$$b^2 + c^2 - a^2 = 2bc\cos A$$

나머지도 같은 방법으로 증명할 수 있다. ∎

(정리 1.3.21의 증명)

먼저, $\cos(x-y) = \cos x \, \cos y + \sin x \, \sin y$임을 증명하자.

x, y, $x-y$을 표현하는 동경이 반지름이 r인 원과 만나는 점을 각각 $A(x_1,\ y_1)$, $B(x_2, y_2)$, $C(x_3, y_3)$라고 하면 $\overline{AB} = \overline{CQ}$ 이다. (여기에서 $Q(r, 0)$이다.)

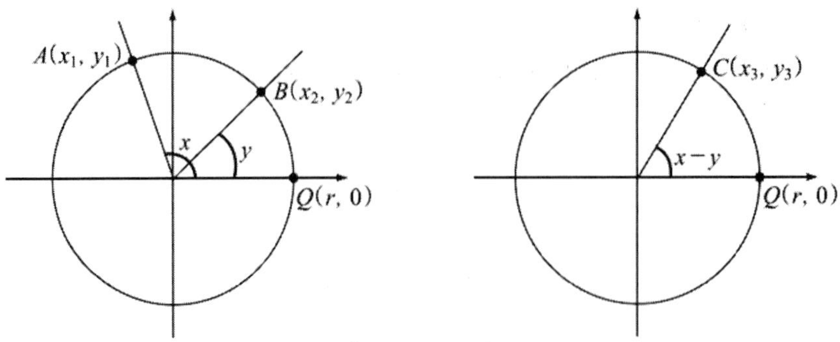

[그림 1.3.22]

따라서

$$(x_3 - r)^2 + y_3^2 = (x_2 - x_1)^2 + (y_2 - y_1)^2$$

즉,

$$r^2 - 2rx_3 + x_3^2 + y_3^2 = x_1^2 + y_1^2 + x_2^2 + y_2^2 - 2(x_1x_2 + y_1y_2)$$

이다. $x_1^2 + y_1^2 = r^2$, $x_2^2 + y_2^2 = r^2$, $x_3^2 + y_3^2 = r^2$이므로

$$rx_3 = x_1x_2 + y_1y_2 \text{ 즉, } \frac{x_3}{r} = \frac{x_1}{r}\frac{x_2}{r} + \frac{y_1}{r}\frac{y_2}{r}$$

이며, 정의 1.3.4에 의하여

$$\cos(x-y) = \cos x \cos y + \sin x \sin y$$

한편, $\cos(x+y) = \cos(x-(-y))$으로 표현하여 위의 식에 적용시키면 정리 1.3.10에 의하여

$$\cos(x+y) = \cos x \cos(-y) + \sin x \sin(-y) = \cos x \cos y - \sin x \sin y$$

이다. $\sin(x+y) = \cos\left(\frac{\pi}{2} - (x+y)\right)$와 $\sin(x-y) = \sin(x+(-y))$를 이용하면

$$\sin(x \pm y) = \sin x \cos y \pm \cos x \sin y$$

을 얻을 수 있다. 또한 $\tan(x+y)=\dfrac{\sin(x+y)}{\cos(x+y)}$에 위의 결과를 적용시키고 양변을 $\cos x\cos y$로 나누는 것과 $\tan(x-y)=\tan(x+(-y))$을 이용하면 다음을 얻을 수 있다.

$$\tan(x\pm y)=\frac{\tan x\pm\tan y}{1\mp\tan x\tan y}\qquad\blacksquare$$

(정리 1.3.31의 증명)

(1) 좌표평면 위의 점 $P(a,b)$에 대하여, 동경 $\overrightarrow{OP}$와 x축과 이루는 각을 y라고 하면

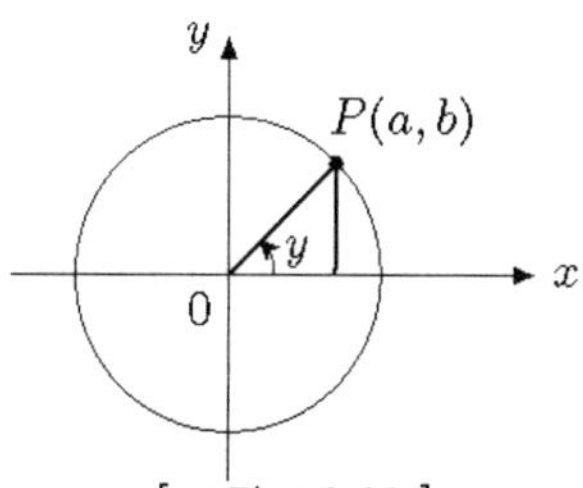

[그림 1.3.23]

$$\cos y=\frac{a}{\sqrt{a^2+b^2}}\text{이고 }\sin y=\frac{b}{\sqrt{a^2+b^2}}$$

이다. 따라서

$$\begin{aligned}a\sin x+b\cos x&=\sqrt{a^2+b^2}\left(\frac{a}{\sqrt{a^2+b^2}}\sin x+\frac{b}{\sqrt{a^2+b^2}}\cos x\right)\\&=\sqrt{a^2+b^2}\,(\cos y\sin x+\sin y\cos x)\\&=\sqrt{a^2+b^2}\sin(x+y)\end{aligned}$$

(2) 좌표평면 위의 점 $P(b,a)$에 대하여, 동경 $\overrightarrow{OP}$와 x축과 이루는 각을 z라고 하면

$$\cos z = \frac{b}{\sqrt{a^2+b^2}} \text{이고 } \sin z = \frac{a}{\sqrt{a^2+b^2}}$$

이다. 따라서

$$\begin{aligned} a\sin x + b\cos x &= \sqrt{a^2+b^2}\left(\frac{a}{\sqrt{a^2+b^2}}\sin x + \frac{b}{\sqrt{a^2+b^2}}\cos x\right) \\ &= \sqrt{a^2+b^2}\,(\sin z \sin x + \cos z \cos x) \\ &= \sqrt{a^2+b^2}\cos(x-z) \end{aligned}$$

∎

▸▸▸ 연습문제 1.3

STEP 1

01 다음 각을 호도법으로 나타내어라.

(1) $135°$ (2) $-240°$ (3) $420°$ (4) $560°$

02 다음 각을 60분법으로 나타내어라.

(1) $\frac{2}{3}\pi$ (2) $\frac{5}{4}\pi$ (3) $-\frac{11}{6}\pi$ (4) $-\frac{13}{5}\pi$

03 다음은 몇 사분면의 각인지 말하여라.

(1) $580°$ (2) 7π (3) $-470°$ (4) $-\frac{9}{4}\pi$

04 θ가 제2사분면의 각이고 $\cos\theta=-\frac{3}{5}$일 때, 다음 값을 구하여라.

(1) $\sin\theta$ (2) $\tan\theta$

05 θ가 제3사분면의 각이고 $\tan\theta=\frac{1}{3}$ 일 때, $\sin\theta$, $\cos\theta$의 값을 구하여라.

06 $\pi<\theta<\frac{3}{2}\pi$이고 $\sin\theta\cos\theta=\frac{1}{4}$일 때, $\sin\theta+\cos\theta$의 값을 구하여라.

07 $\sin\theta=\frac{12}{13}$, $\cos\theta<0$일 때, $13\cos\theta-5\tan\theta$의 값을 구하여라.

08. $\tan\theta = -\frac{4}{3}$ $\left(\frac{3}{2}\pi < \theta < 2\pi\right)$일 때, $\frac{5\sin\theta + 2}{15\cos\theta - 6}$의 값을 구하여라.

09. 다음 함수의 최댓값, 최솟값과 주기를 구하여라.

(1) $y = 2\sin x + 1$

(2) $y = -\cos 2x + 3$

(3) $y = 3\sin 4x - 5$

(4) $y = -\tan x + 1$

10. $0 < \alpha < \frac{\pi}{2}$, $\frac{\pi}{2} < \beta < \pi$이고 $\cos\alpha = \frac{4}{5}$, $\sin\beta = \frac{1}{3}$일 때, 다음 값을 구하여라.

(1) $\sin(\alpha + \beta)$

(2) $\cos(\alpha - \beta)$

(3) $\tan(\alpha + \beta)$

11. 다음 식을 $r\sin(\theta + \alpha)$의 꼴로 나타내어라.

(1) $\sin\theta + \cos\theta$

(2) $\sqrt{3}\sin\theta + \cos\theta$

(3) $\frac{1}{2}\cos\theta + \frac{\sqrt{3}}{2}\sin\theta$

(4) $3\sin\theta + 4\cos\theta$

12. 다음 삼각방정식을 풀어라. (단, $0 \le x < 2\pi$)

(1) $2\cos x + 1 = 0$

(2) $\sin x = -\frac{1}{2}$

(3) $\tan x - \sqrt{3} = 0$

13. 다음 함수의 최댓값, 최솟값과 주기를 구하여라.

(1) $f(x) = \sqrt{3}\sin x - \cos x$

(2) $f(x) = \frac{3}{2}\sin x + \frac{\sqrt{3}}{2}\cos x$

14. 다음 값을 구하여라.

(1) $\sin^{-1}\frac{\sqrt{3}}{2}$ (2) $\cos^{-1}(-1)$

(3) $\arctan 1$ (4) $\cot^{-1}\sqrt{3}$

STEP 2

15. $\sin\theta\cos\theta < 0$ 일 때, $\tan\theta + |\tan\theta|$을 간단히 나타내어라.

16. $\sin\theta = \frac{4}{5}$ 일 때, $\sin\frac{\theta}{2}$, $\cos\frac{\theta}{2}$의 값을 구하여라. (단, $\frac{\pi}{2} < \theta < \pi$)

17. $\tan x = -2\sqrt{2}$ 일 때, $\cos\frac{x}{2}$의 값을 구하여라. (단, $\frac{\pi}{2} < x < \pi$)

18. $\sin\theta + \cos\theta = \frac{1}{2}$일 때, $\tan\theta + \cot\theta$의 값을 구하여라.

19. $\sin\theta\cos\theta = \frac{1}{8}$ 일 때, $\sin\theta - \cos\theta$ 의 값을 구하여라.

20. $\tan\theta + \cot\theta = -\frac{9}{4}$일 때, $\sin\theta + \cos\theta$의 값을 구하여라.

21. $\cos^4\theta - \sin^4\theta = \frac{1}{3}$일 때, $\cos\theta$의 값을 구하여라. (단, $0 < \theta < \frac{\pi}{2}$)

22. 다음 함수의 그래프를 그려라.

(1) $y = 4\sin 3x$ (2) $y = -2\cos\left(2x - \frac{\pi}{8}\right)$

(3) $y = 3\tan\left(-2x + \frac{\pi}{8}\right)$

23. 다음 방정식을 풀어라. (단, $0 \le x \le 2\pi$)

(1) $\sin\left(x + \frac{\pi}{3}\right) + 2\sin\left(x - \frac{\pi}{3}\right) = 0$ (2) $\sin\left(x + \frac{\pi}{4}\right) = \frac{1}{2}$

(3) $\cos^2 x - \sin^2 2x = 0$ (4) $2\sin 2x = \sqrt{3}$

24. 다음 값을 구하여라.

(1) $\tan(\arctan 10)$ (2) $\sin^{-1}\left(\sin\frac{7}{3}\pi\right)$

(3) $\tan(\sec^{-1} 4)$

STEP 3

25. $\tan\frac{\alpha}{2} = t$ 일 때, $\sin\alpha, \cos\alpha, \tan\alpha$를 t의 식으로 나타내어라.

26. 방정식 $\cos 2x + 3\sin x + 1 = 0$ $(0 \le x < 4\pi)$의 근의 총합을 구하여라.

27. 직선 $y = \frac{1}{2}x$가 x축의 양의 방향과 이루는 각의 크기가 θ이고, 직선 $y = mx$가 x축의 양의 방향과 이루는 각의 크기가 2θ일 때, 기울기 m의 값을 구하여라. (단, $0° < \theta < 45°$)

28. 다음 그림은 같은 크기의 정사각형 2 개를 붙여 놓은 것이다.

$\angle AOB=\alpha$, $\angle AOB=\beta$라 할 때, $\tan(\alpha+\beta)$의 값을 구하여라.

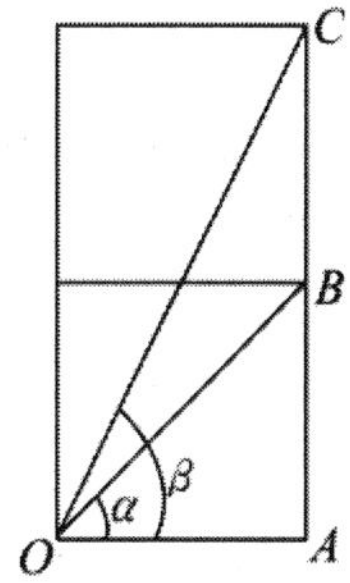

29. 다음은 θ가 예각일 때, 삼각함수의 배각 공식 $\sin 2\theta = 2\sin\theta\cos\theta$가 성립함을 증명하는 과정이다.

> 중심이 O이고 지름의 길이가 2인 원 위의 한 점 C에서 지름 AB에 내린 수선의 발을 D라 하자. 오른쪽 그림에서
>
> 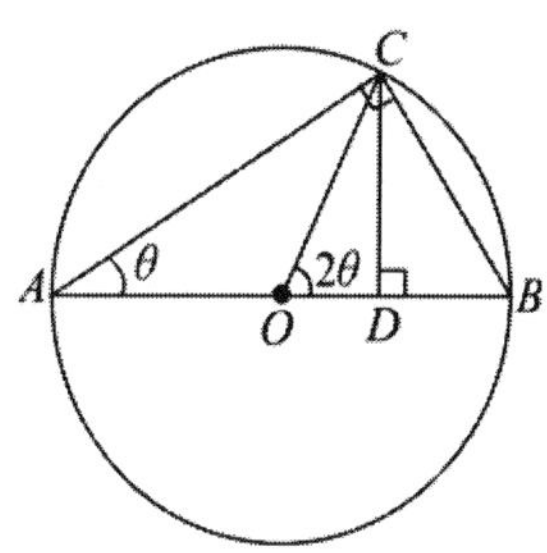
>
>
> $\triangle ABC \backsim$ [(가)]
>
> $\therefore\ \overline{AB} : \overline{BC} = \overline{AC} : \overline{CD}$
>
> 한편 $\angle BAC=\theta$라고 하면 $\angle BOC=2\theta$.
>
> 그런데 $\overline{AB}=2$ 이므로 $\overline{BC}=2\sin\theta$, $\overline{AC}=$ [(나)], $\overline{CD}=$ [(다)]
>
> $\therefore\ 2 : 2\sin\theta =$ [(나)] : [(다)]
>
> 위 식을 정리하면 $\sin2\theta = 2\sin\theta\cos\theta$

위의 과정에서 (가), (나), (다)에 알맞은 것을 차례로 나열하여라.

① $\triangle ACD$, $2\cos\theta$, $2\sin\theta$
② $\triangle BCD$, $\cos2\theta$, $\sin2\theta$
③ $\triangle ACD$, $2\cos\theta$, $\sin2\theta$
④ $\triangle BCD$, $\sin2\theta$, $2\sin\theta$
⑤ $\triangle ACD$, $\sin2\theta$, $2\sin\theta$

30. 방정식 $\sin\left(x+\frac{\pi}{3}\right)+\sin\left(x-\frac{\pi}{3}\right)=\frac{1}{3}$ $(0 \le x < 2\pi)$ 의 두 근을 α, β $(\alpha < \beta)$라 할 때, $\cos(\beta-\alpha)$의 값을 구하여라.

31. $4\sin^2 x - 3 = 2\sin x \cos x$일 때, $\tan x$의 값을 구하여라. (단, $\frac{3}{2}\pi < x < 2\pi$)

32. $\cos(\sin^{-1} x) = \sqrt{1-x^2}$ 이 성립함을 보여라.

1.4 지수함수와 로그함수

정의 1.4.1 [지수함수]

$a > 0$, $a \neq 1$이면 함수 $f(x) = a^x$를 a를 밑으로 하는 **지수함수**(exponential function)라 한다.

지수함수 $f(x) = a^x$의 정의역은 실수의 집합이고, 치역은 양의 실수의 집합이다. 또한, $0 < a < 1$이면 $f(x)$는 감소함수이고, $a > 1$이면 $f(x)$는 증가함수이다.

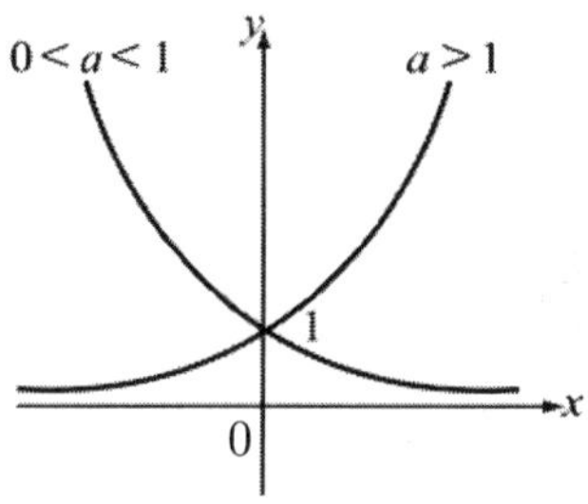

[그림 1.4.1]

예제 1.4.2 함수 $f(x) = 2^{-x} - 3$의 그래프를 그려라.

●●● **풀이**

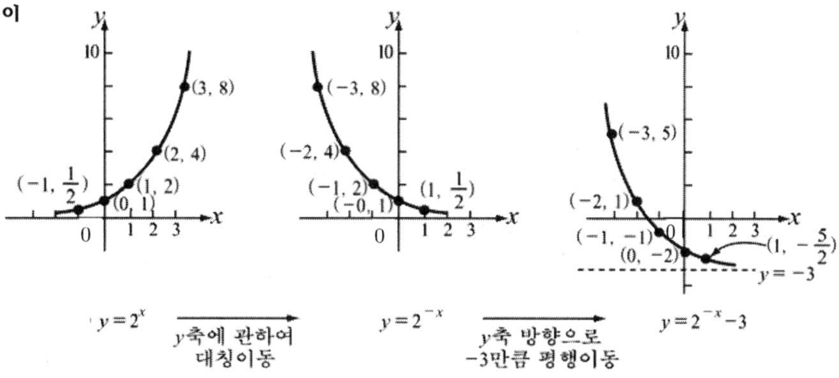

[그림 1.4.2]

예제 1.4.3 함수 $f(x) = -2^{x-3}$의 그래프를 그려라.

●●● **풀이**

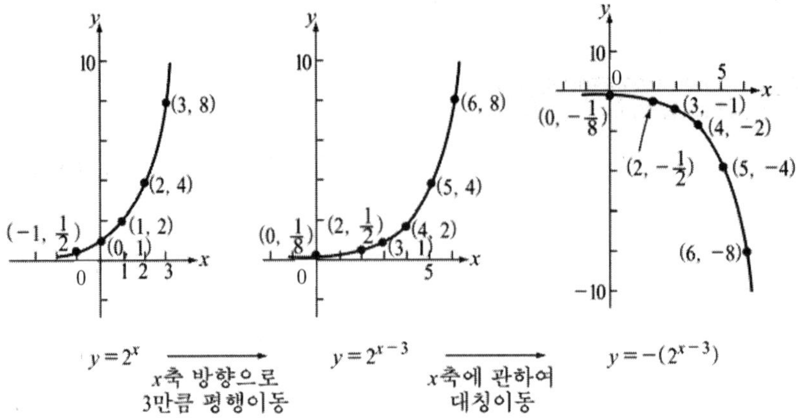

[그림 1.4.3]

정리 1.4.4 [지수법칙]

양의 실수 a, b와 임의의 실수 x, y에 대하여, 다음이 성립한다.

(1) $a^0 = 1$ (2) $a^{-1} = \dfrac{1}{a}$

(3) $a^{x+y} = a^x a^y$ (4) $a^{x-y} = \dfrac{a^x}{a^y}$

(5) $(a^x)^y = a^{xy}$ (6) $(ab)^x = a^x b^x$

지수에 미지수 x를 포함하는 방정식을 **지수방정식**(exponential equation)이라 한다. 일반적으로 지수방정식은 양변의 밑이 같도록 $a^{u(x)} = a^{v(x)}$의 형태로 정리한다. 지수함수는 일대일 함수이므로 $u(x) = v(x)$임을 이용하여 푼다.

예제 1.4.5 지수방정식 $3^{x+1}=81$을 풀어라.

●●● **풀이** $3^{x+1}=81=3^4$ 이므로 $x+1=4$이고 $x=3$이다.

예제 1.4.6 지수방정식 $4^x-(\sqrt{2})^{3x-1}=0$을 풀어라.

●●● **풀이** $2^{2x}=2^{\frac{3x-1}{2}}$ 이므로 $2x=\dfrac{3x-1}{2}$이고 $x=-1$이다.

정의 1.4.7 [로그함수]

$a>0,\ a\neq 1$이면, 지수함수 $y=a^x$는 일대일 함수이므로 역함수를 가진다. 이 역함수를 a를 밑으로 하는 **로그함수**(logarithmic function)라고 하고 $y=\log_a x$로 쓴다. 따라서

$$y=\log_a x \quad \Leftrightarrow \quad a^y=x \ \ (a>0,\ a\neq 1)$$

특히 $a=e$인 경우 $y=\log_e x$를 **자연로그함수**(natural logarithmic function)라 하고 $y=\ln x$로 쓴다. 따라서

$$\ln x=y \quad \Leftrightarrow \quad e^y=x$$

여기서 e는 약 $2.71828183\cdots$의 값을 가진 무리수로 다음과 같이 정의된다(4.2절 참고).

$$e=\lim_{n\to\infty}\left(1+\frac{1}{n}\right)^n$$

$a=10$인 경우 $y=\log_{10}x$를 **상용로그**라 하고 $y=\log x$로 쓴다.

로그함수 $f(x)=\log_a x$는 정의역이 양의 실수의 집합이고 치역은 실수의 집합인 일대일 대응이다. 또한 $0<a<1$이면 $f(x)$는 감소함수이고, $a>1$이면 $f(x)$는 증가함수이다. 로그함수 $f(x)=\log_a x$의 그래프는 다음과 같다.

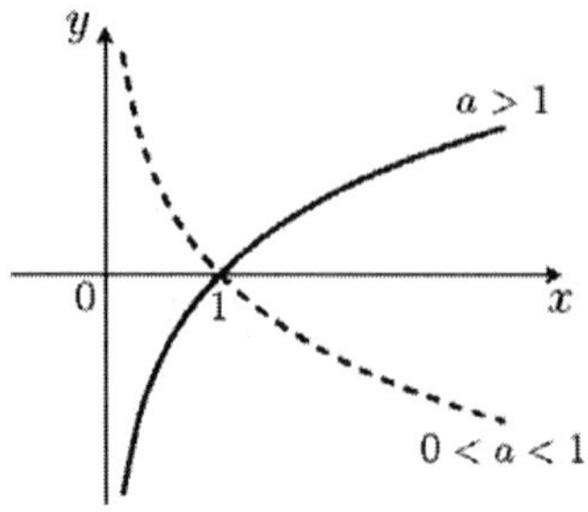

[그림 1.4.4]

예제 1.4.8 함수 $f(x)=\ln(1-x)$의 그래프를 그려라.

●●● **풀이** $y=\ln(1-x)$의 그래프는 $y=\ln x$의 그래프를 y축에 대하여 대칭이동한 후 x축 방향으로 1만큼 평행이동한 그래프이다.

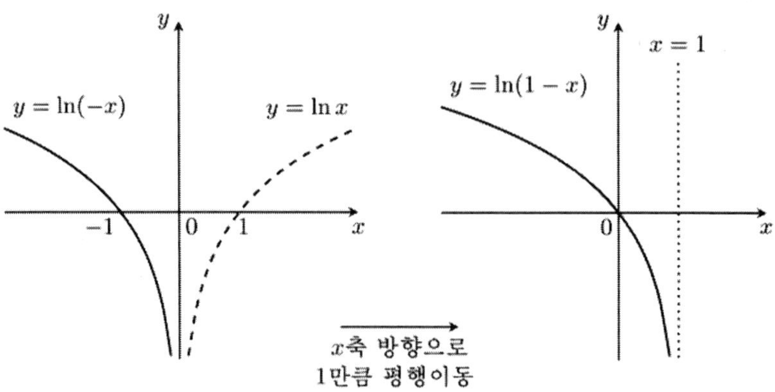

[그림 1.4.5]

정리 1.4.9 [로그법칙]

$x, y > 0,\ a > 0, a \neq 1$ 인 $a,\ x,\ y$에 대하여, 다음이 성립한다.

(1) $\log_a(xy) = \log_a x + \log_a y$

(2) $\log_a\left(\dfrac{x}{y}\right) = \log_a x - \log_a y$

(3) $\log_a(x^y) = y\log_a x$

(4) (밑 변환 공식) $\log_a x = \dfrac{\log_b x}{\log_b a}$ (단, $b > 0,\ b \neq 1$)

예제 1.4.10 $\log_a \dfrac{e^3\sqrt{x^2+1}}{(x+1)^4}$을 자연로그의 합과 차로 나타내어라.

●●● **풀이** 밑 변환 공식을 사용하면

$$\log_a \frac{e^3\sqrt{x^2+1}}{(x+1)^4} = \frac{\ln\left(\dfrac{e^3\sqrt{x^2+1}}{(x+1)^4}\right)}{\ln a}$$

$$= \frac{1}{\ln a}\left(3 + \frac{1}{2}\ln(x^2+1) - 4\ln|x+1|\right)$$

로그의 진수 또는 밑에 미지수 x를 포함하는 방정식을 **로그방정식**(logarithmic equation)이라 한다. 일반적으로 로그방정식은 양변의 밑이 같도록 $\log_a u(x) = \log_a v(x)$의 형태로 정리한다. 로그함수는 일대일 함수이므로 $u(x) = v(x)$임을 이용하여 푼다.

예제 1.4.11 다음 로그방정식을 풀어라.

(1) $2\log_5 x = \log_5 9$ (2) $\log_x(10-3x) = 2$

(3) $\log_5 x + \log_5(2x-3) = 1$

풀이 (1) 로그법칙을 이용하여 $2\log_5 x = \log_5 9$은

$$\log_5 x^2 = \log_5 9$$

이므로 $x^2 = 9$이다. 따라서 $x = \pm 3$ 이다. 한편, $x > 0$이므로 $x = 3$이다.

(2) $x > 0$, $x \neq 1$, $10-3x > 0$이므로 $0 < x < 1$, $1 < x < \frac{10}{3}$이다.

또한 $\log_x(10-3x) = 2$는 $x^2 + 3x - 10 = 0$이므로 $x = 2, -5$ 이다. 따라서 $x = 2$이다.

(3) $x > 0$과 $2x-3 > 0$이므로 $x > \frac{3}{2}$이다. $\log_5 x + \log_5(2x-3) = 1$은

$$\log_5 x(2x-3) = 1$$

이므로 $x(2x-3) = 5$이다. 즉, $2x^2 - 3x - 5 = 0$이므로 $x = -1, \frac{5}{2}$이다. 따라서 $x > \frac{3}{2}$이므로 $x = \frac{5}{2}$이다.

▶▶▶ 연습문제 1.4

STEP 1

01 다음을 간단히 하여라.

(1) $\left\{\left(\frac{8}{27}\right)^{-\frac{1}{3}}\right\}^{\frac{3}{2}} \times \left(\frac{8}{3}\right)^{\frac{1}{2}}$　　(2) $\sqrt[4]{ab^3} \times \sqrt{ab} \div \sqrt[4]{a^3 b}$

02 다음을 간단히 하여라.

(1) $\log_2 2 + \log_2 4 + \log_2 8 + \log_2 16$　　(2) $\log_2\left(\sqrt[4]{4} \times \sqrt{2^5}\right)$

(3) $5^{3\log_5 10 + \log_{\frac{1}{5}} 2 + \log_5 10^{-1}}$

03 $a > 0$, $a \neq 1$일 때, $\sqrt[3]{a^2} = \sqrt[3]{\sqrt{a^m}}$ 을 만족하는 m의 값을 구하여라.

04 함수 $y = e^x$와 $y = \ln x$의 그래프를 이용하여 다음 함수의 그래프를 그려라.

(1) $f(x) = e^{-x}$　　(2) $f(x) = \ln(-x)$

(3) $f(x) = 1 - e^x$　　(4) $f(x) = 3 + \ln x$

05 $18^x = 9$, $2^y = 27$일 때, $\frac{2}{x} - \frac{3}{y}$의 값을 구하여라.

06 다음 함수의 정의역을 구하여라.

(1) $y = \log_3(3 - x)$　　(2) $y = -\log_5(x+2)^2$

(3) $y = \log_2(8 + 2x - x^2)$　　(4) $y = \log_{(x-2)}(x^2 - 5x + 4)$

07. $\log_2 3 = a$, $\log_3 5 = b$일 때, $\log_{10} 25$을 a, b로 나타내어라.

08. 다음 방정식을 풀어라.

(1) $4^{1-2x} = 2$ (2) $3^{x^2+x} = \sqrt{3}$

(3) $9^{2x} = 27^{3x-4}$ (4) $\log_x 64 = -3$

(5) $\log_{\sqrt{3}}(9\sqrt{3}) = x$ (6) $\log_6(x+3) + \log_6(x+4) = 1$

(7) $2\log_2(x-3) = \log_2(2x-3)$

STEP 2

09. 함수 $f(x) = 2^x$에 대하여, 다음 중 옳지 않은 것을 찾으면?

① $f(x+y) = f(x) \cdot f(y)$ ② $f(x-y) = f(x) \div f(y)$

③ $f(xy) = \{f(x)\}^y$ ④ $f(x \div y) = f(x) - f(y)$

⑤ $x < y$ 이면 $f(x) < f(y)$

10. $a^{2x} = 3$일 때, $\dfrac{a^x - a^{-x}}{a^x + a^{-x}}$의 값을 구하여라.

11. 다음 함수의 그래프를 그려라.

(1) $f(x) = e^{|x|}$ (2) $f(x) = \ln|x|$

(3) $f(x) = e^{|x-1|} - 1$ (4) $f(x) = \ln|x-1| + 2$

12. 다음 함수의 역함수를 구하여라.

(1) $y = 2^{x+1} - 1$ (2) $y = \log_3(x-1) + 2$

(3) $y = \log_3 \dfrac{1}{\sqrt{x+1}}$ (4) $y = \log_3(x^3 + 1)$

13. 다음 방정식을 풀어라.

(1) $2^{2x}+5\cdot 2^{x}-24=0$

(2) $2^{x}-10+2^{4-x}=0$

(3) $5\cdot 10^{x}=2^{x}$

(4) $\left(\frac{2}{3}\right)^{x^2+3}=\left(\frac{3}{2}\right)^{5x+1}$

(5) $(\log x)^3=4\log x$

(6) $\log_4 x^2+\log_x 4-3=0$

(7) $\log_2(x-5)=\log_4(x-2)+1$

(8) $\log 2x+\log(x-1)=\log(x^2+3)$

14. $x>1$일 때, 함수 $y=\log_4 x+\log_x 256$의 최솟값을 구하여라.

STEP 3

15. 함수 $f(x)=\dfrac{e^x-e^{-x}}{e^x+e^{-x}}$에 대하여, $f(a)=\dfrac{2}{3}$, $f(b)=\dfrac{3}{4}$이라 할 때, $f(a+b)$의 값을 구하여라.

16. $\dfrac{10^{2013}}{10^{10}-10^{7}}=\alpha\cdot 10^{n}$이라 할 때, 자연수 n의 값을 구하여라.
(단, $1\le \alpha<10$)

17. 다음 연립방정식의 해를 구하여라.

$$\begin{cases} 2^x+2^y=10 \\ 2^{x+y}=16 \end{cases}$$

18. 방정식 $x^{\log x}=100x$의 모든 실근을 구하여라.

19. 방정식 $\log_2 x=kx$의 두 근의 비가 $1:2$일 때, 상수 k의 값을 구하여라.
(단, $k\neq 0$)

20. 시간 t에 따라 감소하는 함수 $f(t)$에 대하여, $f(t+c)=\frac{1}{2}f(t)$를 만족시키는 상수 c를 $f(t)$의 반감기라 한다. 함수 $f(t)=5^{-t}$의 반감기를 구하여라.

21. 방사성 물질을 보관하는 곳에는 외부로 방사선 입자의 누출을 막기 위하여 특수 보호막을 설치한다. 어떤 방사선 입자의 18%를 막아주는 보호막을 10장 설치하였을 때, 10장 째 통과한 입자의 양은 원래의 양의 대략 몇 $\%$인지 구하여라.

제2장 미분

2.1 함수의 극한과 연속

정의 2.1.1 [함수의 극한]

a를 제외한 a의 근방에서 정의된 함수 $y=f(x)$에 대해, x가 a의 근방에서 a에 한없이 가까워질 때 함숫값 $f(x)$가 일정한 값 L에 한없이 가까워진다면, $f(x)$는 L에 **수렴한다**(converge)고 하고 다음과 같이 표시한다.

$$\lim_{x\to a} f(x)=L \text{ 또는 } x\to a\text{이면, } f(x)\to L$$

이때 L을 x가 a에 가까워질 때 $y=f(x)$의 **극한값**(limit value) 또는 **극한**(limit)이라 한다.

예제 2.1.2 모든 실수 a에 대하여, $\lim_{x\to a} c=c$이다. (단, c는 상수)

예제 2.1.3 (1) 모든 실수 a에 대하여, $\lim_{x\to a} x=a$이다.

(2) 모든 양의 실수 a에 대하여, $\lim_{x\to a}\sqrt{x}=\sqrt{a}$ 이다.

정리 2.1.4 [극한의 성질]

$\lim_{x\to a} f(x) = L$이고 $\lim_{x\to a} g(x) = M$일 때, 다음이 성립한다.

(1) $\lim_{x\to a} cf(x) = c\lim_{x\to a} f(x) = cL$ (단, c는 상수)

(2) $\lim_{x\to a}(f(x) \pm g(x)) = \lim_{x\to a} f(x) \pm \lim_{x\to a} g(x) = L \pm M$

(3) $\lim_{x\to a} f(x)g(x) = \lim_{x\to a} f(x) \lim_{x\to a} g(x) = LM$

(4) $\lim_{x\to a} \dfrac{f(x)}{g(x)} = \dfrac{\lim_{x\to a} f(x)}{\lim_{x\to a} g(x)} = \dfrac{L}{M}$ (단, $M \neq 0$)

(5) $f(x) \le g(x)$이면 $\lim_{x\to a} f(x) \le \lim_{x\to a} g(x)$이다. 즉, $L \le M$

예제 2.1.5 다음을 구하여라.

(1) $\lim_{x\to 2}(x^3 - x^2 + 5)$

(2) $\lim_{x\to 4} x^2(\sqrt{x} - 1)$

(3) $\lim_{x\to 1} \dfrac{x^2+2}{x+1}$

(4) $\lim_{x\to 1} \dfrac{x}{\sqrt{x}+2}$

풀이 (1) $\lim_{x\to 2}(x^3 - x^2 + 5) = \lim_{x\to 2} x^3 - \lim_{x\to 2} x^2 + \lim_{x\to 2} 5 = 9$

(2) $\lim_{x\to 4} x^2(\sqrt{x} - 1) = \lim_{x\to 4} x^2 \cdot \lim_{x\to 4}(\sqrt{x} - 1) = 16$

(3) $\lim_{x\to 1} \dfrac{x^2+2}{x+1} = \dfrac{\lim_{x\to 1}(x^2+2)}{\lim_{x\to 1}(x+1)} = \dfrac{3}{2}$

(4) $\lim_{x\to 1} \dfrac{x}{\sqrt{x}+2} = \dfrac{\lim_{x\to 1} x}{\lim_{x\to 1}(\sqrt{x}+2)} = \dfrac{1}{3}$

앞의 예제의 (1), (3)에서처럼 함수 f가 다항함수이거나 유리함수이고 a가 f의 정의역에 속한다면 다음이 성립한다.

$$\lim_{x \to a} f(x) = f(a)$$

함수의 극한을 구할 때 정리 2.1.4의 (4)를 바로 이용할 수 없는 경우도 있지만 인수분해, 분모의 유리화 등과 같은 방법을 이용하여 함수를 변형 후 극한을 구하기도 한다.

예제 2.1.6 다음을 구하여라.

(1) $\lim_{x \to 1} \dfrac{x^2 - 1}{x - 1}$ (2) $\lim_{x \to 1} \dfrac{x - 1}{\sqrt{x} - 1}$

풀이 (1) $\lim_{x \to 1} \dfrac{x^2 - 1}{x - 1} = \lim_{x \to 1} \dfrac{(x+1)(x-1)}{x-1} = \lim_{x \to 1}(x+1) = 2$

(2) $\lim_{x \to 1} \dfrac{x - 1}{\sqrt{x} - 1} = \lim_{x \to 1} \dfrac{(x-1)(\sqrt{x}+1)}{(\sqrt{x}-1)(\sqrt{x}+1)} = \lim_{x \to 1} \dfrac{(x-1)(\sqrt{x}+1)}{x-1}$

$= \lim_{x \to 1}(\sqrt{x}+1) = 2$

예제 2.1.7 $\lim_{x \to 0} x^2 \sin \dfrac{1}{x}$을 구하여라.

풀이 $x \neq 0$에 대하여, $-1 \leq \sin \dfrac{1}{x} \leq 1$이고 $-x^2 \leq x^2 \sin \dfrac{1}{x} \leq x^2$이다.

$\lim_{x \to 0} x^2 = 0$이므로 정리 2.1.4의 (5)에 의하여 $\lim_{x \to 0} x^2 \sin \dfrac{1}{x} = 0$이다.

정리 2.1.8

$\lim_{x \to a} f(x) = b$, $\lim_{x \to b} g(x) = g(b)$이면 다음이 성립한다.

$$\lim_{x \to a} g(f(x)) = g(b) = g(\lim_{x \to a} f(x))$$

예제 2.1.9 $\lim_{x \to 0} \sqrt{1-x^2}$을 구하여라.

●●● **풀이** $f(x) = 1 - x^2$, $g(x) = \sqrt{x}$로 두면 $\sqrt{1-x^2} = (g \circ f)(x)$이고 $\lim_{x \to 0} f(x) = 1$, $\lim_{x \to 1} g(x) = 1 = g(1)$이 된다. 따라서

$$\lim_{x \to 0} \sqrt{1-x^2} = \lim_{x \to 0} g(f(x)) = g(\lim_{x \to 0} f(x)) = g(1) = \sqrt{1} = 1$$

정의 2.1.10 [우극한과 좌극한]

(1) x가 a보다 큰 값으로 a에 한없이 가까워질 때, 함숫값 $f(x)$가 L에 한없이 가까워지면 다음과 같이 나타낸다.

$$\lim_{x \to a^+} f(x) = L$$

이때 L을 x가 a에 가까워질 때 $f(x)$의 **우극한**(right-hand limit)이라 한다.

(2) x가 a보다 작은 값으로 a에 한없이 가까워질 때, 함숫값 $f(x)$가 L에 한없이 가까워지면 다음과 같이 나타낸다.

$$\lim_{x \to a^-} f(x) = L$$

이때 L을 x가 a에 가까워질 때 $f(x)$의 **좌극한**(left-hand limit)이라 한다.

정리 2.1.11

다음은 동치이다.

(1) $\lim_{x \to a} f(x) = L$ (2) $\lim_{x \to a^+} f(x) = \lim_{x \to a^-} f(x) = L$

예제 2.1.12 그림 2.1.1과 같이 주어진 함수 g의 그래프를 이용하여 다음 극한이 존재하면 구하여라.

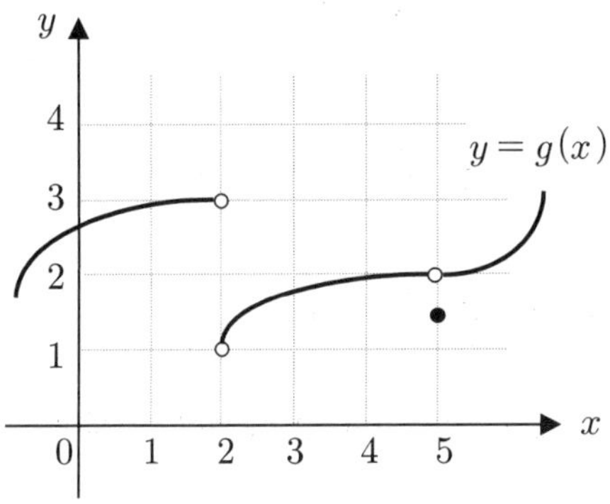

[그림 2.1.1]

(1) $\lim_{x \to 2^-} g(x)$ (2) $\lim_{x \to 2^+} g(x)$ (3) $\lim_{x \to 2} g(x)$

(4) $\lim_{x \to 5^-} g(x)$ (5) $\lim_{x \to 5^+} g(x)$ (6) $\lim_{x \to 5} g(x)$

●●● **풀이** (1) x가 2보다 작은 값으로 2에 가까워질 때, $g(x)$는 $y=3$으로 가까워진다. 따라서 $\lim_{x \to 2^-} g(x) = 3$이다.

(2) x가 2보다 큰 값으로 2에 가까워질 때, $g(x)$는 $y=1$로 가까워진다. 따라서 $\lim_{x \to 2^+} g(x) = 1$이다.

(3) $\lim_{x \to 2^-} g(x) = 3 \neq 1 = \lim_{x \to 2^+} g(x)$이므로 $\lim_{x \to 2} g(x)$는 존재하지 않는다.

(4) x가 5보다 작은 값으로 5에 가까워질 때, $g(x)$는 $y=2$로 가까워진

다. 따라서 $\lim_{x \to 2^-} g(x) = 2$이다.

(5) x가 5보다 큰 값으로 5에 가까워질 때, $g(x)$는 $y=2$로 가까워진다. 따라서 $\lim_{x \to 2^+} g(x) = 2$이다.

(6) $\lim_{x \to 5^-} g(x) = 2 = \lim_{x \to 5^+} g(x)$이므로 $\lim_{x \to 5} g(x) = 2$이다.

예제 2.1.13 함수 $f(x) = \dfrac{x}{|x|}$에 대하여, 다음을 구하여라.

(1) $\lim_{x \to 0^+} f(x)$ (2) $\lim_{x \to 0^-} f(x)$ (3) $\lim_{x \to 0} f(x)$

●●● **풀이** (1) $\lim_{x \to 0^+} f(x) = \lim_{x \to 0^+} \dfrac{x}{|x|} = \lim_{x \to 0^+} \dfrac{x}{x} = 1$

(2) $\lim_{x \to 0^-} f(x) = \lim_{x \to 0^-} \dfrac{x}{|x|} = \lim_{x \to 0^-} \dfrac{x}{-x} = -1$

(3) 정리 2.1.11에 의하여 $\lim_{x \to 0} f(x)$은 존재하지 않는다.

정리 2.1.14

$\lim_{x \to a} |f(x)| = 0$ 이면 $\lim_{x \to a} f(x) = 0$이다.

(증명) $-|f(x)| \le f(x) \le |f(x)|$ 이고 $\lim_{x \to a} |f(x)| = 0$ 이므로 정리 2.1.4의 (5)에 의하여 $\lim_{x \to a} f(x) = 0$이다. ∎

예제 2.1.15 $\lim_{x \to 0} x \sin \dfrac{1}{x}$의 극한을 구하여라.

●●● **풀이** $x \neq 0$에 대하여, $0 \leq \left|\sin\frac{1}{x}\right| \leq 1$ 이므로 다음이 성립한다.

$$0 \leq \left|x\sin\frac{1}{x}\right| \leq |x|$$

$\lim_{x \to 0}|x| = 0$이므로 정리 2.1.4의 (5)에 의하여 $\lim_{x \to 0}\left|x\sin\frac{1}{x}\right| = 0$ 이다.

따라서 $\lim_{x \to 0} x\sin\frac{1}{x} = 0$이다.

정의 2.1.16 [무한극한과 무한에서의 극한]

(1) x가 a에 한없이 가까워질 때, 함숫값 $f(x)$가 한없이 커지면 다음과 같이 나타낸다.

$$\lim_{x \to a} f(x) = \infty$$

(2) x가 a에 한없이 가까워질 때, 함숫값 $f(x)$가 한없이 작아지면 다음과 같이 나타낸다.

$$\lim_{x \to a} f(x) = -\infty$$

(3) x가 한없이 커질 때, 함숫값 $f(x)$가 L에 한없이 가까워지면 다음과 같이 나타낸다.

$$\lim_{x \to \infty} f(x) = L$$

(4) x가 한없이 작아질 때, 함숫값 $f(x)$가 L에 한없이 가까워지면 다음과 같이 나타낸다.

$$\lim_{x \to -\infty} f(x) = L$$

(1), (2)에서 $x \to a$ 대신 $x \to a^+$ 또는 $x \to a^-$일 때도 정의할 수 있다.

〈참고〉 다음 극한은 직관을 통하여 쉽게 얻을 수 있다.

$$\lim_{x\to 0^+}\frac{1}{x}=\infty,\quad \lim_{x\to 0^-}\frac{1}{x}=-\infty,\quad \lim_{x\to\infty}\frac{1}{x}=0,\quad \lim_{x\to-\infty}\frac{1}{x}=0$$

$$\lim_{x\to\infty}\frac{1}{x^2}=0,\quad \lim_{x\to-\infty}\frac{1}{x^2}=0,\quad \lim_{x\to 0}\frac{1}{x^2}=\infty$$

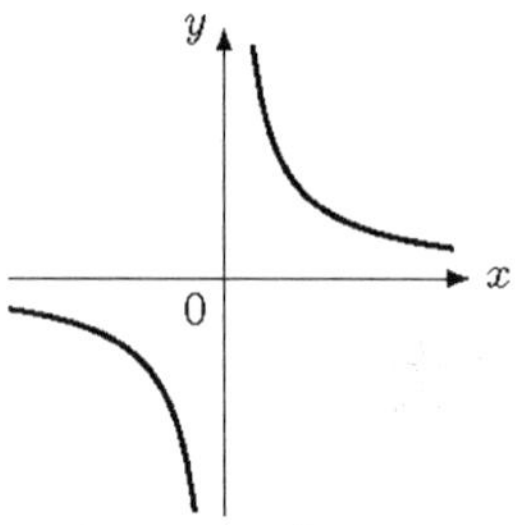

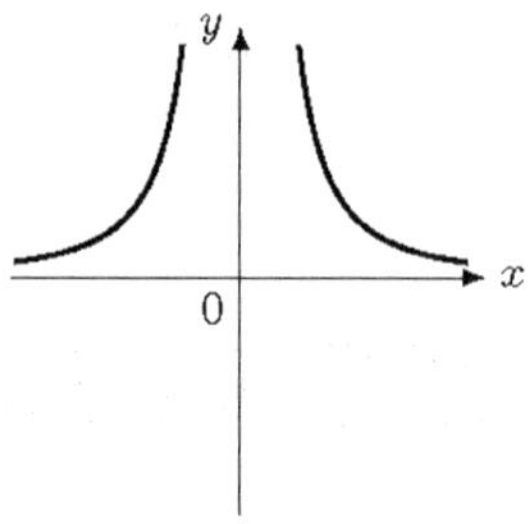

[그림 2.1.2]

예제 2.1.17 다음의 극한을 구하여라.

(1) $\lim_{x\to 1^+}\frac{1}{x^2-1}$ (2) $\lim_{x\to\infty}\frac{x^2}{2x^2-1}$

풀이 (1) $x>1$이고 $x\to 1$이면 $x^2-1>0$이고 $x^2-1\to 0$이므로

$$\lim_{x\to 1^+}\frac{1}{x^2-1}=\infty$$

(2) $x\neq 0$라고 하자. 분자와 분모에 $\frac{1}{x^2}$을 곱하면

$$\lim_{x\to\infty}\frac{x^2}{2x^2-1}=\lim_{x\to\infty}\frac{1}{2-\frac{1}{x^2}}=\frac{1}{2}$$

무한극한과 무한에서의 극한은 함수의 그래프의 개형에 대한 정보를 주기도 한다.

$$\lim_{x\to a} f(x) = \infty, \quad \lim_{x\to a^-} f(x) = \infty, \quad \lim_{x\to a^+} f(x) = \infty,$$

$$\lim_{x\to a} f(x) = -\infty, \quad \lim_{x\to a^-} f(x) = -\infty, \quad \lim_{x\to a^+} f(x) = -\infty$$

함수 $f(x)$가 이 중 적어도 하나의 식을 만족하면 직선 $x=a$는 $y=f(x)$의 수직점근선이고,

$$\lim_{x\to\infty} f(x) = L, \quad \lim_{x\to-\infty} f(x) = L$$

중 하나의 식을 만족하면 직선 $y=L$은 $y=f(x)$의 수평점근선이다.

예제 2.1.17에 의하면 $y=\dfrac{1}{x^2-1}$은 수직점근선 $x=1$을 가지고, $y=\dfrac{x^2}{2x^2-1}$은 수평점근선 $y=\dfrac{1}{2}$을 가진다.

정의 2.1.18 [연속]

함수 $f(x)$가 다음을 만족하면, $f(x)$가 $x=a$에서 **연속**(continuous)이라고 한다.

(1) 함숫값 $f(a)$가 존재하고

(2) 극한값 $\lim_{x\to a} f(x)$가 존재하고,

(3) 함숫값과 극한값이 일치한다. 즉, $f(a) = \lim_{x\to a} f(x)$

만약 $f(x)$가 $x=a$에서 연속이 아니면 $f(x)$는 $x=a$에서 **불연속**(discontinuous)이라고 한다.

정의 2.1.19 [구간에서의 연속]

함수 $f(x)$가 개구간 (a, b)의 모든 점에서 연속이면 $f(x)$는 개구간 (a, b)에서 **연속**이라고 한다.

〈주의〉 (1) 함수 $f(x)$가 개구간 (a, b)에서 연속이고 $\lim_{x \to a^+} f(x) = f(a)$, $\lim_{x \to b^-} f(b) = f(b)$ 이면 $f(x)$는 폐구간 $[a, b]$ 에서 **연속**이라고 한다.

(2) 다음 그래프는 $x = a$에서 불연속인 경우이다.

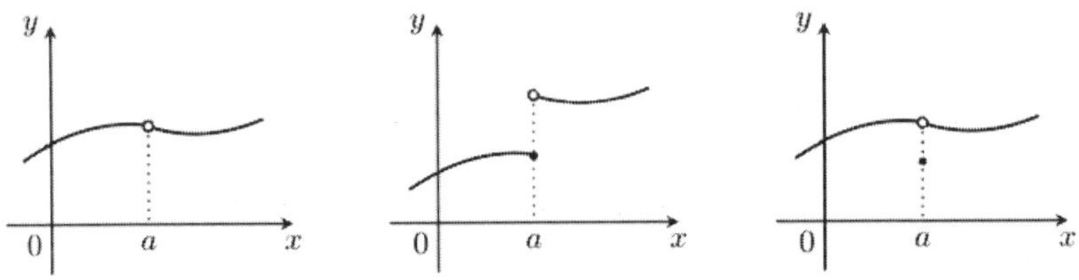

[그림 2.1.3]

정리 2.1.20 [연속의 성질]

(1) 두 함수 $f(x)$, $g(x)$가 $x = a$에서 연속이면 다음 함수도 $x = a$에서 연속이다.

$$cf \text{ (단, } c\text{는 상수)}, \ f \pm g, \ fg, \ f/g \text{(단, } g \neq 0)$$

(2) 함수 $f(x)$가 $x = a$에서 연속이고 $g(x)$가 $x = f(a)$에서 연속이면, $g \circ f$ 는 $x = a$에서 연속이다

예제 2.1.21 (1) 다항함수는 모든 실수에서 연속이다.

(2) 유리함수는 분모가 0이 아닌 모든 실수에서 연속이다.

(3) 삼각함수 $\sin x$와 $\cos x$는 모든 실수에서 연속이다.

(4) 지수함수 a^x는 모든 실수에서 연속이다.

(5) 로그함수 $\log_a x$는 모든 양의 실수에서 연속이다.

예제 2.1.22 (1) 함수 $f(x)=\ln(x^2+1)$은 실수의 집합에서 연속이다.

(2) 함수 $g(x)=\sqrt{1-x^2}$ 은 구간 $[-1,1]$에서 연속이다.

정리 2.1.23 [중간값 정리]

함수 $f(x)$가 폐구간 $[a,\ b]$에서 연속이고

$$f(a)<M<f(b) \text{ 또는 } f(b)<M<f(a)$$

이면 $f(c)=M$인 c가 개구간 $(a,\ b)$에 적어도 하나 존재한다.

따름정리 2.1.24

함수 $f(x)$가 폐구간 $[a,\ b]$ 에서 연속이고 $f(a)f(b)<0$이면 $f(x)=0$의 근이 개구간 $(a,\ b)$에 적어도 하나 존재한다.

예제 2.1.25 방정식 $x^5+3x^2-x-1=0$은 0과 1사이에 적어도 하나의 실근을 가짐을 보여라.

●●● **풀이** $f(x)=x^5+3x^2-x-1$라고 두면, $f(x)$는 폐구간 $[0,\ 1]$에서 연속이고 $f(0)f(1)<0$ 이므로 따름정리 2.1.24에 의하여 0과 1사이에 적어도 하나의 실근을 가진다.

▸▸▸ 연습문제 2.1

STEP 1

01 다음 극한을 구하여라.

(1) $\lim_{x\to 1} 2$

(2) $\lim_{x\to 2}(x^3-2x+1)$

(3) $\lim_{x\to 0}\frac{x-1}{x+2}$

(4) $\lim_{x\to 1}\frac{x^3-1}{x-1}$

(5) $\lim_{x\to 0}\frac{\sqrt{2+x}-\sqrt{2}}{x}$

(6) $\lim_{x\to 1^-}\frac{1}{x^2-1}$

(7) $\lim_{x\to 1^+}\tan\frac{\pi}{2}x$

(8) $\lim_{x\to 0}x^2\cos\frac{1}{x}$

02 다음 극한을 구하여라.

(1) $\lim_{x\to\infty}\frac{x}{\sqrt{1+x^2}-1}$

(2) $\lim_{x\to-\infty}\frac{4x-1}{2x^2-3x+1}$

(3) $\lim_{x\to\infty}\frac{x^3+2x-1}{x^2+1}$

(4) $\lim_{x\to-\infty}\frac{x-2x^2}{3x^2-2x}$

03 $\lim_{x\to 2}\frac{f(x)-5}{x^2+x-6}=7$ 일 때, $\lim_{x\to 2}f(x)$를 구하여라.

04 함수 $f(x)=\begin{cases}7x-2, & x\le 1\\ ax^2, & x>1\end{cases}$가 $x=1$에서 연속이 되도록 상수 a의 값을 구하여라.

05. 주어진 점에서 다음 함수의 연속성을 조사하여라.

(1) $f(x) = x|x|$; $x = 0$

(2) $f(x) = \begin{cases} \dfrac{1}{x-2}, & x \neq 2 \\ 2, & x = 2 \end{cases}$; $x = 2$

STEP 2

06. 다음 극한을 구하여라. (단, $[x]$는 x를 넘지 않는 최대정수를 나타낸다.)

(1) $\lim_{x \to 2^+} [x]$

(2) $\lim_{x \to 2^-} [x]$

(3) $\lim_{x \to 0} \sin x \cos \dfrac{1}{x}$

(4) $\lim_{x \to 0} \dfrac{1}{x}\left(\dfrac{1}{x+4} - \dfrac{1}{x}\right)$

07. $\lim_{x \to 1} \dfrac{x^2 + ax + b}{x^3 - 1} = 2$가 성립하도록 상수 a와 b의 값을 구하여라.

08. $\lim_{x \to 1} \dfrac{x - 1}{x^2 + ax + b} = 1$이 성립하도록 상수 a와 b의 값을 구하여라.

09. $\lim_{x \to a} \dfrac{x^2 - a^2}{x - a} = 8$이고 $\lim_{x \to \infty} (\sqrt{x^2 + ax} - \sqrt{x^2 + bx}) = 3$일 때, 상수 a와 b의 값을 구하여라.

10. 주어진 점에서 다음 함수의 연속성을 조사하여라. (단, $[x]$는 x를 넘지 않는 최대정수를 나타낸다.)

(1) $f(x) = x - [x]$; $x = 0$

(2) $f(x) = \ln(x - 2)$; $x = 2$

11. 다음 함수가 연속이 되도록 상수 a와 b를 구하여라.

$$f(x)=\begin{cases} \dfrac{x^2-4}{x-2}, & x<2 \\ ax^2-bx+3, & 2\le x<3 \\ 2x-a+b, & x\ge 3 \end{cases}$$

12. 중간값 정리를 이용하여 방정식 $\sqrt[3]{x}=1-x$이 0과 1사이에 적어도 하나의 실근을 가짐을 보여라.

STEP 3

13. 다음 극한을 구하여라. (단, $[x]$는 x를 넘지 않는 최대정수를 나타낸다.)

(1) $\displaystyle\lim_{x\to 1^-}\frac{x-1}{|x^3-x^2|}$

(2) $\displaystyle\lim_{x\to -\infty}\frac{\sqrt{3x^2+1}}{x-1}$

(3) $\displaystyle\lim_{x\to 1}[-x^2+2x+3]$

(4) $\displaystyle\lim_{x\to 3^+}\frac{x^2-9}{x-[x]}$

14. 두 함수 $f(x)$와 $g(x)$는 $0\le x<1,\ 1<x\le 2$에서 연속이고

$$\lim_{x\to 1}f(x)=\infty,\quad \lim_{x\to 1}(f(x)-2g(x))=1$$

을 만족한다. 이때 $\displaystyle\lim_{x\to 1}\frac{f(x)-4g(x)}{3f(x)-2g(x)}$을 구하여라.

2.2 미분계수와 도함수

정의 2.2.1 [평균변화율과 미분계수]

(1) $f(x)$를 a를 포함하는 개구간에서 정의된 함수라고 하자. x의 증분을 Δx, Δx에 대응하는 함숫값의 증분을 Δy라고 하면

$$\Delta y = f(a+\Delta x) - f(a)$$

이고

$$\frac{\Delta y}{\Delta x} = \frac{f(a+\Delta x)-f(a)}{\Delta x}$$

을 x가 a에서 $a+\Delta x$까지 변할 때 $f(x)$의 **평균변화율**(average rate of change)이라 한다.

(2) 극한값 $\lim_{\Delta x \to 0} \frac{\Delta y}{\Delta x} = \lim_{\Delta x \to 0} \frac{f(a+\Delta x)-f(a)}{\Delta x}$ 이 존재하면 이 값을 a에서 f의 **미분계수**(differential coefficient) 또는 **변화율**(rate of change)이라고 하며 기호로 $f'(a)$로 쓴다. 즉,

$$f'(a) = \lim_{\Delta x \to 0} \frac{\Delta y}{\Delta x} = \lim_{\Delta x \to 0} \frac{f(a+\Delta x)-f(a)}{\Delta x}$$

(2)에서 $x = a + \Delta x$로 두면 $f'(a) = \lim_{x \to a} \frac{f(x)-f(a)}{x-a}$이다.

정의 2.2.2 [미분가능]

미분계수 $f'(a)$가 존재하면 함수 $f(x)$는 $x = a$에서 **미분가능**(differentiable)이라고 한다. $f(x)$가 개구간 I의 모든 점에서 미분가능이면, $f(x)$는 구간 I에서 **미분가능**이라고 한다.

[미분계수의 기하학적 의미]

함수 $y=f(x)$가 $x=a$에서 미분가능이라고 하자. $y=f(x)$ 그래프 위의 두 점 $P(a, f(a))$와 $Q(a+\Delta x, f(a+\Delta x))$에서 평균변화율 $\dfrac{\Delta y}{\Delta x}$는 두 점 P와 Q를 잇는 직선의 기울기이다. 이때 Δx가 0에 한없이 가까워지면 $\dfrac{\Delta y}{\Delta x}$는 접선 T의 기울기에 가까워진다. 따라서 미분계수 $f'(a)$는 곡선 $y=f(x)$의 점 P에서의 접선 T의 기울기를 나타내고 접선의 방정식은 다음과 같다.

$$y=f'(a)(x-a)+f(a)$$

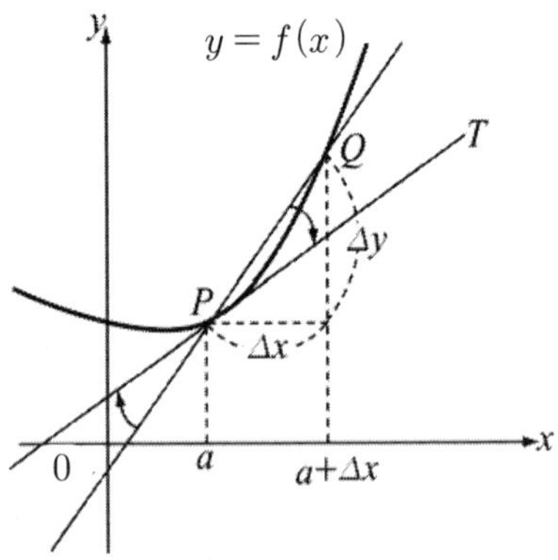

예제 2.2.3 함수 $f(x)=x^2$의 미분계수 $f'(1)$을 구하여라. 또, 점 $(1, 1)$에서 $f(x)$의 접선의 방정식을 구하여라.

●●● **풀이** $f'(1)=\lim_{h\to 0}\dfrac{f(1+h)-f(1)}{h}$

$$=\lim_{h\to 0}\frac{(1+h)^2-1^2}{h}$$

$$=\lim_{h\to 0}\frac{2h+h^2}{h}$$

$$= \lim_{h \to 0}(2+h) = 2$$

이므로 접선의 방정식은 다음과 같다.

$$y = 2(x-1)+1 = 2x-1$$

정리 2.2.4

함수 $f(x)$가 $x=a$에서 미분가능이면, $f(x)$는 $x=a$에서 연속이다.

(증명) $\lim_{x \to a} f(x) = \lim_{x \to a}\left(\frac{f(x)-f(a)}{x-a}(x-a)+f(a)\right) = f'(a) \cdot 0 + f(a) = f(a)$

따라서 $f(x)$는 $x=a$에서 연속이다. ∎

〈주의〉 (1) 함수가 불연속인 점에서는 미분불가능이다.

(2) $f(x)$가 $x=a$에서 연속이어도 반드시 $x=a$에서 미분가능인 것은 아니다. (예제 2.2.5 참고)

예제 2.2.5 함수 $f(x) = |x|$일 때, $x=0$에서의 미분가능성을 조사하여라.

●●● **풀이** $f(x) = \begin{cases} x, & x \geq 0 \\ -x, & x \leq 0 \end{cases}$ 이므로

$$\lim_{h \to 0^+} \frac{f(0+h)-f(0)}{h} = \lim_{h \to 0^+} \frac{h}{h} = 1,$$

$$\lim_{h \to 0^-} \frac{f(0+h)-f(0)}{h} = \lim_{h \to 0^-} \frac{-h}{h} = -1$$

이다. 따라서 $f(x)$는 $x=0$에서 미분불가능이다.

예제 2.2.6 함수 $f(x)=x|x|$일 때, $x=0$에서의 미분가능성을 조사하여라.

풀이 $f(x)=\begin{cases} x^2, & x \ge 0 \\ -x^2, & x \le 0 \end{cases}$ 이므로

$$\lim_{h\to 0^+}\frac{f(0+h)-f(0)}{h}=\lim_{h\to 0^+}\frac{h^2}{h}=0,$$

$$\lim_{h\to 0^-}\frac{f(0+h)-f(0)}{h}=\lim_{h\to 0^-}\frac{-h^2}{h}=0$$

이다. 따라서 $f(x)$는 $x=0$에서 미분가능이다.

정의 2.2.7 [도함수]

함수 $f(x)$가 개구간 I에서 미분가능이라고 하자. 이때

$$f' : I \to \mathbb{R},\quad f'(x)=\lim_{h\to 0}\frac{f(x+h)-f(x)}{h}$$

를 $f(x)$의 **도함수**(derivative)라고 하고 다음과 같이 표시하기도 한다.

$$f'(x),\ y',\ \frac{dy}{dx},\ \frac{d}{dx}f(x)$$

미분계수 $f'(a)$를 $\left.\frac{dy}{dx}\right|_{x=a}$ 로 적기도 한다.

예제 2.2.8 함수 $f(x)=c$ 이면 $f'(x)=0$임을 보여라. (단, c는 상수)

풀이 $f'(x)=\lim_{h\to 0}\frac{f(x+h)-f(x)}{h}=\lim_{h\to 0}\frac{c-c}{h}=0$

예제 2.2.9 자연수 n에 대하여, $f(x)=x^n$이면 $f'(x)=nx^{n-1}$임을 보여라.

●●● **풀이**
$$f'(x)=\lim_{h\to 0}\frac{f(x+h)-f(x)}{h}$$
$$=\lim_{h\to 0}\frac{(x+h)^n-x^n}{h}$$
$$=\lim_{h\to 0}\frac{((x+h)-x)((x+h)^{n-1}+(x+h)^{n-2}x+\cdots+x^{n-1})}{h}$$
$$=\lim_{h\to 0}((x+h)^{n-1}+(x+h)^{n-2}x+\cdots+x^{n-1})=nx^{n-1}$$

예제 2.2.10 함수 $f(x)=x^{10}$의 도함수 $f'(x)$를 구하여라.

●●● **풀이** 위의 예제 2.2.9에 의하여 $f'(x)=10x^9$

예제 2.2.11 함수 $f(x)=\sqrt{x}$의 도함수 $f'(x)$을 구하여라. 또 점 $(4,2)$에서 $f(x)$의 접선의 방정식을 구하여라.

●●● **풀이**
$$f'(x)=\lim_{h\to 0}\frac{\sqrt{x+h}-\sqrt{x}}{h}$$
$$=\lim_{h\to 0}\frac{(\sqrt{x+h}-\sqrt{x})(\sqrt{x+h}+\sqrt{x})}{h(\sqrt{x+h}+\sqrt{x})}$$
$$=\lim_{h\to 0}\frac{x+h-x}{h(\sqrt{x+h}+\sqrt{x})}$$
$$=\lim_{h\to 0}\frac{1}{\sqrt{x+h}+\sqrt{x}}=\frac{1}{2\sqrt{x}}$$

이고 $f'(4)=\frac{1}{4}$이므로 접선의 방정식은 $y=\frac{1}{4}(x-4)+2=\frac{1}{4}x+1$

정리 2.2.12 [도함수의 성질]

두 함수 $f(x)$와 $g(x)$가 미분가능이면, 다음이 성립한다.

(1) $(cf(x))' = cf'(x)$ (단, c는 상수)

(2) $(f(x) \pm g(x))' = f'(x) \pm g'(x)$

(3) $(f(x)g(x))' = f'(x)g(x) + f(x)g'(x)$

(4) $\left(\dfrac{1}{g(x)}\right)' = -\dfrac{g'(x)}{(g(x))^2}$ (단, $g(x) \neq 0$)

$\left(\dfrac{f(x)}{g(x)}\right)' = \dfrac{f'(x)g(x) - f(x)g'(x)}{(g(x))^2}$ (단, $g(x) \neq 0$)

(증명) (3)만 증명하고 나머지는 생략한다.

$$
\begin{aligned}
&(f(x)g(x))' \\
&= \lim_{h \to 0} \frac{f(x+h)g(x+h) - f(x)g(x)}{h} \\
&= \lim_{h \to 0} \frac{f(x+h)g(x+h) - f(x)g(x+h) + f(x)g(x+h) - f(x)g(x)}{h} \\
&= \lim_{h \to 0} \left(\frac{f(x+h) - f(x)}{h} g(x+h) \right) + \lim_{h \to 0} \left(f(x) \frac{g(x+h) - g(x)}{h} \right) \\
&= f'(x)g(x) + f(x)g'(x)
\end{aligned}
$$
∎

예제 2.2.13 다음 함수의 도함수 $f'(x)$를 구하여라.

(1) $f(x) = x^4 + 2\sqrt{x}$ (2) $f(x) = (4x^3 - 1)(x^2 + x)$

(3) $f(x) = \dfrac{1}{x+1}$ (4) $f(x) = \dfrac{x}{x^2 - 1}$

●●● **풀이** (1) $f'(x) = (x^4)' + (2\sqrt{x})' = 4x^3 + 2 \cdot \dfrac{1}{2\sqrt{x}} = 4x^3 + \dfrac{1}{\sqrt{x}}$

(2) $f'(x) = (4x^3-1)'(x^2+x)+(4x^3-1)(x^2+x)'$

$= (12x^2)(x^2+x)+(4x^3-1)(2x+1)$

$= 12x^4+12x^3+8x^4+4x^3-2x-1$

$= 20x^4+16x^3-2x-1$

(3) $f'(x) = -\dfrac{(x+1)'}{(x+1)^2} = -\dfrac{1}{(x+1)^2}$

(4) $f'(x) = \dfrac{x'(x^2-1)-x(x^2-1)'}{(x^2-1)^2} = \dfrac{x^2-1-x(2x)}{(x^2-1)^2} = -\dfrac{x^2+1}{(x^2-1)^2}$

정의 2.2.14 [고차 도함수]

함수 $f(x)$가 미분가능이고 극한 $\lim_{h \to 0} \dfrac{f'(x+h)-f'(x)}{h}$이 존재하면, 이를 $f(x)$의 **이차 도함수**(second derivative)라고 하고 다음과 같이 나타낸다.

$$f''(x),\ y'',\ \frac{d^2y}{dx^2},\ \frac{d^2f}{dx^2},\ \frac{d^2}{dx^2}f(x)$$

같은 방법으로 $f(x)$의 **n차 도함수**(n-th derivative)를 정의할 수 있고 다음과 같이 나타낸다.

$$f^{(n)}(x),\ y^{(n)},\ \frac{d^ny}{dx^n},\ \frac{d^nf}{dx^n},\ \frac{d^n}{dx^n}f(x)$$

예제 2.2.15 함수 $f(x) = x^5 - x^4 + 2x^2 - 1$일 때, $f'(x)$와 $f''(x)$를 구하여라.

●●● **풀이** $f'(x) = 5x^4 - 4x^3 + 4x$, $f''(x) = 20x^3 - 12x^2 + 4$

▶▶▶ 연습문제 2.2

STEP 1

01. 주어진 구간에서 다음 함수의 평균변화율을 구하여라.

(1) $f(x)=2x+1$; $[3, 5]$

(2) $f(x)=\dfrac{1}{x+1}$; $[1, 3]$

(3) $f(x)=(x^2+1)(x-1)$; $[0, 2]$

02. $f'(1)=2$ 일 때, $\lim_{h\to 0}\dfrac{f(1+3h)-f(1)}{h}$의 값을 구하여라.

03. 함수 $f(x)=\begin{cases} x^2, & x\le 0 \\ x\ , & x>0 \end{cases}$ 에 대하여, $x=0$에서 $f(x)$의 미분가능성을 조사하여라.

04. 다음 함수의 도함수를 구하여라.

(1) $f(x)=4\pi^2$

(2) $f(x)=2x-3$

(3) $f(x)=x^2+2x-4$

(4) $f(x)=\sqrt{x}+\dfrac{1}{\sqrt{x}}$

(5) $f(x)=x^4-2x^2+1$

(6) $f(x)=(x^2-1)(2x^2+x+1)$

(7) $f(x)=\dfrac{x}{x+2}$

(8) $f(x)=\dfrac{x(x-1)}{x+1}$

(9) $f(x)=\dfrac{1}{x^2+x+1}$

(10) $f(x)=\dfrac{x^3+2x-3}{x^2}$

05. 다음 함수의 도함수를 구하고 $x=1$에서의 미분계수를 구하여라.

(1) $f(x)=x^3+3x$ (2) $f(x)=(x^2+1)(x^3-x+1)$

(3) $f(x)=\dfrac{3}{x+2}$ (4) $f(x)=\dfrac{x-1}{x^2}$

06. 함수 $f(x)=\dfrac{2x+1}{x-2}$의 $x=1$에서의 미분계수 $f'(1)$를 구하여라. 그리고 $f''(1)$을 구하여라.

07. 양의 함숫값을 갖는 미분가능인 함수 $f(x)$가 $f'(1)=f(1)=2$를 만족할 때, 함수 $g(x)=\dfrac{x}{f(x)+1}$의 $x=1$에서의 미분계수를 구하여라.

08. 주어진 점에서 다음 함수의 접선의 방정식을 구하여라.

(1) $y=x^3+1$; $(1, 2)$ (2) $y=\dfrac{2x}{x+1}$; $(1, 1)$

STEP 2

09. $x=1$에서 $x=k$ $(k>1)$까지 함수 $f(x)=\sqrt{x}$의 평균변화율이 $\dfrac{1}{3}$일 때, k의 값을 구하여라.

10. 다음 함수가 $x=a$에서 미분가능이 되도록 $a+b$의 값을 구하여라. (단, $a>0$)

$$f(x)=\begin{cases} x^3, & x<a \\ x^2+b, & x\ge a \end{cases}$$

11. 다음 함수의 도함수를 구하여라.

(1) $f(x)=\dfrac{2x}{2+\sqrt{x}}$ (2) $f(x)=\dfrac{x}{x+\dfrac{3}{x}}$

12. 주어진 점에서 다음 함수의 접선의 방정식을 구하여라.

(1) $y=\dfrac{\sqrt{x}}{1+x^2}$; $\left(1,\ \dfrac{1}{2}\right)$ (2) $y=x\sqrt{x}$; $(1,\ 1)$

13. $f(1)=1,\ f'(1)=3$ 일 때, $\displaystyle\lim_{x\to 1}\frac{f(x)-1}{x^2-1}$을 구하여라.

STEP 3

14. 다음 함수가 $x=0$에서 미분가능이 되도록 자연수 n을 구하여라.

(1) $f(x)=x^n|x|$ (2) $f(x)=\begin{cases} x^n\sin\dfrac{1}{x}, & x\neq 0 \\ 0, & x=0 \end{cases}$

15. 함수 $f(x)=\dfrac{1}{x}$에 대하여, $f(x)$의 n차 도함수를 구하여라.

2.3 합성함수와 음함수의 미분법

정리 2.3.1 [연쇄법칙]

함수 f가 a에서 미분가능이고 함수 g가 $f(a)$에서 미분가능이면, $g \circ f$는 a에서 미분가능이고

$$(g \circ f)'(a) = g'(f(a))f'(a)$$

가 성립한다. 즉, $y = g(u)$, $u = f(x)$라고 두면 $y = g(f(x))$이고

$$\frac{dy}{dx} = \frac{dy}{du}\frac{du}{dx}$$

가 성립한다.

예제 2.3.2 두 함수 $f(x) = 2x + 1$와 $g(x) = x^3$에 대하여 $(g \circ f)'(x)$를 구하여라.

풀이 $f'(x) = 2$, $g'(x) = 3x^2$이므로

$$(g \circ f)'(x) = g'(f(x))f'(x) = 3(2x+1)^2 \cdot 2 = 6(2x+1)^2$$

예제 2.3.3 다음 함수의 도함수를 구하여라.

(1) $y = (x^2+1)^3$ (2) $y = \sqrt{x^2+1}$ (3) $y = \dfrac{1}{\sqrt{x^2+1}}$

풀이 (1) $u = x^2 + 1$로 두면 $y = u^3$이고 연쇄법칙에 의하여

$$\frac{dy}{dx} = \frac{dy}{du}\frac{du}{dx} = 3u^2(2x) = 6x(x^2+1)^2$$

(2) $u=x^2+1$로 두면 $y=\sqrt{u}$이고 연쇄법칙에 의하여

$$\frac{dy}{dx}=\frac{dy}{du}\frac{du}{dx}=\frac{1}{2\sqrt{u}}(2x)=\frac{x}{\sqrt{x^2+1}}$$

(3) $u=x^2+1$로 두면 $y=\frac{1}{\sqrt{u}}$이고 연쇄법칙에 의하여

$$\frac{dy}{dx}=\frac{dy}{du}\frac{du}{dx}=-\frac{1}{2}u^{-\frac{3}{2}}(2x)=-\frac{x}{\sqrt{x^2+1}^3}$$

$y=\sqrt{x^2+1}$과 같이 y가 x에 대하여 명백하게 표현될 수 있는 경우와 달리 $3x^2+y^2=1$처럼 주어진 변수들 사이의 관계로 표현되는 경우도 있는데 이를 **음함수**라고 한다.

식 $x^2+y^2=4$에서 도함수 $\frac{dy}{dx}$를 구하는 방법을 살펴보자. 우선 $x^2+y^2=4$에서 $y=\sqrt{4-x^2}$ $(y \geq 0)$와 $y=-\sqrt{4-x^2}$ $(y<0)$을 얻어서 각각의 도함수 $\frac{dy}{dx}$를 구하면 $\frac{dy}{dx}=-\frac{x}{\sqrt{4-x^2}}$ $(y>0)$와 $\frac{dy}{dx}=\frac{x}{\sqrt{4-x^2}}$ $(y<0)$이다. 즉, $\frac{dy}{dx}=-\frac{x}{y}$ $(y \neq 0)$이다. 또 다른 방법은 y가 x의 함수이므로 $x^2+y^2=4$의 양변을 x에 관하여 미분하면

$$\frac{d}{dx}(x^2+y^2)=\frac{d}{dx}(4)\text{이고}\quad 2x+2y\frac{dy}{dx}=0$$

이다. 이 경우에도 역시

$$\frac{dy}{dx}=-\frac{x}{y}\,(y \neq 0)$$

를 얻을 수 있다. 이러한 미분 방법을 **음함수의 미분법**이라고 한다.

예제 2.3.4 식 $x^2+3xy+y^2=5$에서 $\frac{dy}{dx}$를 구하고, 점 $(1, 1)$에서 접선의 방정식을 구하여라.

●●● **풀이** $x^2+3xy+y^2=5$에 대해 음함수의 미분법을 이용하여

$$2x+3y+3x\frac{dy}{dx}+2y\frac{dy}{dx}=0$$

을 얻는다. 따라서 다음을 얻을 수 있다.

$$\frac{dy}{dx}=-\frac{2x+3y}{3x+2y}$$

점 $(1, 1)$에서 미분계수는

$$\left.\frac{dy}{dx}\right|_{x=1, y=1}=-\frac{5}{5}=-1$$

이므로 구하는 접선의 방정식은

$$y=-(x-1)+1=-x+2$$

이다.

▸▸▸ 연습문제 2.3

STEP 1

01 다음 함수의 도함수를 구하여라.

(1) $y=(2x-1)^{13}$

(2) $y=(x+2)^4(x^2+1)^3$

(3) $y=(2x-3)^5(x^3-x+1)^2$

(4) $y=\sqrt{2x+1}$

(5) $y=x\sqrt{x+1}$

(6) $y=\dfrac{x}{\sqrt{x^2+1}}$

02 함수 $f(x)=(3x+4)^3(2x-5)^2$에 대하여 $f'(x)=(3x+4)^2(2x-5)(ax+b)$ 이다. 이때 상수 a, b의 합 $a+b$의 값을 구하여라.

03 $f(x)=(x+\sqrt{1+x^2})^3$일 때, $f'(1)f'(-1)$의 값을 구하여라.

04 함수 $y=\sqrt{(x+1)(x^2+1)}$ 의 $x=0$에서의 미분계수를 구하여라.

05 함수 $f(x)=\dfrac{1}{(2x-1)^5}$일 때, $f''(0)$를 구하여라.

06 음함수의 미분법을 이용하여 $\dfrac{dy}{dx}$를 구하여라.

(1) $4x^2-2y^2=9$

(2) $x^3+x^2y+4y^2=6$

(3) $x^2y+xy^2=3x$

(4) $x^4+y^4=18xy$

(5) $xy+2x+3y^2=4$

(6) $x^3+y^3=6(x+y)$

07. 식 $x^3+y^3=-3xy+1$에서 점 $(2,-1)$에서 미분계수를 구하여라.

08. 주어진 점에서 다음 곡선의 접선의 방정식을 구하여라.

(1) $y=\sqrt{x^2+1}$; $(1, \sqrt{2})$

(2) $y=\dfrac{8}{\sqrt{4+3x}}$; $(4, 2)$

(3) $x^3+y^3=6xy$; $(3, 3)$

(4) $\dfrac{x^2}{16}-\dfrac{y^2}{9}=1$; $\left(-5, \dfrac{9}{4}\right)$

STEP 2

09. 다음 함수의 도함수를 구하여라.

(1) $y=\sqrt{x}(x^2+1)\left(x+\dfrac{1}{x}\right)$

(2) $y=\sqrt{x+\sqrt{x}}$

(3) $y=\left(x-\dfrac{1}{x}\right)^7$

(4) $y=\left(\dfrac{x-2}{2x+1}\right)^9$

10. $G(t)=f(g(t))$, $f'(t)=\dfrac{1}{t^2+1}$, $g'(t)=\dfrac{10}{t^4+1}$이고 $g(0)=3$일 때, $G'(0)$의 값을 구하여라.

11. 미분가능인 함수 $f(x)$가 $f(0)=0$, $f'(0)=2$일 때, $g(x)=f(f(x))$에 대하여, $g'(0)$의 값을 구하여라.

12. 모든 실수 x에서 미분가능인 함수 $f(x)$가 다음을 만족한다.

$$f(0)=1,\ f(1)=0,\ f'(0)=2,\ f'(1)=4$$

$g(x)=f(f(x))$로 정의된 함수 $g(x)$에 대하여, $g(1)+g'(1)$를 구하여라.

13. 음함수의 미분법을 이용하여 $\dfrac{dy}{dx}$를 구하여라.

(1) $(x+y)^2 = xy$

(2) $y^2 = x^3(2-x)$

(3) $\dfrac{1}{x}+\dfrac{2}{y}=3$

(4) $\dfrac{y}{x}-\dfrac{x}{y}=1$

(5) $\dfrac{y}{x-y}=x^2+1$

(6) $\sqrt{xy}=1$

STEP 3

14. 두 함수 $f(x)=(x^2+x+1)^3$, $g(x)=\sqrt{2x+1}$에 대하여, $\lim_{h\to 0}\dfrac{f(h)-g(h)}{h}$를 구하여라.

15. 함수 $y=f(x)$의 원점에서의 접선의 기울기가 3일 때, $F(x)=f(f(x))$에 대하여, $F'(0)$의 값을 구하여라.

16. 다항식 x^7+1을 $(x-1)^3$으로 나눈 나머지를 구하여라.

17. 접선의 기울기가 -1인 곡선 $x^2y^2+xy=2$위의 점을 구하여라.

18. 주어진 두 곡선이 직교함을 보여라.

$$2x^2+y^2=3,\ \ x=y^2$$

2.4 삼각함수와 역삼각함수의 미분법

정리 2.4.1

(1) $\lim_{\theta \to 0} \frac{\sin\theta}{\theta} = 1$　　(2) $\lim_{\theta \to 0} \frac{\cos\theta - 1}{\theta} = 0$

(증명) (1) $0 < \theta < \frac{\pi}{2}$에 대하여,

선분 $\overline{BC}$의 길이 < 호 $\widehat{BA}$의 길이 < 선분 $\overline{TA}$의 길이 즉,

$0 < \sin\theta < \theta < \tan\theta$이다. 각 항을 $\sin\theta$로 나누면

$$1 < \frac{\theta}{\sin\theta} < \frac{1}{\cos\theta}$$

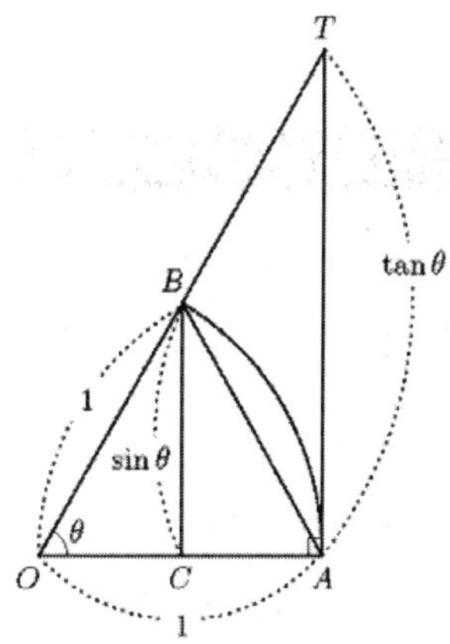

[그림 2.4.1]

이다. 한편

$$\frac{-\theta}{\sin(-\theta)} = \frac{\theta}{\sin\theta}, \quad \frac{1}{\cos(-\theta)} = \frac{1}{\cos\theta}$$

이므로, $-\frac{\pi}{2} < \theta < 0$에 대하여,

$$1 < \frac{\theta}{\sin\theta} < \frac{1}{\cos\theta}$$

이다. 따라서 $-\frac{\pi}{2} < \theta < \frac{\pi}{2}$, $\theta \neq 0$일 때,

$$\cos\theta < \frac{\sin\theta}{\theta} < 1$$

이고 $\lim_{\theta \to 0} \cos\theta = 1$ 이므로

$$\lim_{\theta \to 0} \frac{\sin\theta}{\theta} = 1$$

(2) $$\lim_{\theta \to 0} \frac{\cos\theta - 1}{\theta} = \lim_{\theta \to 0} \left(\frac{\cos\theta - 1}{\theta} \cdot \frac{\cos\theta + 1}{\cos\theta + 1} \right)$$

$$= \lim_{\theta \to 0} \frac{\cos^2\theta - 1}{\theta(\cos\theta + 1)}$$

$$= \lim_{\theta \to 0} \frac{-\sin^2\theta}{\theta(\cos\theta + 1)}$$

$$= \lim_{\theta \to 0} \frac{\sin\theta}{\theta} \cdot \frac{-\sin\theta}{\cos\theta + 1}$$

$$= 1 \cdot \frac{0}{2} = 0$$ ∎

정리 2.4.2 [삼각함수의 도함수]

(1) $y = \sin x$ 이면 $y' = \cos x$

(2) $y = \cos x$ 이면 $y' = -\sin x$

(3) $y = \tan x$ 이면 $y' = \sec^2 x$

(4) $y = \sec x$ 이면 $y' = \sec x \tan x$

(5) $y = \csc x$ 이면 $y' = -\csc x \cot x$

(6) $y = \cot x$ 이면 $y' = -\csc^2 x$

(증명) (1) $y = \sin x$ 이면 $$y' = \lim_{h \to 0} \frac{\sin(x+h) - \sin x}{h}$$

$$= \lim_{h \to 0} \frac{\sin x \cos h + \cos x \sin h - \sin x}{h}$$

$$= \lim_{h \to 0} \left(\frac{\sin x(\cos h - 1)}{h} + \frac{\cos x \sin h}{h} \right)$$

$$= \sin x \lim_{h\to 0} \frac{\cos h - 1}{h} + \cos x \lim_{h\to 0} \frac{\sin h}{h}$$

$$= \sin x \cdot 0 + \cos x \cdot 1 = \cos x$$

(2)도 (1)과 비슷한 방법으로 구할 수 있다.

(3) $y = \tan x = \dfrac{\sin x}{\cos x}$ 이면

$$y' = \frac{(\sin x)'\cos x - \sin x(\cos x)'}{\cos^2 x}$$

$$= \frac{\cos x \cdot \cos x - \sin x(-\sin x)}{\cos^2 x}$$

$$= \frac{\cos^2 x + \sin^2 x}{\cos^2 x} = \frac{1}{\cos^2 x}$$

$$= \sec^2 x$$

(4)~(6)도 (3)과 비슷한 방법으로 구할 수 있다. ∎

예제 2.4.3 다음 함수의 도함수를 구하여라.

(1) $y = x^2 \cos x$ (2) $y = \sin 2x$

(3) $y = \sin^2 x$ (4) $y = \sin(x^2)$

(5) $y = \tan(x^2 + x)$ (6) $y = \dfrac{1 - \cos x}{1 + \cos x}$

풀이 (1) 곱의 미분법을 이용하면 $y' = 2x\cos x - x^2 \sin x$

(2) $u = 2x$ 로 두면 $y = \sin u$ 이다. 연쇄법칙에 의하여

$$\frac{dy}{dx} = \frac{dy}{du}\frac{du}{dx} = \cos u \cdot 2 = 2\cos 2x$$

(3) $u = \sin x$ 로 두면 $y = u^2$ 이다. 연쇄법칙에 의하여

$$\frac{dy}{dx} = \frac{dy}{du}\frac{du}{dx} = 2u \cdot \cos x = 2\sin x \cos x$$

(4) $u = x^2$로 두면 $y = \sin u$이다. 연쇄법칙에 의하여

$$\frac{dy}{dx} = \frac{dy}{du}\frac{du}{dx} = \cos u \cdot 2x = 2x\cos(x^2)$$

(5) $u = x^2 + x$로 두면 $y = \tan u$이다. 연쇄법칙에 의하여

$$\frac{dy}{dx} = \frac{dy}{du}\frac{du}{dx} = \sec^2 u \cdot (2x+1) = (2x+1)\sec^2(x^2+x)$$

(6) 몫의 미분법을 이용하면

$$\begin{aligned} y' &= \frac{(1-\cos x)'(1+\cos x) - (1-\cos x)(1+\cos x)'}{(1+\cos x)^2} \\ &= \frac{\sin x(1+\cos x) - (1-\cos x)(-\sin x)}{(1+\cos x)^2} \\ &= \frac{2\sin x}{(1+\cos x)^2} \end{aligned}$$

예제 2.4.4 식 $\sin(x+y) = y^2\cos x$에서 $\dfrac{dy}{dx}$를 구하고 점 $(0, 0)$에서 접선의 방정식을 구하여라.

●●● **풀이** 음함수의 미분법을 이용하면

$$\cos(x+y)\left(1 + \frac{dy}{dx}\right) = 2y\frac{dy}{dx}\cos x + y^2(-\sin x)$$

이므로

$$(2y\cos x - \cos(x+y))\frac{dy}{dx} = y^2\sin x + \cos(x+y)$$

따라서

$$\frac{dy}{dx}=\frac{y^2\sin x+\cos(x+y)}{2y\cos x-\cos(x+y)}$$

이다. 점 (0, 0)에서의 미분계수는 $\left.\frac{dy}{dx}\right|_{x=0,\, y=0}=-1$이므로 접선의 방정식은 $y=-x$이다.

정리 2.4.5 [역삼각함수의 도함수]

(1) $y=\sin^{-1}x$이면 $y'=\frac{1}{\sqrt{1-x^2}}$

(2) $y=\cos^{-1}x$이면 $y'=\frac{-1}{\sqrt{1-x^2}}$

(3) $y=\tan^{-1}x$이면 $y'=\frac{1}{1+x^2}$

(4) $y=\sec^{-1}x$이면 $y'=\frac{1}{x\sqrt{x^2-1}}$

(5) $y=\csc^{-1}x$ 이면 $y'=\frac{-1}{x\sqrt{x^2-1}}$

(6) $y=\cot^{-1}x$ 이면 $y'=\frac{-1}{1+x^2}$

(증명) (1) $y=\sin^{-1}x$이면 $\sin y=x$이고 $-\frac{\pi}{2}\le y\le\frac{\pi}{2}$이다. $\sin y=x$의 양변을 x에 관해 미분하면 $\cos y\frac{dy}{dx}=1$이고 $-\frac{\pi}{2}\le y\le\frac{\pi}{2}$에서 $\cos y\ge 0$이므로 $\cos y=\sqrt{1-\sin^2 y}=\sqrt{1-x^2}$이다. 따라서

$$\frac{dy}{dx}=\frac{1}{\cos y}=\frac{1}{\sqrt{1-x^2}}$$

(2)~(6)도 비슷한 방법으로 구할 수 있다. ▮

예제 2.4.6 다음 함수의 도함수를 구하여라.

(1) $y = \sqrt{x}\cos^{-1}x$ (2) $y = \sin^{-1}(2x)$

(3) $y = \tan^{-1}\sqrt{x}$ (4) $y = \dfrac{1}{\sin^{-1}x}$

●●● **풀이** (1) 곱의 미분법을 이용하면

$$\frac{dy}{dx} = (\sqrt{x})'\cos^{-1}x + \sqrt{x}(\cos^{-1}x)'$$

$$= \frac{1}{2\sqrt{x}}\cos^{-1}x + \sqrt{x}\left(\frac{-1}{\sqrt{1-x^2}}\right)$$

$$= \frac{1}{2\sqrt{x}}\cos^{-1}x - \frac{\sqrt{x}}{\sqrt{1-x^2}}$$

(2) $u = 2x$로 두면 $y = \sin^{-1}u$이다. 연쇄법칙에 의하여

$$\frac{dy}{dx} = \frac{dy}{du}\frac{du}{dx} = \frac{1}{\sqrt{1-u^2}}\cdot 2 = \frac{2}{\sqrt{1-4x^2}}$$

(3) $u = \sqrt{x}$로 두면 $y = \tan^{-1}u$이다. 연쇄법칙에 의하여

$$\frac{dy}{dx} = \frac{dy}{du}\frac{du}{dx} = \frac{1}{1+u^2}\cdot\frac{1}{2\sqrt{x}} = \frac{1}{2\sqrt{x}(1+x)}$$

(4) 몫의 미분법을 이용하면

$$y' = -\frac{(\sin x^{-1}x)'}{(\sin^{-1}x)^2} = -\frac{1}{(\sin^{-1}x)^2\sqrt{1-x^2}}$$

▸▸▸ 연습문제 2.4

STEP 1

01. 다음 함수의 도함수를 구하여라.

(1) $y = x - 3\sin x$　　(2) $y = \sin(x^2 + 1)$

(3) $y = 3x^2 - 2\cos x$　　(4) $y = 2\sec x - \csc x$

(5) $y = \sin x + \dfrac{1}{2}\cot x$　　(6) $y = \sin\sqrt{x}$

02. 다음 함수의 도함수를 구하여라.

(1) $y = \sin^{-1}(2x + 1)$　　(2) $y = x\cos^{-1}x$

(3) $y = \sqrt{1 - x^2}\,\arccos x$　　(4) $y = \arctan(x^2 - x)$

03. 음함수의 미분법을 이용하여 $\dfrac{dy}{dx}$를 구하여라.

(1) $x^2y^2 + x\sin y = 4$　　(2) $4\cos x\sin y = 1$

04. 주어진 점에서 다음 곡선의 접선의 방정식을 구하여라.

(1) $y\sin 2x = x\cos 2y$; $\left(\dfrac{\pi}{2}, \dfrac{\pi}{4}\right)$　　(2) $y + x\sin y = x^2$; $(0, 0)$

STEP 2

05. 함수 $f(x) = \begin{cases} \sin x + a, & x \geq 0 \\ bx + 1, & x < 0 \end{cases}$ 가 $x = 0$에서 미분가능일 때, $a + b$의 값을 구하여라.

06. 다음 함수의 도함수를 구하여라.

(1) $y=\dfrac{\cos x}{\sqrt{1+\sin x}}$ (2) $y=(\sec x+\tan x)^5$

(3) $y=\sec^3(2x+5)$ (4) $y=\dfrac{1}{1+\sin x}$

(5) $y=\sqrt{\tan^{-1}x}$ (6) $y=(\sin^{-1}2x)^2$

07. 음함수의 미분법을 이용하여 $\dfrac{dy}{dx}$를 구하여라.

(1) $\tan(x-y)=\dfrac{y}{1+x^2}$ (2) $\tan^{-1}(x^2y)=x+xy^2$

STEP 3

08. 식 $\sin(x+y)=2x-2y$에서 $\dfrac{dy}{dx}$를 구하고 점 (π, π)에서 접선의 방정식을 구하여라.

09. 다음 함수의 도함수를 구하여라.

(1) $y=\arcsin\sqrt{\sin x}$ (2) $y=\cos^{-1}(\sin^{-1}x)$

(3) $y=\arctan\sqrt{\dfrac{1-x}{1+x}}$ (4) $y=\cot^{-1}(x)+\cot^{-1}\left(\dfrac{1}{x}\right)$

10. 함수 $f(x)=\begin{cases}\dfrac{1-\cos x}{x}, & x\neq 0\\ 0, & x=0\end{cases}$에 대하여 $f'(0)$를 구하여라.

11. $f(x)=\cos^3 2x$일 때, $\displaystyle\lim_{x\to\frac{\pi}{2}}\frac{f'(x)}{x-\frac{\pi}{2}}$의 값을 구하여라.

2.5 지수함수와 로그함수의 미분법

정리 2.5.1 [지수함수와 로그함수의 도함수]

(1) $y = \ln x$이면 $y' = \dfrac{1}{x}$

(2) $y = \log_a x$ $(a > 0,\ a \neq 1)$이면 $y' = \dfrac{1}{x \ln a}$

(3) $y = e^x$이면 $y' = e^x$

(4) $y = a^x$ $(a > 0, a \neq 1)$이면 $y' = a^x \ln a$

(5) $y = x^r$ $(x > 0)$이면 $y' = r x^{r-1}$ (단, r는 실수)

(증명) (1) $y = \ln x$이면 $y' = \lim\limits_{h \to 0} \dfrac{\ln(x+h) - \ln x}{h}$

$$= \lim_{h \to 0} \frac{1}{h} \ln\left(\frac{x+h}{x}\right)$$

$$= \lim_{h \to 0} \ln\left(\frac{x+h}{x}\right)^{\frac{1}{h}}$$

$$= \lim_{h \to 0} \ln\left[\left(1 + \frac{h}{x}\right)^{\frac{x}{h}}\right]^{\frac{1}{x}}$$

$$= \ln e^{\frac{1}{x}} = \frac{1}{x} \ln e = \frac{1}{x}$$

여기서 $\lim\limits_{h \to 0}\left(1 + \dfrac{h}{x}\right)^{\frac{x}{h}} = e$인 것은 4장 수열의 극한(예제 4.2.14)을 참고로 한다.

(2) $y=\log_a x=\dfrac{\ln x}{\ln a}$ 이므로 $y'=\dfrac{1}{x\ln a}$ 이다.

(3) $y=e^x$ 이면 $x=\ln y$ 이므로 음함수의 미분법을 이용하면 $1=\dfrac{1}{y}\dfrac{dy}{dx}$ 이다.

즉, $\dfrac{dy}{dx}=y=e^x$

(4) $y=a^x$ 의 양변에 로그를 취하면 $\ln y=x\ln a$ 이므로 음함수의 미분법을 이용하면 $\dfrac{1}{y}\dfrac{dy}{dx}=\ln a$ 이다. 즉, $\dfrac{dy}{dx}=y\ln a=a^x\ln a$

(5) $y=x^r\ (x>0)$ 의 양변에 자연로그를 취하면 $\ln y=r\ln x$ 이므로 음함수의 미분법을 이용하면 $\dfrac{1}{y}y'=r\dfrac{1}{x}$ 이다. 즉, $y'=rx^rx^{-1}=rx^{r-1}$

∎

예제 2.5.2 다음 함수의 도함수를 구하여라.

(1) $y=\sqrt{e^x+1}$ (2) $y=\ln(x^2+1)$ (3) $y=e^x\sin x$

풀이 (1) $u=e^x+1$ 로 두면 $y=\sqrt{u}$ 이고 연쇄법칙에 의하여

$$\frac{dy}{dx}=\frac{dy}{du}\frac{du}{dx}=\frac{1}{2\sqrt{u}}e^x=\frac{e^x}{2\sqrt{e^x+1}}$$

(2) $u=x^2+1$ 로 두면 $y=\ln u$ 이고 연쇄법칙에 의하여

$$\frac{dy}{dx}=\frac{dy}{du}\frac{du}{dx}=\frac{1}{u}2x=\frac{2x}{x^2+1}$$

(3) 곱의 미분법을 이용하면

$$\frac{dy}{dx}=(e^x)'\sin x+e^x(\sin x)'=e^x\sin x+e^x\cos x$$

예제 2.5.3 함수 $y=\ln|x|$ 의 도함수를 구하여라.

●●● **풀이** $y=\ln|x|=\begin{cases}\ln x, & x>0 \\ \ln(-x), & x<0\end{cases}$ 이다.

$x>0$일 때, $y'=(\ln x)'=\dfrac{1}{x}$이다. $x<0$일 때, 연쇄법칙에 의하여 $y'=(\ln(-x))'=\dfrac{1}{-x}(-1)=\dfrac{1}{x}$이다. 위의 두 사실에서

$$y'=\frac{1}{x}$$

예제 2.5.4 함수 $f(x)=\dfrac{\ln x}{x}$의 점 $(1,0)$에서 접선의 방정식을 구하여라.

●●● **풀이** $f'(x)=\dfrac{\frac{1}{x}\cdot x-\ln x}{x^2}=\dfrac{1-\ln x}{x^2}$이므로 $f'(1)=1$이다. 따라서 접선의 방정식은

$$y=x-1$$

함수들의 곱과 몫 또는 멱으로 나타나는 복잡한 함수의 도함수를 구하기 위해서 종종 자연로그를 취하여 단순화한 후 미분하면 쉽게 구할 수 있다.

예제 2.5.5 함수 $y=\dfrac{(3x^2+2)^5}{\sqrt{x^2+1}}$의 도함수를 구하여라.

●●● **풀이** $y=\dfrac{(3x^2+2)^5}{\sqrt{x^2+1}}$의 양변에 자연로그를 취하면

$$\ln y=5\ln(3x^2+2)-\frac{1}{2}\ln(x^2+1)$$

이다. 음함수미분법을 이용하면

$$\frac{y'}{y}=\frac{30x}{3x^2+2}-\frac{2x}{2(x^2+1)}=\frac{30x}{3x^2+2}-\frac{x}{x^2+1}$$

이다. 따라서

$$y'=y\left(\frac{30x}{3x^2+2}-\frac{x}{x^2+1}\right)=\frac{(3x^2+2)^5}{\sqrt{x^2+1}}\left(\frac{30x}{3x^2+2}-\frac{x}{x^2+1}\right)$$

예제 2.5.6 함수 $y=x^x \ (x>0)$의 도함수를 구하여라.

●●● 풀이 $y=x^x$의 양변에 자연로그를 취하면 $\ln y=x\ln x$이다. 음함수의 미분법을 이용하면

$$\frac{1}{y}y'=\ln x+x\frac{1}{x}=\ln x+1$$

이다. 따라서

$$y'=x^x(\ln x+1)$$

▸▸▸ 연습문제 2.5

STEP 1

01 다음 함수의 도함수를 구하여라.

(1) $y = e^{x} + e^{-x}$

(2) $y = \dfrac{e^{x}}{x}$

(3) $y = (x^{2}+1)e^{-2x}$

(4) $y = e^{2x} + e^{3x} + e^{x}\cos x$

(5) $y = \sqrt[5]{\ln x}$

(6) $y = \ln\sqrt[5]{x}$

(7) $y = \dfrac{x}{\ln x}$

(8) $y = x^{4}\ln x - x$

(9) $y = \ln(x^{2}+10)$

(10) $y = \log_{2}(1-3x)$

02 주어진 점에서 다음 곡선의 접선의 방정식을 구하여라.

(1) $y = \ln(x^{3}-7)$; $(2,0)$

(2) $y = \sin x + \ln(x+1)$; $(0, 0)$

(3) $y = e^{\sqrt{x}}$; $(1, e)$

STEP 2

03 다음 함수의 도함수를 구하여라.

(1) $y = e^{\sin 2x}$

(2) $y = x^{2}e^{-\frac{1}{x}}$

(3) $y = \dfrac{e^{x}-e^{-x}}{e^{x}+e^{-x}}$

(4) $y = \ln\left(\dfrac{1+e^{x}}{e^{x}}\right)$

(5) $y = \ln(\tan x + \sec x)$

(6) $y = \log_{2}(e^{-x}\cos \pi x)$

(7) $y=\ln(x+\sqrt{1+x^2})$

(8) $y=x^{\sin x}\ (x>0)$

(9) $y=(\sqrt{x})^x$

(10) $y=(\tan x)^{\frac{1}{x}}\ (0<x<\frac{\pi}{2})$

04 다음 함수의 이차 도함수를 구하여라.

(1) $y=x\ln x$

(2) $y=e^x(\sin x+\cos x)$

(3) $y=e^{\sqrt{x}}$

(4) $y=\dfrac{\ln x}{x^2}$

05 음함수의 미분법을 이용하여 $\dfrac{dy}{dx}$를 구하여라.

(1) $y=\ln(x^2+y^2)$

(2) $e^{\frac{x}{y}}=x-y$

(3) $e^y\sin y=x+xy$

(4) $e^y\cos x=1+\sin(xy)$

06 $f(x)=\dfrac{e^x\cos x}{1+\sin x}$일 때, $f'\left(\dfrac{\pi}{2}\right)$의 값을 구하여라.

07 함수 $f(x)=x^{\cos x}$에 대하여, $f'(\pi)$의 값을 구하여라.

STEP 3

08 $f(x)=x^x\ (x>0)$일 때, 함수 $y=e^{f(x)}$의 도함수를 구하여라.

09 두 곡선 $f(x)=e^x$과 $g(x)=\sqrt{2ex}$가 한 점에서 접할 때, 그 접점에서 공통접선의 방정식을 구하여라.

2.6 평균값의 정리

정리 2.6.1 [롤(Rolle)의 정리]

함수 $f(x)$가 폐구간 $[a, b]$에서 연속, 개구간 (a, b)에서 미분가능이고 $f(a)=f(b)$이면 $f'(c)=0$인 c가 a와 b사이에 적어도 하나 존재한다.

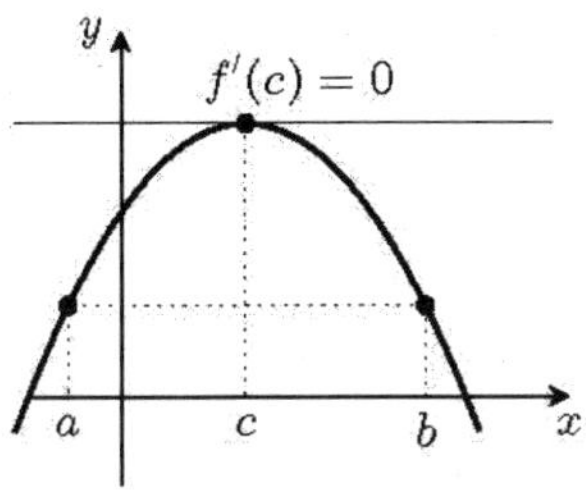

[그림 2.6.1]

롤의 정리에서 세 개의 가정은 반드시 있어야 한다. 예를 들면, 함수 $f(x)=\begin{cases} x, & 0 \le x < 1 \\ 0, & x = 1 \end{cases}$ 는 개구간 $(0, 1)$에서 미분가능이고 $f(0)=0=f(1)$이다. 그러나 개구간 $(0, 1)$에서 $f'(x)=1$이므로 $f'(c)=0$인 c가 존재하지 않는다. (그림 2.6.2 참고)

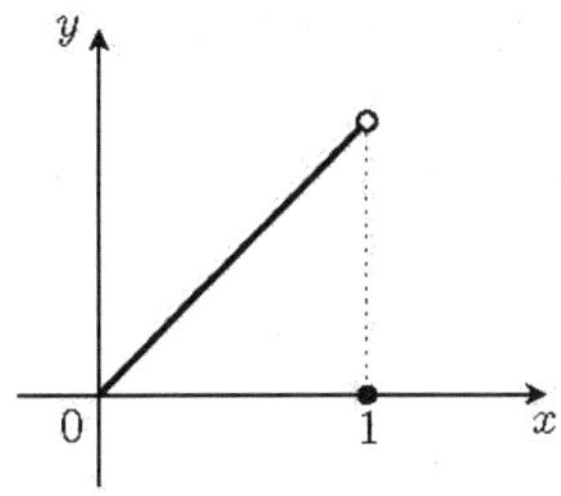

[그림 2.6.2]

정리 2.6.2 [평균값의 정리]

함수 $f(x)$가 폐구간 $[a, b]$에서 연속이고 개구간 (a, b)에서 미분가능이면 $f'(c)=\dfrac{f(b)-f(a)}{b-a}$ 인 c가 a 와 b 사이에 적어도 하나 존재한다.

(증명) $g(x)=f(x)-f(b)-\dfrac{f(b)-f(a)}{b-a}(x-b)$라고 하자. $g(x)$가 폐구간 $[a, b]$에서 연속이고 개구간 (a, b)에서 미분가능이다. 또한 $g(a)=0=g(b)$이므로 롤의 정리에 의하여 $g'(c)=f'(c)-\dfrac{f(b)-f(a)}{b-a}=0$인 c가 a와 b사이에 적어도 하나 존재한다. 즉,

$$f'(c)=\frac{f(b)-f(a)}{b-a}$$

인 c가 a와 b사이에 적어도 하나 존재한다. ∎

예제 2.6.3 폐구간 $[0, 2]$에서 함수 $f(x)=x^3-x$가 평균값 정리를 만족하는 c를 구하여라.

풀이 $f(x)$는 폐구간 $[0, 2]$에서 연속이고, 개구간 $(0, 2)$에서 미분가능이므로 평균값 정리의 가정을 만족한다. 따라서 $f'(c)=\dfrac{f(2)-f(0)}{2-0}$인 c가 구간 $(0, 2)$에서 존재한다. $f(2)=6$, $f(0)=0$, $f'(x)=3x^2-1$이므로

$$3c^2-1=\frac{6-0}{2}$$

즉, $c^2=\dfrac{4}{3}$이므로 구하고자 하는 c는 $\dfrac{2}{\sqrt{3}}$이다.

따름정리 2.6.4

함수 $f(x)$가 구간 I에서 미분가능이라고 하자. 임의의 $x \in I$에 대하여, $f'(x) = 0$이면 f는 상수함수이다.
특히 개구간 I에서 $f'(x) = g'(x)$이면 $f - g$는 상수함수이다. 즉

$$f(x) = g(x) + C \text{ (단 } C\text{는 상수)}$$

정리 2.6.5 [증가 · 감소 판정]

함수 $f(x)$가 구간 I에서 미분가능이라고 하자. 임의의 $x \in I$에 대하여,

(1) $f'(x) > 0$이면 $f(x)$는 I에서 증가함수이다.

(2) $f'(x) < 0$이면 $f(x)$는 I에서 감소함수이다.

(증명) (1) $x_1,\ x_2 \in I,\ x_1 < x_2$ 이라고 하자. $f(x)$는 폐구간 $[x_1,\ x_2]$에서 연속이고 개구간 $(x_1,\ x_2)$에서 미분가능이므로 평균값의 정리에 의하여

$$f(x_2) - f(x_1) = f'(c)(x_2 - x_1)$$

인 c가 x_1과 x_2사이에 적어도 하나 존재한다. 한편, $f'(c) > 0$이므로 $f(x_2) - f(x_1) > 0$이다. 따라서

$$f(x_1) < f(x_2)$$

(2)도 (1)과 비슷한 방법으로 증명할 수 있다. ∎

예제 2.6.6 함수 $f(x) = 3x^4 - 4x^3 - 12x^2 + 12$가 증가하는 구간과 감소하는 구간을 구하여라.

●●● **풀이** $f'(x) = 12x^3 - 12x^2 - 24x = 12x(x-2)(x+1)$에서 $f'(x) = 0$인 x는

$-1,\ 0,\ 2$이다. $x<-1$ 또는 $0<x<2$일 때, $f'(x)<0$ 이므로 $f(x)$는 감소한다. 그리고 $-1<x<0$ 또는 $x>2$일 때, $f'(x)>0$이므로 $f(x)$는 증가한다. 따라서 $f(x)$는 구간 $(-\infty,\ -1)\cup(0,\ 2)$에서 감소하고, 구간 $(-1,\ 0)\cup(2,\ \infty)$에서 증가한다.

예제 2.6.7 함수 $f(x)=x-\sin x$가 증가하는 구간과 감소하는 구간을 구하여라.

풀이 $f'(x)=1-\cos x$이므로 $x=2k\pi$ (k는 정수)를 제외하고 $f'(x)>0$이다. 따라서 $f(x)$는 구간 $\cdots\cup(-2\pi,0)\cup(0,2\pi)\cup(2\pi,4\pi)\cup\cdots$에서 증가하고, 감소하는 구간은 없다.

함수의 극한값을 구함에 있어서 $\frac{0}{0}$, $\frac{\infty}{\infty}$, $0\cdot\infty$, $\infty-\infty$, ∞^0, 0^0, 1^∞ 등의 형태를 **부정형** (indeterminate form)이라 한다.

정리 2.6.8 [로피탈(L'Hospital)의 정리]

함수 $f(x)$와 $g(x)$를 a를 포함하는 구간(a는 제외 가능)에서 미분가능이고 $g'(x)\neq 0$이라고 하자. 만약

$$\lim_{x\to a} f(x)=0=\lim_{x\to a} g(x) \text{ 또는 } \lim_{x\to a} f(x)=\pm\infty=\lim_{x\to a} g(x)$$

이고 $\lim_{x\to a}\frac{f'(x)}{g'(x)}$ 가 존재하면,

$$\lim_{x\to a}\frac{f(x)}{g(x)}=\lim_{x\to a}\frac{f'(x)}{g'(x)}$$

〈참고〉 (1) $x \to \pm\infty$, $x \to a^+$, $x \to a^-$ 일 때도 로피탈의 정리가 성립한다.

(2) $\dfrac{f(x)}{g(x)}$가 $\dfrac{0}{0}$이나 $\dfrac{\infty}{\infty}$형태의 부정형일 때, 로피탈의 정리에 의하여 $\dfrac{f'(x)}{g'(x)}$의 극한을 구하고, $\dfrac{f'(x)}{g'(x)}$가 다시 $\dfrac{0}{0}$이나 $\dfrac{\infty}{\infty}$형태의 부정형이면 한 번 더 로피탈의 정리를 적용한다.

(3) $0 \cdot \infty$, $\infty - \infty$, ∞^0, 0^0, 1^∞ 형태의 부정형은 $\dfrac{0}{0}$ 또는 $\dfrac{\infty}{\infty}$ 형태로 변형한 후 로피탈의 정리를 적용한다.

예제 2.6.9 다음 극한을 구하여라.

(1) $\displaystyle\lim_{x \to -1} \frac{x^2-1}{x+1}$ (2) $\displaystyle\lim_{x \to \infty} \frac{x}{e^x}$ (3) $\displaystyle\lim_{x \to \infty} \frac{\ln x}{x}$

(4) $\displaystyle\lim_{x \to 0} \frac{\sin 2x}{x}$ (5) $\displaystyle\lim_{x \to 0} \frac{x}{3^x-1}$ (6) $\displaystyle\lim_{x \to 0} \frac{1-\cos x}{x}$

풀이 (1) $x \to -1$ 일 때, $\dfrac{0}{0}$형태의 부정형이므로 로피탈의 정리에 의하여

$$\lim_{x \to -1} \frac{x^2-1}{x+1} = \lim_{x \to -1} \frac{2x}{1} = -2$$

(2) $x \to \infty$ 일 때, $\dfrac{\infty}{\infty}$형태의 부정형이므로 로피탈의 정리에 의하여

$$\lim_{x \to \infty} \frac{x}{e^x} = \lim_{x \to \infty} \frac{1}{e^x} = 0$$

(3) $$\lim_{x \to \infty} \frac{\ln x}{x} = \lim_{x \to \infty} \frac{\frac{1}{x}}{1} = \lim_{x \to \infty} \frac{1}{x} = 0$$

(4) $$\lim_{x \to 0} \frac{\sin 2x}{x} = \lim_{x \to 0} \frac{2\cos 2x}{1} = 2$$

(5) $$\lim_{x \to 0} \frac{x}{3^x-1} = \lim_{x \to 0} \frac{1}{3^x \ln 3} = \frac{1}{\ln 3}$$

(6) $\lim_{x \to 0} \frac{1-\cos x}{x} = \lim_{x \to 0} \frac{\sin x}{1} = 0$

예제 2.6.10 다음 극한을 구하여라.

(1) $\lim_{x \to 0} \frac{1-\cos x}{x+x^2}$

(2) $\lim_{x \to \left(\frac{\pi}{2}\right)^-} (\sec x - \tan x)$

(3) $\lim_{x \to 0^+} x \ln x$

(4) $\lim_{x \to 0^+} x^x$

●●● **풀이** (1) $\lim_{x \to 0} \frac{1-\cos x}{x+x^2} = \lim_{x \to 0} \frac{\sin x}{1+2x} = 0$

(2) $\lim_{x \to \left(\frac{\pi}{2}\right)^-} (\sec x - \tan x) = \lim_{x \to \left(\frac{\pi}{2}\right)^-} \frac{1-\sin x}{\cos x} = \lim_{x \to \left(\frac{\pi}{2}\right)^-} \frac{-\cos x}{-\sin x} = 0$

(3) $\lim_{x \to 0^+} x \ln x = \lim_{x \to 0^+} \frac{\ln x}{\frac{1}{x}} = \lim_{x \to 0^+} \frac{\frac{1}{x}}{-\frac{1}{x^2}} = -\lim_{x \to 0^+} x = 0$

(4) $y = x^x$ 라고 두자. 양변에 자연로그를 취하면

$$\ln y = \ln x^x = x \ln x$$

이다. (3)에서 $\lim_{x \to 0^+} x \ln x = 0$ 이므로 $\lim_{x \to 0^+} \ln y = 0$ 이다. 따라서

$$\lim_{x \to 0^+} x^x = \lim_{x \to 0^+} y = 1$$

▸▸▸ 연습문제 2.6

STEP 1

01. 다음 함수 중 주어진 구간에서 롤의 정리가 성립하는 것을 모두 고르면?

① $y = x^2 - 2x$; $[-1, 3]$　　② $y = |x|$; $[-2, 2]$

③ $y = \dfrac{1}{1+x^2}$; $[-1, 1]$　　④ $y = \sin x$; $[0, \pi]$

02. 다음 함수가 평균값의 정리의 가정을 만족하는지 밝히고 평균값의 정리를 만족하는 c의 값을 구하여라.

(1) $f(x) = 2x^2 - 3x + 1$; $[0, 2]$　　(2) $f(x) = \sqrt{x}$; $[0, 4]$

03. 함수 $f(x) = x^3 + 2x$에 대하여, 구간 $[1, 3]$에서의 평균변화율과 $x = c$에서의 미분계수가 같을 때, c의 값을 구하여라. 또 평균값의 정리를 만족하는 점을 구하여라.

04. 다음 함수가 증가하는 구간과 감소하는 구간을 구하여라.

(1) $y = x^2 + 2x - 3$　　(2) $y = x^4 - 8x^3 + 16x^2 + 7$

(3) $y = \dfrac{x}{x^2+1}$　　(4) $y = \dfrac{e^x}{x}$

(5) $y = \dfrac{\ln x}{x}$　　(6) $y = x + \sin x$ $(0 < x < 2\pi)$

05. 다음 극한을 구하여라.

(1) $\displaystyle\lim_{x \to 2} \frac{x-2}{x^2-4}$　　(2) $\displaystyle\lim_{x \to 1} \frac{\ln x}{x-1}$

(3) $\lim_{x \to 0} \frac{\tan x}{x}$

(4) $\lim_{x \to \infty} \frac{e^x}{x^2}$

(5) $\lim_{x \to \infty} \frac{\ln x}{2^x}$

(6) $\lim_{x \to 0} \frac{1-\cos x}{2x^2}$

06. 다음 극한을 구하여라.

(1) $\lim_{x \to 0} \frac{x+\sin x}{1-\cos x}$

(2) $\lim_{x \to 0} (\csc x - \cot x)$

(3) $\lim_{x \to 0^+} x^2 \ln x$

(4) $\lim_{x \to \infty} x^{\frac{1}{x}}$

STEP 2

07. 함수 $f(x)=\tan x$일 때, $f(0)=f(\pi)$이다. 그러나 $f'(c)=0$를 만족하는 점 c가 구간 $(0, \pi)$에서 존재하지 않는다. 롤의 정리가 성립하지 않는 이유를 설명하여라.

08. 함수 $f(x)=(x-3)^{-2}$일 때, $f(4)-f(1)=f'(c)(4-1)$인 c가 구간 $(1, 4)$에서 존재하지 않음을 보여라. 그리고 평균값의 정리가 성립하지 않는 이유를 설명하여라.

09. 함수 $f(x)=(ax^2-1)e^x$가 실수 전체에서 항상 감소함수이기 위한 a의 범위를 구하여라.

10. 다음 극한을 구하여라.

(1) $\lim_{x \to 0} \frac{1-\cos 3x}{x^2}$

(2) $\lim_{x \to 0^+} \frac{\ln x}{\csc x}$

(3) $\lim_{x \to 0} \frac{\sin^{-1} x}{x}$

(4) $\lim_{x \to 0} (e^x + x)^{\frac{1}{x}}$

(5) $\lim_{x \to 0} \left(\frac{1}{x} - \frac{1}{\sin x} \right)$

(6) $\lim_{x \to 0} \frac{\tan^{-1} x}{x}$

STEP 3

11. $f(0) = -3$이고, 모든 x에 대하여, $f'(x) \le 5$라고 가정하자. 이때 $f(2)$의 값으로 가능한 가장 큰 값을 구하여라.

12. 폐구간 $\left[0, \frac{\pi}{2}\right]$에서 정의된 함수 $f(x) = \sin x - \cos x$가 있다. 그 구간에 속하는 서로 다른 임의의 두 수 a, b에 대하여, $f(b) - f(a) = k(b-a)$를 만족하는 상수 k를 모두 구하여라.

13. $f(x) = \begin{cases} x^2, & x > 0 \\ -1, & x < 0 \end{cases}$, $g(x) = \begin{cases} x^2 + 1, & x > 0 \\ -1, & x < 0 \end{cases}$ 와 같이 정의된 함수 f 와 g에 대하여, $f'(x) = g'(x)$인가? $f(x) - g(x)$는 상수함수인가? 이유를 설명하여라.

14. 다음 극한을 구하여라.

(1) $\lim_{x \to \infty} \frac{\sqrt[3]{x}}{\ln x}$

(2) $\lim_{x \to 0^+} \frac{\ln(\sin x)}{x}$

(3) $\lim_{x \to \infty} (x - \ln x)$

(4) $\lim_{x \to \infty} (xe^{\frac{1}{x}} - x)$

(5) $\lim_{x \to \infty} x \tan\left(\frac{1}{x}\right)$

2.7 극댓값과 극솟값

정의 2.7.1 [최대와 최소]

함수 $f(x)$의 정의역을 D라 하고 $a \in D$라고 하자.

(1) 모든 $x \in D$에 대하여, $f(a) \geq f(x)$이면 $f(a)$를 D에서 f의 **최댓값**(maximum value)이라 하고 f는 a에서 **최대**(maximum)라고 한다.

(2) 모든 $x \in D$에 대하여, $f(a) \leq f(x)$이면 $f(a)$를 D에서 f의 **최솟값**(minimum value)이라 하고 f는 a에서 **최소**(minimum)라고 한다.

예제 2.7.2 모든 실수 x에 대하여, $-1 \leq \sin x \leq 1$이므로 함수 $f(x) = \sin x$의 최댓값은 1이고 최솟값은 -1이다.

예제 2.7.3 함수 $f(x) = 4 - x^2$은 $x = 0$에서 최댓값 $f(0) = 4$를 가진다. 그러나 최솟값은 가지지 않는다.

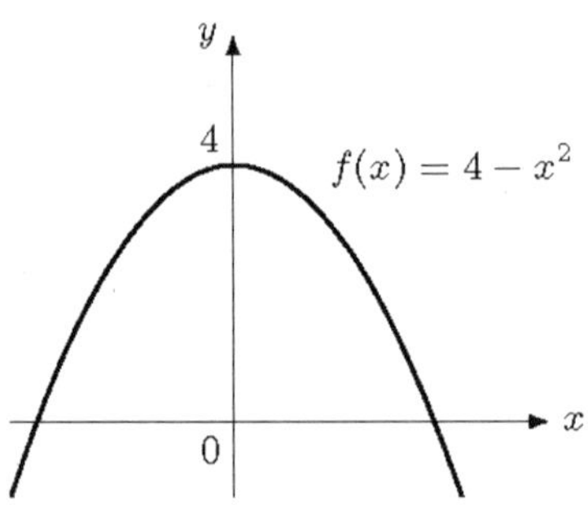

[그림 2.7.1]

예제 2.7.4 함수 $f(x)=\dfrac{1}{x}$은 최댓값과 최솟값을 가지지 않는다.

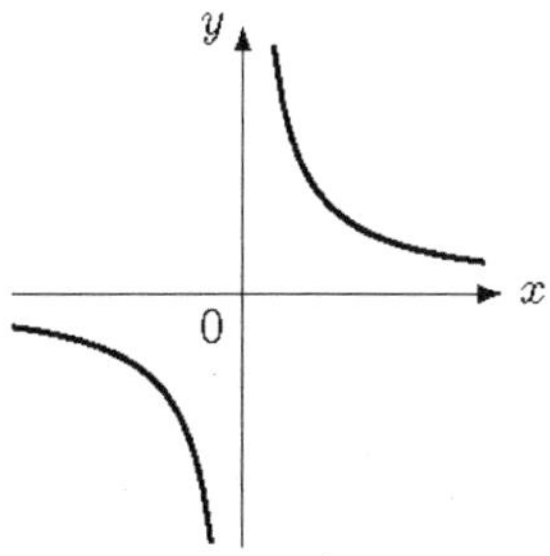

$f(x)=\dfrac{1}{x}$

[그림 2.7.2]

정리 2.7.5 [최대 · 최소 정리]

함수 $f(x)$가 폐구간 $[a, b]$에서 연속이면, $f(x)$는 $[a, b]$에서 최댓값과 최솟값을 가진다.

다음의 두 그림은 최대 · 최소 정리의 두 조건(연속성, 폐구간) 중 하나라도 만족되지 않으면 최댓값 또는 최솟값을 갖지 않을 수도 있음을 보여준다.

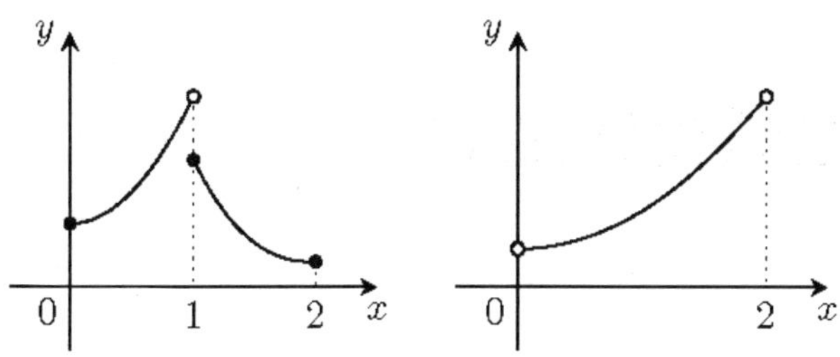

[그림 2.7.3]

정의 2.7.6 [극대와 극소]

함수 $f(x)$의 정의역을 D라고 하고 $a \in D$라고 하자.

(1) a를 포함하는 적당한 개구간 $I(\subseteq D)$가 존재하여 모든 $x \in I$에 대하여, $f(a) \geq f(x)$이면 $f(a)$를 f의 **극댓값**(local maximum value)이라 하고 f는 a에서 **극대**(local maximum)라고 한다.

(2) a를 포함하는 적당한 개구간 $I(\subseteq D)$가 존재하여 모든 $x \in I$에 대하여, $f(a) \leq f(x)$이면 $f(a)$를 f의 **극솟값**(local minimum value)이라 하고 f는 a에서 **극소**(local minimum)라고 한다.

그래프가 그림 2.7.4로 주어진 함수는 b에서 최대이고 g에서 최소이다. 또한 c와 e에서 극대이고 d와 g에서 극소이다.

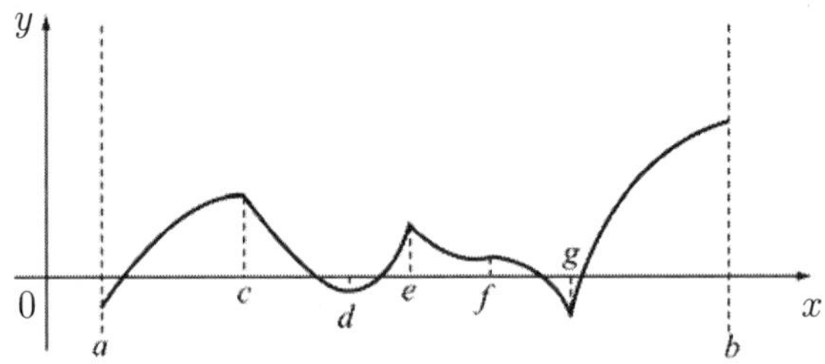

[그림 2.7.4]

정리 2.7.7 [페르마(Fermat)의 정리]

함수 $f(x)$가 $x=a$에서 미분가능이고 극대 또는 극소이면, $f'(a)=0$이다.

(증명) $f(x)$가 $x=a$에서 극대라고 하자. $h>0$ 이면 $\dfrac{f(a+h)-f(a)}{h} \leq 0$이고 $\lim\limits_{h \to 0^+} \dfrac{f(a+h)-f(a)}{h} \leq 0$이다. 한편 $h<0$이면 $\dfrac{f(a+h)-f(a)}{h} \geq 0$이고

$\lim_{h\to 0^-}\frac{f(a+h)-f(a)}{h}\geq 0$이다. 따라서 $f'(a)=0$이다.

$f(x)$가 $x=a$에서 극소인 경우도 같은 방법으로 증명할 수 있다. ∎

예제 2.7.8 함수 $f(x)=x^3$은 $f'(0)=0$이지만 $f(0)$은 극댓값도 극솟값도 아니다.

예제 2.7.9 함수 $f(x)=|x|$는 $x=0$에서 극솟값을 갖는다. 그러나 $f'(0)$은 존재하지 않는다.

정의 2.7.10 [임계수]

> a가 함수 $f(x)$의 정의역 D에 속한다고 하자. $f'(a)=0$ 또는 $f'(a)$가 존재하지 않으면 a를 $f(x)$의 **임계수**(critical number)라고 한다.

따라서 함수 $f(x)$가 $x=a$에서 극대 또는 극소이면 a는 $f(x)$의 임계수이다.

예제 2.7.11 다음 함수의 임계수를 구하여라.

(1) $f(x)=2x^3-3x^2-12x+5$ (2) $f(x)=x^{\frac{3}{5}}$

●●● 풀이 (1) $f'(x)=6x^2-6x-12=6(x^2-x-2)=6(x-2)(x+1)$이므로 임계수는 -1과 2이다.

(2) $f'(x)=\frac{3}{5}x^{-\frac{2}{5}}=\frac{3}{5x^{\frac{2}{5}}}$이므로 $f'(0)$는 존재하지 않는다. 따라서 임계수는 0이다.

정리 2.7.12 [일차 도함수 판정]

a를 연속함수 $f(x)$의 임계수라고 하자.

(1) $f'(x)$의 부호가 a의 좌우에서 양에서 음으로 변할 때, $f(x)$는 a에서 극대이다.

(2) $f'(x)$의 부호가 a의 좌우에서 음에서 양으로 변할 때, $f(x)$는 a에서 극소이다.

예제 2.7.13 함수 $f(x)=x^3-3x^2+1$의 극댓값과 극솟값을 구하여라.

●●● **풀이** $f'(x)=3x^2-6x=3x(x-2)$이므로 임계수는 0과 2이다. $x<0$이면 $f'(x)>0$이고, $0<x<2$이면 $f'(x)<0$이다. 따라서 $x=0$에서 극대이고 극댓값은 $f(0)=1$이다. 또한 $x>2$이면 $f'(x)>0$이므로 $x=2$에서 극소이고 극솟값은 $f(2)=-3$이다.

예제 2.7.14 함수 $f(x)=xe^x$의 증가하는 구간과 감소하는 구간을 조사하고 극댓값 또는 극솟값을 구하여라.

●●● **풀이** $f'(x)=e^x+xe^x=(1+x)e^x$이므로 임계수는 -1이다. 도함수를 이용하여 $f(x)$의 증감을 조사해보면 다음과 같다.

x	$\cdots$	-1	$\cdots$
$f'(x)$	$-$	0	$+$
$f(x)$	↘ (감소)	극소	↗ (증가)

따라서 $f(x)$는 구간 $(-\infty,-1)$에서 감소하고 구간 $(-1,\infty)$에서 증가한다. 또한 $f(x)$는 $x=-1$에서 극솟값 $f(-1)=-\dfrac{1}{e}$를 가지고 극댓값은 존재하지 않는다.

[연속함수의 최대 · 최소 구하기]

함수 $f(x)$가 폐구간 $[a, b]$에서 연속이면 최대 · 최솟값을 다음과 같은 방법으로 구할 수 있다.

(1) 개구간 (a, b)에서 함수 $f(x)$의 임계수에서의 함숫값을 구한다.

(2) 구간의 양 끝점에서의 함숫값 $f(a)$와 $f(b)$를 구한다.

(3) 위의 (1)과 (2)에서 구한 값 중 가장 큰 값이 최댓값이고, 가장 작은 값이 최솟값이다.

예제 2.7.15 폐구간 $[-2, 4]$에서 함수 $f(x)=x^3-3x^2+1$의 최댓값과 최솟값을 구하여라.

풀이 $f(x)$가 폐구간 $[-2, 4]$에서 연속이므로 $f(x)$는 최댓값과 최솟값을 가진다.

$f'(x)=3x^2-6x=3x(x-2)$이므로 임계수는 0과 2이다. 위의 방법에 의하여

(1) $f(0)=0$, $f(2)=-3$

(2) $f(-2)=-19$, $f(4)=17$

(3) (1)과 (2)에서 최댓값은 $f(4)=17$이고, 최솟값은 $f(-2)=-19$이다.

예제 2.7.16 가로 $15cm$, 세로 $8cm$인 직사각형모양의 양철판의 네 귀퉁이를 같은 크기의 정사각형을 잘라내고 나머지 부분을 접어 상자를 만들려고 한다. 이 상자의 부피가 최대가 되도록 하려면 잘라내는 정사각형의 한 변의 길이를 구하여라.

풀이

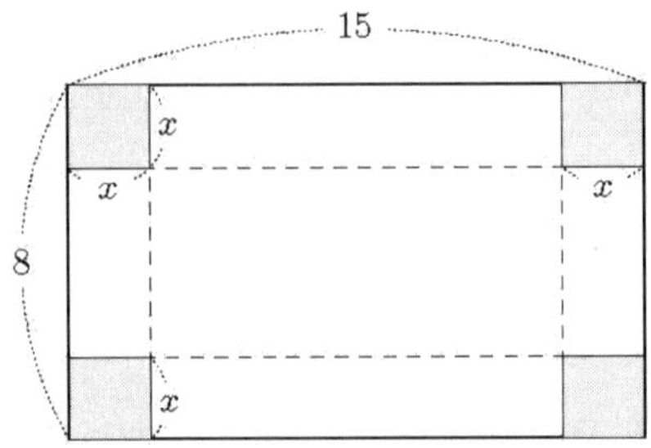

[그림 2.7.5]

위의 그림과 같이 정사각형의 잘라낸 한 변의 길이를 x라고 두면 $0 < x$, $0 < 15 - 2x$, $0 < 8 - 2x$이므로 $0 < x < 4$이고 부피

$$V(x) = (15 - 2x)(8 - 2x)x = 2(2x^3 - 23x^2 + 60x),\ 0 < x < 4$$

이다.

$$V'(x) = 2(6x^2 - 46x + 60) = 4(3x - 5)(x - 6)$$

를 이용하여 $0 < x < 4$에서 $V(x)$의 증감을 조사해보면 다음과 같다.

x	(0)	$\cdots$	$\frac{5}{3}$	$\cdots$	(4)
$V'(x)$		+	0	−	
$V(x)$		↗(증가)	극대	↘(감소)	

$x = \frac{5}{3}$일 때, $V(x)$는 극대이면서 최대이다. 따라서 부피가 최대가 되는 한 변의 길이는 $\frac{5}{3}cm$이다.

▸▸▸ 연습문제 2.7

STEP 1

01. 함수 $y=f(x)$의 그래프가 오른쪽 그림과 같을 때, $f(x)$가 극댓값과 극솟값을 갖는 x의 값을 구하여라.

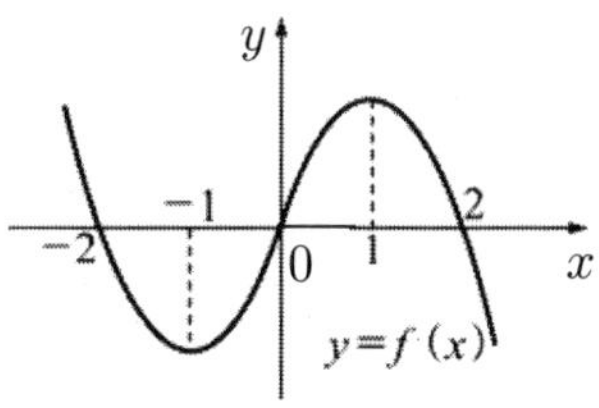

02. 다음 함수의 임계수를 구하여라.

(1) $f(x)=5x^2+4x$ (2) $f(x)=2x^3-6x+5$

(3) $f(x)=x+\dfrac{1}{x}$ (4) $f(x)=\sqrt[3]{x}$

(5) $f(x)=xe^{-x}$ (6) $f(x)=x-\ln x$

03. 다음 함수의 극댓값 또는 극솟값을 구하여라.

(1) $f(x)=x^3-3x+1$ (2) $f(x)=2x^2-x^4$

(3) $f(x)=\sqrt[3]{x}$ (4) $f(x)=x+2\cos x\ (0\le x\le 2\pi)$

(5) $f(x)=xe^{-x}$ (6) $f(x)=x-\ln x$

04. 주어진 구간에서 다음 함수의 최댓값과 최솟값을 구하여라.

(1) $f(x)=(x+1)^2+1\ (-2\le x\le 5)$

(2) $f(x)=x^3-3x+1\ (0\le x\le 2)$

(3) $f(x)=xe^{-x}\ (-1\le x\le 2)$

(4) $f(x)=x-\ln x\ \left(\dfrac{1}{2}\le x\le e\right)$

STEP 2

05. 함수 $y=f(x)$의 도함수 $y=f'(x)$의 그래프가 오른쪽 그림과 같을 때 다음 중 구간 $[a, d]$에서 함수 $y=f(x)$의 최댓값을 고르면?

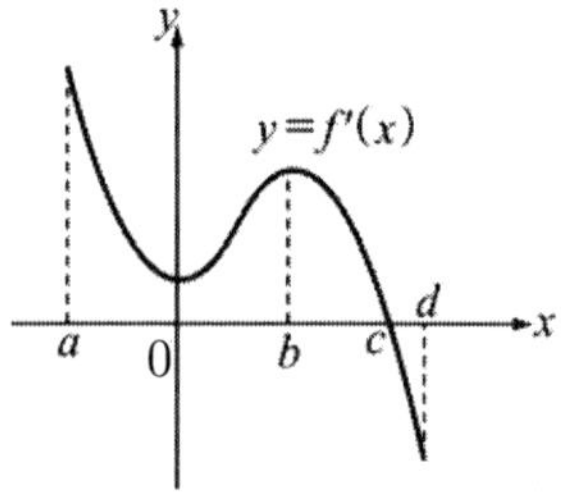

① $f(a)$ ② $f(b)$ ③ $f(c)$
④ $f(d)$ ⑤ $f(0)$

06. 다음 함수의 임계수를 구하여라.

(1) $f(x)=5x^{\frac{2}{3}}+x^{\frac{5}{3}}$

(2) $f(x)=xe^{2x}$

(3) $f(x)=\dfrac{\ln x}{x^2}$

(4) $f(x)=\dfrac{x}{x^2+1}$

07. 다음 함수의 극댓값 또는 극솟값을 구하여라.

(1) $f(x)=(x^2+2x)^3$

(2) $f(x)=x^2-2\ln x$

(3) $f(x)=e^{-x}-e^{-2x}$

(4) $f(x)=(x-3)\sqrt{x}$

(5) $f(x)=\dfrac{\ln x}{x^2}$

(6) $f(x)=\dfrac{x}{x^2+1}$

08. 주어진 구간에서 다음 함수의 최댓값과 최솟값을 구하여라.

(1) $f(x)=x^4-2x^2+3 \ (-2 \le x \le 3)$

(2) $f(x)=x\sin x+\cos x \ \ (0 \le x \le 2\pi)$

(3) $f(x)=e^{-x}-e^{-2x} \ (0 \le x \le \ln 3)$

(4) $f(x)=\dfrac{\ln x}{x^2} \ (1 \le x \le e)$

(5) $f(x)=\dfrac{x}{x^2+1} \ (0 \le x \le 2)$

09. 가로의 길이가 $16cm$, 세로의 길이가 $6cm$인 직사각형 모양의 칠판의 네 모서리에서 같은 크기 의 정사각형을 잘라 내고 남은 부분으로 상자를 만들려고 한다. 이 상자의 부피가 최대일 때, 잘라 낸 정사각형의 한 변의 길이를 구하여라.

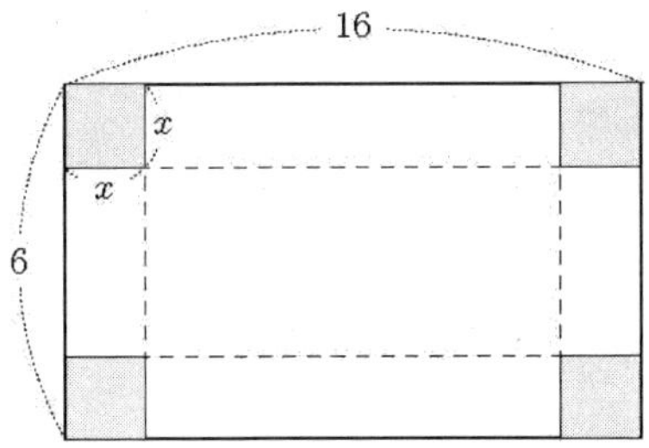

STEP 3

10. 함수 $f(x)=x^{\frac{2}{3}}(2x-5)$의 극댓값 또는 극솟값을 구하여라.

11. 함수 $f(x)=\sin x\cos^2 x$의 최댓값과 최솟값을 구하여라.

2.8 곡선의 오목성과 그래프 그리기

정의 2.8.1 [위로 오목과 아래로 오목]

구간 I에서 함수 $f(x)$의 접선 위에 $f(x)$의 그래프가 존재한다면 $f(x)$는 I에서 **위로 오목**(concave upward)이라 하고, 구간 I에서 함수 $f(x)$의 접선 아래에 $f(x)$의 그래프가 존재한다면 $f(x)$는 I에서 **아래로 오목**(concave downward)이라 한다.

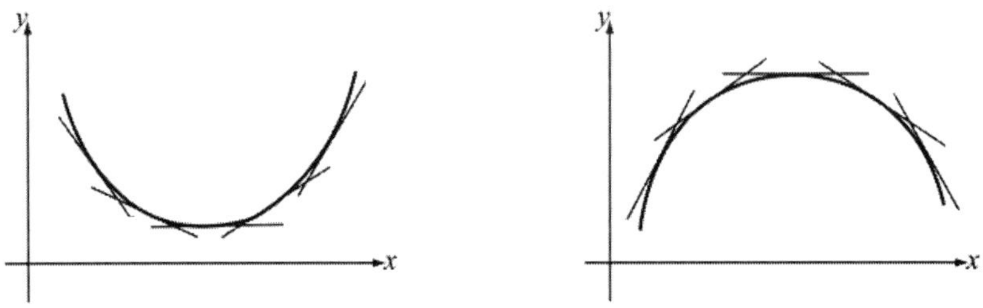

위로 오목　　　　아래로 오목

[그림 2.8.1]

정리 2.8.2 [곡선의 오목]

구간 I에서 함수 $f(x)$가 $f''(x)$를 가진다고 하자. 임의의 $x \in I$에 대하여

(1) $f''(x) > 0$이면 $f(x)$는 I에서 위로 오목이다.

(2) $f''(x) < 0$이면 $f(x)$는 I에서 아래로 오목이다.

정의 2.8.3 [변곡점]

연속함수 $f(x)$가 $x=a$의 좌우에서 위로 오목에서 아래로 오목, 또는 아래로 오목에서 위로 오목으로 변할 때, 점 $(a, f(a))$을 함수 $f(x)$의 **변곡점**(inflection point)이라고 한다.

정리 2.8.4 [이차 도함수 판정]

함수 $f(x)$가 $f'(x)$와 $f''(x)$를 가지고, $f'(a)=0$이라고 하자.

(1) $f''(a)>0$이면 $f(a)$는 극솟값이다.

(2) $f''(a)<0$이면 $f(a)$는 극댓값이다.

예제 2.8.5 함수 $f(x)=x^3+x^2-x-1$의 극댓값과 극솟값을 구하여라.

풀이 $f'(x)=3x^2+2x-1=(3x-1)(x+1)$이므로 임계수는 $-1, \frac{1}{3}$이다. 그리고 $f''(x)=6x+2$이므로 $f''(-1)<0$이고 $f''\left(\frac{1}{3}\right)>0$이다. 따라서 $f(-1)=0$은 극댓값이고 $f\left(\frac{1}{3}\right)=-\frac{32}{27}$은 극솟값이다.

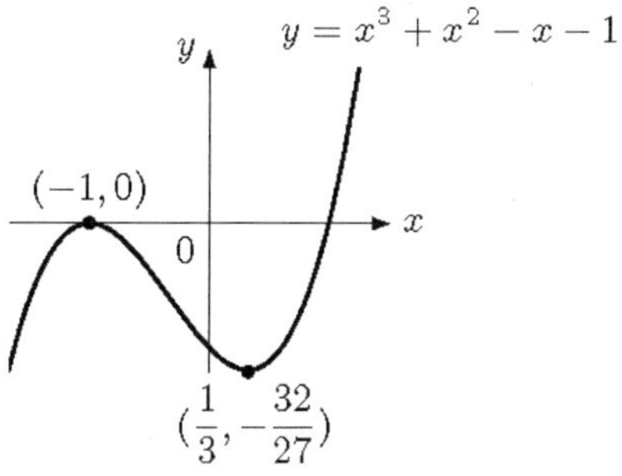

[그림 2.8.2]

예제 2.8.6 함수 $f(x) = x - \cos x \quad (0 < x < 2\pi)$의 오목성을 조사하고 변곡점을 구하여라.

●●● **풀이** $f'(x) = 1 + \sin x$이고 $f''(x) = \cos x$이므로 $f''(x) = 0$을 만족하는 x는 $\frac{\pi}{2}, \frac{3}{2}\pi$이다.

x	(0)	$\cdots$	$\frac{\pi}{2}$	$\cdots$	$\frac{3}{2}\pi$	$\cdots$	(2π)
$f'(x)$		$+$	$+$	$+$	0	$+$	
$f''(x)$		$+$	0	$-$	0	$+$	
$f(x)$		↗	변곡점	↗	변곡점	↗	

따라서 $f(x)$는 구간 $\left(0, \frac{\pi}{2}\right) \cup \left(\frac{3}{2}\pi, 2\pi\right)$에서 위로 오목하고, 구간 $\left(\frac{\pi}{2}, \frac{3}{2}\pi\right)$에서 아래로 오목하다. 변곡점은 $\left(\frac{\pi}{2}, \frac{\pi}{2}\right)$과 $\left(\frac{3\pi}{2}, \frac{3\pi}{2}\right)$이다.

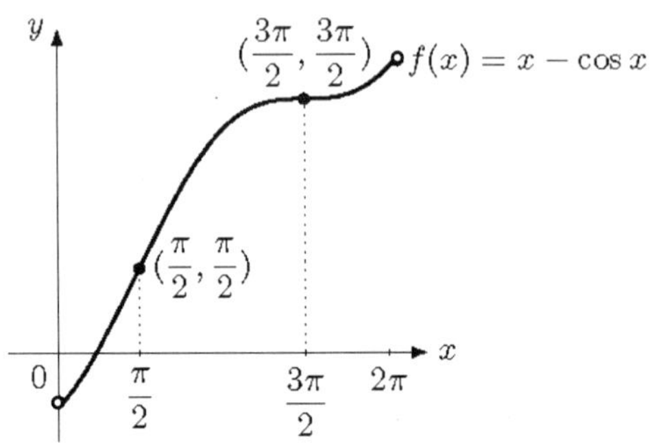

예제 2.8.7 함수 $f(x) = xe^x$의 그래프를 그려라.

●●● **풀이** 함수 $f(x)$는 실수 전체에서 정의된다. $f'(x) = (1 + x)e^x$이므로 임계수

는 -1이다. 그리고 $f''(x)=(2+x)e^x$이므로 $f''(x)=0$을 만족하는 x는 -2이다.

일차 도함수, 이차 도함수의 부호와 함수의 증감을 살펴보면 다음과 같다.

x	$\cdots$	-2	$\cdots$	-1	$\cdots$
$f'(x)$	$-$	$-$	$-$	0	$+$
$f''(x)$	$-$	0	$+$	$+$	$+$
$f(x)$	↘	변곡점	↘	극소	↗

따라서 $f(x)$는 $x=-1$에서 극솟값 $f(-1)=-e^{-1}$을 가지고, 구간 $(-\infty, -2)$에서 아래로 오목하고, 구간 $(-2, \infty)$에서 위로 오목하다. 그러므로 변곡점은 $(-2, -2e^{-2})$이다.

한편 $\lim_{x\to-\infty} xe^x = \lim_{x\to-\infty}\frac{x}{e^{-x}} = \lim_{x\to-\infty}\frac{1}{-e^{-x}}=0$, $\lim_{x\to\infty} xe^x=\infty$이므로 직선 $y=0$은 수평점근선이다. 이를 토대로 그래프를 그리면 다음과 같다.

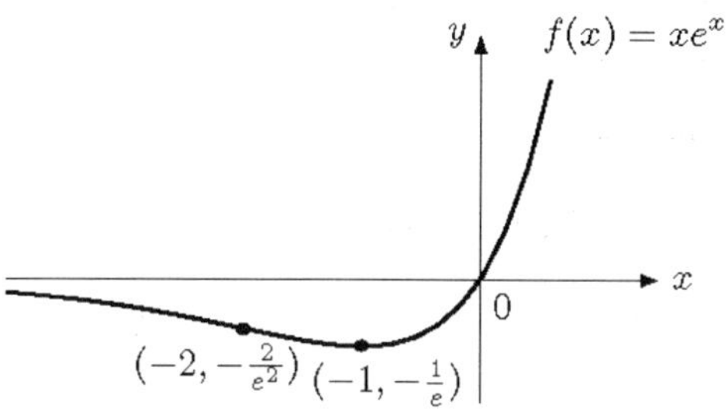

[그림 2.8.4]

예제 2.8.8 함수 $f(x)=e^{\frac{1}{x}}$의 그래프를 그려라.

●●● **풀이** 함수 $f(x)$는 $x \neq 0$인 실수 전체에서 정의되고 일차 도함수와 이차 도함수는

$$f'(x) = e^{\frac{1}{x}}\left(-\frac{1}{x^2}\right) = -\frac{e^{\frac{1}{x}}}{x^2}$$

$$f''(x) = -\frac{e^{\frac{1}{x}}\left(-\frac{1}{x^2}\right)x^2 - 2x\,e^{\frac{1}{x}}}{x^4} = \frac{e^{\frac{1}{x}}(2x+1)}{x^4}$$

이다. 따라서 $x \neq 0$인 모든 실수에서 $f'(x) < 0$이므로 함수 $f(x)$는 감소함수이다. 그리고 $x = -\frac{1}{2}$일 때, $f''(x) = 0$이다. 일차 도함수, 이차 도함수의 부호와 함수의 증감을 살펴보면 다음과 같다.

x	$\cdots$	$-\frac{1}{2}$	$\cdots$	(0)	$\cdots$
$f'(x)$	$-$	$-$	$-$		$-$
$f''(x)$	$-$	0	$+$		$+$
$f(x)$	↘ 아래로 오목	e^{-2}	↘ 위로 오목		↘ 위로 오목

그러므로 $x = -\frac{1}{2}$에서 함수 $f(x)$는 변곡점을 가진다. x절편과 y절편은 없다. 한편

$$\lim_{x \to \infty} e^{\frac{1}{x}} = 1, \quad \lim_{x \to -\infty} e^{\frac{1}{x}} = 1, \quad \lim_{x \to 0+} e^{\frac{1}{x}} = \infty, \quad \lim_{x \to 0-} e^{\frac{1}{x}} = 0$$

이므로 직선 $y = 1$이 수평점근선, 직선 $x = 0$이 수직점근선이다. $x < 0$이면 $0 < f(x) < 1$이고 $x > 0$이면 $f(x) > 1$이다. 이를 토대로 그래프를 그리면 다음과 같다.

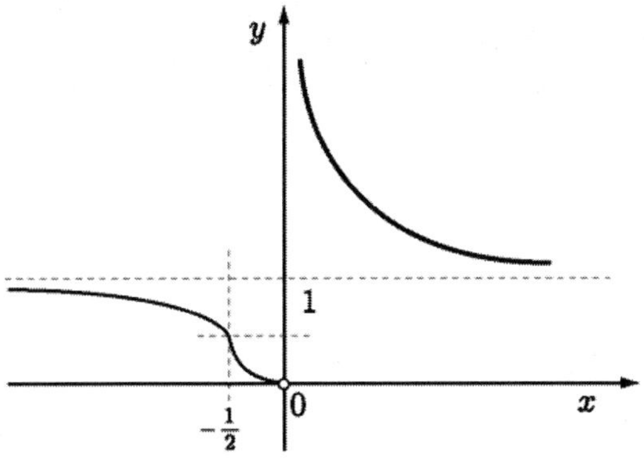

$$f(x) = e^{\frac{1}{x}}$$

[그림 2.8.5]

〈참고〉 곡선의 그래프를 그릴 때는 다음의 내용들을 고려하면 함수의 그래프 그리기가 쉬워진다.

1. 정의역
2. 절편
3. 대칭성
4. 점근선
5. 증가구간과 감소구간
6. 극댓값과 극솟값
7. 오목성과 변곡점

▶▶▶ 연습문제 2.8

STEP 1

01. 다음 함수의 극댓값 또는 극솟값을 구하여라.

(1) $f(x)=x^3-x+1$ (2) $f(x)=x^4+4x^3$

(3) $f(x)=2\sqrt{x}-x$ (4) $f(x)=\sin 2x\ \ (0\le x\le \pi)$

(5) $f(x)=x-\ln x$ (6) $f(x)=\dfrac{x}{x-1}$

02. 다음 함수의 오목성을 조사하고 변곡점을 구하여라.

(1) $f(x)=x^4+4x^3$ (2) $f(x)=\dfrac{x}{2}-\sin x\ \ (0<x<2\pi)$

(3) $f(x)=(1-x)e^x$ (4) $f(x)=\dfrac{e^x}{1-e^x}$

(5) $f(x)=x-\ln x$ (6) $f(x)=\dfrac{x}{x-1}$

03. 다음 함수의 수평점근선과 수직점근선을 구하여라.

(1) $f(x)=\dfrac{x}{x-1}$ (2) $f(x)=\dfrac{x}{x^2-9}$

04. 다음 함수의 그래프를 그려라.

(1) $f(x)=x^4+4x^3$ (2) $f(x)=(1-x)e^x$

(3) $f(x)=x-\ln x$ (4) $f(x)=\dfrac{x}{x-1}$

STEP 2

05. 다음 함수의 극댓값 또는 극솟값을 구하여라.

(1) $f(x)=e^{-x^2}$ (2) $f(x)=\dfrac{e^x}{x^2}$

(3) $f(x)=x-\dfrac{1}{6}x^2-\dfrac{2}{3}\ln x$ (4) $f(x)=\dfrac{\ln x}{x}$

06. 다음 함수의 오목성을 조사하고 변곡점을 구하여라.

(1) $f(x)=(x^2-1)^3$ (2) $f(x)=x+\cos x \ (0<x<2\pi)$

(3) $f(x)=e^{-x^2}$ (4) $f(x)=x-\dfrac{1}{6}x^2-\dfrac{2}{3}\ln x$

(5) $f(x)=\dfrac{\ln x}{x}$ (6) $f(x)=\dfrac{x-1}{x^2}$

07. 다음 함수의 그래프를 그려라.

(1) $f(x)=e^{-x^2}$ (2) $f(x)=xe^{-x}$

(3) $f(x)=\dfrac{\ln x}{x}$ (4) $f(x)=\dfrac{x-1}{x^2}$

STEP 3

08. 함수 $f(x)=x(\ln x)^2$의 극댓값 또는 극솟값을 구하여라.

09. 함수 $f(x)=x\sqrt{4-x^2}$의 그래프를 그려라.

제3장 적분

3.1 부정적분

정의 3.1.1 [원시함수]

함수 $F(x)$가 개구간 I에서 미분가능이고 $F'(x) = f(x)$를 만족하면 $F(x)$를 $f(x)$의 **원시함수**(primitive function)라고 한다.

$\frac{1}{3}x^3$, $\frac{1}{3}x^3 - 1$와 $\frac{1}{3}x^3 + 5$는 x^2의 원시함수이다. 여기서 알 수 있듯이 $F(x)$가 $f(x)$의 원시함수이면 $F(x) + C$도 $f(x)$의 원시함수이다. 여기서 C는 상수이다. 한편 따름정리 2.6.4에 의하여, 개구간 I에서 $G(x)$가 $f(x)$의 다른 원시함수이면 즉, $G'(x) = F'(x)$이면 $G(x) = F(x) + C$ 이다. 따라서 $f(x)$의 모든 원시함수는 $F(x) + C$ 꼴로 나타남을 알 수 있다. 일반적으로 $f(x)$의 원시함수를

$$\int f(x)\,dx$$

로 나타내고 이것을 **부정적분**(indefinite integral)이라고 한다.

개구간 I에서 $F(x)$가 $f(x)$의 한 원시함수이면 $f(x)$의 부정적분은 다음의 형태로 나타난다. (단, C는 상수)

$$\int f(x)dx = F(x) + C$$

따라서 $\int x^2 dx = \frac{1}{3}x^3 + C$로 나타난다.

부정적분과 도함수의 관계는 다음과 같다.

$$\int\left(\frac{d}{dx}f(x)\right)dx = f(x)+C,\quad \frac{d}{dx}\left(\int f(x)dx\right)= f(x)$$

예제 3.1.2 함수 $f(x)=\dfrac{\sqrt{x^2+4}}{4x}$ 이면 $f'(x)=\dfrac{-1}{x^2\sqrt{x^2+4}}$ 이다. 부정적분 $\displaystyle\int\frac{1}{x^2\sqrt{x^2+4}}dx$을 구하여라.

●●● **풀이** $\displaystyle\int\frac{1}{x^2\sqrt{x^2+4}}dx=-\frac{\sqrt{x^2+4}}{4x}+C$

예제 3.1.3 $\displaystyle\int\tan^{-1}x\,dx = x\tan^{-1}x-\frac{1}{2}\ln(x^2+1)+C$ 이다. $\displaystyle\frac{d}{dx}\left(x\tan^{-1}x-\frac{1}{2}\ln(x^2+1)+3\right)$ 를 구하여라.

●●● **풀이** $\displaystyle\frac{d}{dx}\left(x\tan^{-1}x-\frac{1}{2}\ln(x^2+1)+3\right)=\tan^{-1}x$

예제 3.1.4 $\displaystyle\int(x-2)f(x)dx = 2x^3-24x$를 만족하는 함수 $f(x)$를 구하여라.

●●● **풀이** $(x-2)f(x)=(2x^3-24x)'=6x^2-24$이므로

$f(x)=\dfrac{6x^2-24}{x-2}=\dfrac{6(x-2)(x+2)}{x-2}$이다. 따라서 $f(x)=6(x+2)$

2장에서 살펴본 여러 함수의 도함수를 이용하여 다음 함수의 부정적분을 알 수 있다.

정리 3.1.5 [부정적분의 기본 공식]

$$\int x^r dx = \frac{x^{r+1}}{r+1} + C (r \neq -1)$$

$$\int \frac{1}{x} dx = \ln|x| + C$$

$$\int e^x dx = e^x + C$$

$$\int a^x dx = \frac{a^x}{\ln a} + C \quad (a > 0, a \neq 1)$$

$$\int \sin x\, dx = -\cos x + C$$

$$\int \cos x\, dx = \sin x + C$$

$$\int \sec^2 x\, dx = \tan x + C$$

$$\int \sec x \tan x\, dx = \sec x + C$$

$$\int \csc^2 x dx = -\cot x + C$$

$$\int \csc x \cot x\, dx = -\csc x + C$$

$$\int \frac{1}{\sqrt{1-x^2}} dx = \sin^{-1} x + C$$

$$\int \frac{1}{x^2+1} dx = \tan^{-1} x + C$$

또한 부정적분에 관하여 다음 성질이 성립한다.

정리 3.1.6

k를 임의의 실수라고 하면 다음이 성립한다.

(1) $\int kf(x)dx = k\int f(x)dx$

(2) $\int [f(x) \pm g(x)]dx = \int f(x)dx \pm \int g(x)dx$

예제 3.1.7 다음 부정적분을 구하여라.

(1) $\int (6x^2 - x)dx$

(2) $\int \left(\sin x + \cos x - \frac{1}{x^2} \right) dx$

(3) $\int (5x^4 + x + 2\sec^2 x)dx$

●●● **풀이** (1) $\int (6x^2 - x)\, dx = 6\int x^2\, dx - \int x\, dx$

$$= 6\left(\frac{1}{3}x^3\right) - \frac{1}{2}x^2 + C$$

$$= 2x^3 - \frac{1}{2}x^2 + C$$

(2) $\int \left(\sin x + \cos x - \frac{1}{x^2}\right) dx = \int \sin x\, dx + \int \cos x\, dx - \int \frac{1}{x^2}\, dx$

$$= -\cos x + \sin x + \frac{1}{x} + C$$

(3) $\int (5x^4 + x + 2\sec^2 x) dx = 5\int x^4 dx + \int x dx + 2\int \sec^2 x\, dx$

$$= 5\left(\frac{1}{5}x^5\right) + \frac{1}{2}x^2 + 2\tan x + C$$

$$= x^5 + \frac{1}{2}x^2 + 2\tan x + C$$

예제 3.1.8 다음 두 조건을 동시에 만족하는 함수 $f(x)$를 구하여라.

$$f'(x) = x^2 + 4x - 5, \quad f(3) = 15$$

●●● **풀이** $f(x) = \int f'(x) dx = \int (x^2 + 4x - 5) dx = \frac{1}{3}x^3 + 2x^2 - 5x + C$이다.

이때 $15 = f(3) = 12 + C$이므로 $C = 3$이고

$f(x) = \frac{1}{3}x^3 + 2x^2 - 5x + 3$이다.

예제 3.1.9 다음 부정적분을 구하여라.

(1) $\int \frac{x^3 + 2\sqrt{x} - 1}{x\sqrt{x}} dx$ (2) $\int \frac{e^{2x} - 4^x}{e^x + 2^x} dx$

(3) $\int (\sin x + \cos x)^2 dx + \int (\sin x - \cos x)^2 dx$

●●● **풀이** (1) $\displaystyle \int \frac{x^3 + 2\sqrt{x} - 1}{x\sqrt{x}} dx = \int \left(x\sqrt{x} + \frac{2}{x} - \frac{1}{x\sqrt{x}} \right) dx$

$$= \int \left(x^{\frac{3}{2}} + \frac{2}{x} - x^{-\frac{3}{2}} \right) dx$$

$$= \frac{2}{5} x^{\frac{5}{2}} + 2\ln|x| - \left(-2x^{-\frac{1}{2}} \right) + C$$

$$= \frac{2}{5} x^2 \sqrt{x} + 2\ln|x| + \frac{2}{\sqrt{x}} + C$$

(2) $\displaystyle \int \frac{e^{2x} - 4^x}{e^x + 2^x} dx = \int \frac{(e^x - 2^x)(e^x + 2^x)}{e^x + 2^x} dx$

$$= \int (e^x - 2^x) dx$$

$$= e^x - \frac{2^x}{\ln 2} + C$$

(3) $\int (\sin x + \cos x)^2 dx + \int (\sin x - \cos x)^2 dx$

$$= \int \left((\sin x + \cos x)^2 + (\sin x - \cos x)^2 \right) dx$$

$$= \int 2(\sin^2 x + \cos^2 x) dx$$

$$= \int 2\, dx$$

$$= 2x + C$$

▶▶▶ 연습문제 3.1

STEP 1

01. $f(x)=4x^3-3x^2+2x-5$ 일 때, 다음을 구하여라.

(1) $\dfrac{d}{dx}\displaystyle\int f(x)dx$　　(2) $\displaystyle\int\left(\dfrac{d}{dx}f(x)\right)dx$

02. 다음 중 옳은 것을 모두 고르면?

① $\displaystyle\int f(x)dx=\int f(y)dy$

② $\displaystyle\int\left(\dfrac{d}{dx}f(x)\right)dx=\dfrac{d}{dx}\int f(x)dx$

③ $\displaystyle\int f(x)dx=\int g(x)dx$ 이면 $f(x)=g(x)$

03. $\displaystyle\int f(x)dx=x\ln x-x^2+C$ 를 만족하는 함수 $f(x)$를 구하여라.

04. 다음 부정적분을 구하여라.

(1) $\displaystyle\int(2x+3)dx$　　(2) $\displaystyle\int(5x^2+3x-1)dx$

(3) $\displaystyle\int(10x^4-\sin x)dx$　　(4) $\displaystyle\int\left(\sqrt{x}+\dfrac{2}{\sqrt{x}}\right)dx$

(5) $\displaystyle\int 10^x dx$　　(6) $\displaystyle\int(e^x+3^x)dx$

(7) $\displaystyle\int\left(\dfrac{2}{x}+\dfrac{1}{\sqrt{x^3}}\right)dx$　　(8) $\displaystyle\int(\cos x-2\csc^2 x)dx$

STEP 2

05. 다음 부정적분을 구하여라.

(1) $\displaystyle\int \frac{x^3}{x+1}dx + \int \frac{1}{x+1}dx$ (2) $\displaystyle\int (t+1)^3 dt - \int (t-1)^3 dt$

(3) $\displaystyle\int (x\sqrt{x}+1)^2 dx$ (4) $\displaystyle\int \left(\sin\frac{x}{2} - \cos\frac{x}{2}\right)^2 dx$

(5) $\displaystyle\int \left(\sqrt{x} + \frac{1}{\sqrt{x}}\right)^2 dx$ (6) $\displaystyle\int \frac{\sin 2x}{\sin x}dx$

06. $f'(x) = \dfrac{xe^x - 1}{x}$이고 $f(1) = e$일 때, $f(e)$의 값을 구하여라.

07. 일차함수 $f(x)$가 $2\displaystyle\int f(x)dx = f(x) + xf(x) - x - 1$를 만족하고 $f(1) = 3$이다. 이때, $f(2)$의 값을 구하여라.

08. 두 다항함수 $f(x)$와 $g(x)$가

$$\frac{d}{dx}(f(x)+g(x)) = 2x+1, \quad \frac{d}{dx}(f(x)g(x)) = 3x^2+2x+2$$

를 만족하고 $f(0) = 2$, $g(0) = 1$이다. $f(x)$와 $g(x)$를 구하여라.

STEP 3

09. 다음 부정적분을 구하여라.

(1) $\displaystyle\int (\tan x + \cot x)^2 dx$ (2) $\displaystyle\int \left(\frac{1}{1+\tan^2 x} + \frac{1}{1+\cot^2 x}\right)dx$

(3) $\int \frac{8^x - 2^x}{2^x + 1} dx$ (4) $\int \frac{2x^2 + 1}{x^2 + 1} dx$

10 $f(x) = \int (2x^3 - 2x + 4) dx$일 때, $\lim_{x \to 2} \frac{f(x) - f(2)}{2x - 4}$의 값을 구하여라.

11 a는 실수이고 다항함수 $f(x)$가 $f'(x) = 4x - a$와 $\lim_{x \to 1} \frac{f(x)}{x - 1} = a + 2$를 만족할 때, 함수 $f(x)$를 구하여라.

12 함수 $f(x)$와 그 부정적분 $F(x)$ 사이에 $F(x) = xf(x) - \frac{1}{3}x^3$인 관계가 있을 때, $f(3)$의 값을 구하여라. (단, $f(0) = 1$)

13 삼차함수 $f(x)$와 그 부정적분 $F(x)$ 사이에 $F(x) = xf(x) - 6x^4 + 6x^3$인 관계가 있다. $f(1) = 0$일 때, 함수 $f(x)$를 구하여라.

14 곡선 $y = f(x)$ 위의 점 (x, y)에서의 접선의 기울기는 $e^x + 2x + 1$에 비례하고 이 곡선 위의 점 $(0, 4)$에서의 접선의 방정식은 $y = 2x + 4$일 때, 함수 $f(x)$를 구하여라.

15 함수 $f(x)$는 $x > 0$에서 연속이고 $(x-1)f(x)$는 $x \neq 1$에서 도함수 $\frac{1}{x}$을 가진다. 이때 $f(x)$를 구하여라.

3.2 정적분

정의 3.2.1 [정적분]

$f(x)$가 폐구간 $[a, b]$에서 정의된 연속함수라고 하자. 폐구간 $[a, b]$를 동일한 폭 $\Delta x = \dfrac{b-a}{n}$으로 나눈 부분구간의 끝점을 $x_0, x_1, x_2, \cdots, x_n$ 이라 하고, x_i^*는 i번째 부분구간 $[x_{i-1}, x_i]$ $(i=1,2,\cdots,n)$ 의 임의의 점이라고 두자. 이때 $\sum_{i=1}^{n} f(x_i^*)\Delta x$ (그림 3.2.1 참고) 의 극한은 항상 존재한다. 그 극한값을 **a에서 b까지 $f(x)$의 정적분**(definite integral)이라 하고 기호로 $\int_a^b f(x)dx$로 나타낸다. 즉,

$$\int_a^b f(x)dx = \lim_{n\to\infty}\sum_{i=1}^{n} f(x_i^*)\Delta x$$

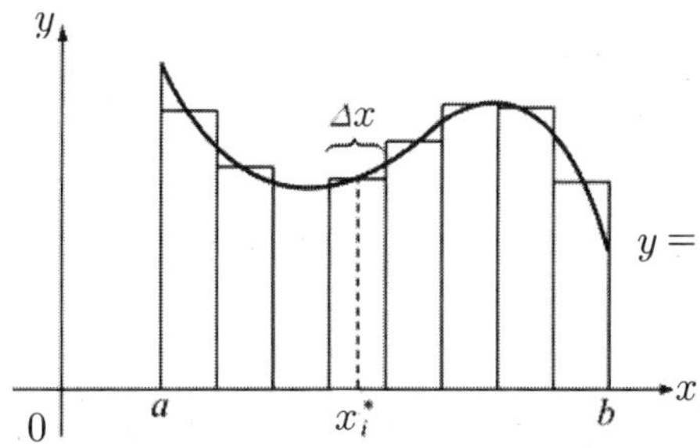

[그림 3.2.1]

〈주의〉 (1) 정의 3.2.1에서 함수 $f(x)$를 폐구간 $[a,b]$에서 연속함수로 가정하였다. 이는 $\sum_{i=1}^{n} f(x_i^*)\Delta x$ 의 극한의 존재성을 보장해준다. 일반적인 정적분의 정의에서는 연속함수를 가정하지 않고 폐구간 $[a, b]$에서 정의된 함수를 다루며 $\sum_{i=1}^{n} f(x_i^*)\Delta x$ 의 극한이 존재할 때 그 값을 a에서 b까지 $f(x)$의

정적분으로 정의하고 이런 함수 f 를 $[a, b]$에서 **적분가능**이라고 한다. 즉, 연속함수는 항상 적분가능이다.

(2) 정의 3.2.1에서 x_i^*의 선택은 폐구간 $[x_{i-1}, x_i]$의 임의의 점을 의미한다. 또한 극한의 존재는 x_i^*의 선택에 영향을 받지 않음을 뜻하는 것으로 x_i^*를 $[x_{i-1}, x_i]$ 상의 어떤 점으로 선택하든지 극한이 같은 값으로 존재한다는 것을 의미한다. 고등학교의 교과에서는 $x_i^* = x_i$로 두어 정적분을 다음과 같이 정의한다.

$$\int_a^b f(x)dx = \lim_{n \to \infty} \sum_{i=1}^{n} f(x_i) \Delta x$$

이것은 실제로 정의 3.2.1과 같은 결과를 얻는다.

예제 3.2.2 다음 극한을 폐구간 $[0, 1]$에서 정적분으로 나타내어라.

$$\lim_{n \to \infty} \frac{1}{n} \left\{ \left(\frac{1}{n}\right)^3 + \left(\frac{2}{n}\right)^3 + \cdots + \left(\frac{n}{n}\right)^3 \right\}$$

●●● **풀이** 함수 $f(x) = x^3$로 두고 $\Delta x = \frac{1}{n}$로 두면

$$\begin{aligned} \lim_{n \to \infty} \frac{1}{n} \left\{ \left(\frac{1}{n}\right)^3 + \left(\frac{2}{n}\right)^3 + \cdots + \left(\frac{n}{n}\right)^3 \right\} &= \lim_{n \to \infty} \sum_{i=1}^{n} \left(\frac{i}{n}\right)^3 \frac{1}{n} \\ &= \lim_{n \to \infty} \sum_{i=1}^{n} f(x_i) \frac{1}{n} \\ &= \int_0^1 x^3 dx \end{aligned}$$

예제 3.2.3 $\int_0^1 x\,dx$를 구하여라.

●●● **풀이** 함수 $f(x)=x$는 폐구간 $[0, 1]$에서 연속이므로 적분가능이다. 임의의 자연수 n에 대하여, $\Delta x=\dfrac{1}{n}$이고 $x_i=\dfrac{i}{n}$이다. 따라서

$$\begin{aligned}\int_0^1 x\,dx &= \lim_{n\to\infty}\sum_{i=1}^{n} f(x_i)\Delta x\\ &= \lim_{n\to\infty}\sum_{i=1}^{n}\frac{i}{n}\cdot\frac{1}{n}\\ &= \lim_{n\to\infty}\frac{1}{n^2}\sum_{i=1}^{n} i\\ &= \lim_{n\to\infty}\frac{1}{n^2}\cdot\frac{n^2+n}{2}=\frac{1}{2}\end{aligned}$$

예제 3.2.4 $\displaystyle\int_a^b k\,dx=k(b-a)$임을 보여라. (단, k는 상수)

●●● **풀이** 상수함수 $f(x)=k$는 폐구간 $[a, b]$에서 연속이므로 적분가능이다. 임의의 자연수 n에 대하여, $\Delta x=\dfrac{b-a}{n}$이고 $x_i=a+\dfrac{b-a}{n}i$ 이다. 따라서

$$\begin{aligned}\int_a^b k\,dx &= \lim_{n\to\infty}\sum_{i=1}^{n} k\cdot\frac{b-a}{n}\\ &= \lim_{n\to\infty} k\cdot\frac{b-a}{n}\cdot n\\ &= k(b-a)\end{aligned}$$

[정적분의 의미]

폐구간 $[a, b]$에서 연속함수 $f(x)$가 $f(x)\ge 0$이면, 정적분 $\displaystyle\int_a^b f(x)dx$는 곡선 $f(x)$와 직선 $x=a$, $x=b$와 x축으로 둘러싸인 영역의 넓이 (그림 3.2.2 참고) 를 의미한다.

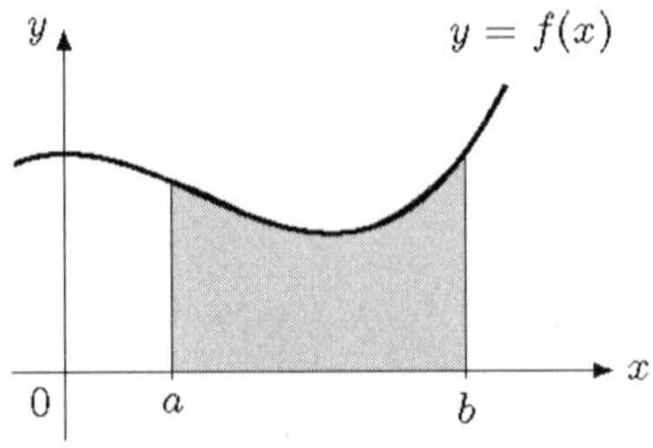

[그림 3.2.2]

앞의 예제 3.2.3 과 예제 3.2.4 는 '정적분의 의미' 로 부터 각각 다음 그림의 어두운 영역의 넓이를 의미한다는 것을 알 수 있다.

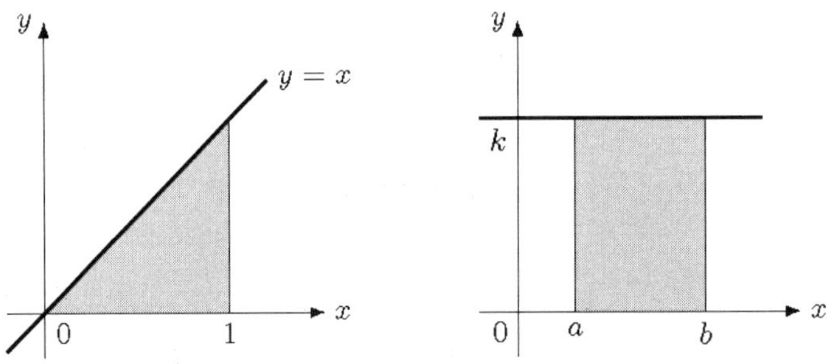

[그림 3.2.3]

정의 3.2.5

$\int_a^a f(x)dx = 0$ 으로 정의하고, $a < b$ 일 때, $\int_b^a f(x)dx = -\int_a^b f(x)dx$ 로 정의한다.

부정적분에서처럼 정적분도 역시 다음 성질이 성립한다.

정리 3.2.6

두 함수 $f(x)$와 $g(x)$가 폐구간 $[a, b]$에서 연속일 때, 다음이 성립한다.

(1) $\int_a^b k dx = k(b-a)$ (단, k는 상수)

(2) $\int_a^b kf(x)dx = k\int_a^b f(x)dx$ (단, k는 상수)

(3) $\int_a^b (f(x) \pm g(x))\,dx = \int_a^b f(x)dx \pm \int_a^b g(x)dx$

(4) $\int_a^b f(x)dx = \int_a^c f(x)dx + \int_c^b f(x)dx$ (단, c는 상수)

(5) $f(x) \geq 0$이면 $\int_a^b f(x)\,dx \geq 0$

(6) $f(x) \geq g(x)$이면 $\int_a^b f(x)dx \geq \int_a^b g(x)dx$

정리 3.2.7 [미분적분학의 기본 정리]

함수 $f(x)$가 폐구간 $[a, b]$에서 연속이라고 하자.

(1) 함수 $g(x) = \int_a^x f(t)dt$ $(x \in [a, b])$로 정의하면, 함수 $g(x)$는 폐구간 $[a, b]$에서 연속이고, 개구간 (a, b)에서 미분가능이며 다음이 성립한다.

$$g'(x) = f(x)$$

(2) 폐구간 $[a, b]$ 에서 $F(x)$가 $f(x)$의 한 원시함수이면, 다음이 성립한다.

$$\int_a^b f(x)dx = F(b) - F(a)$$

일반적으로 $\int_a^b f(x)dx = F(b) - F(a) \equiv \Big[\ F(x)\Big]_a^b$ 로 나타낸다.

(증명) (1) $x,\ x+h \in (a,\ b)$이면,

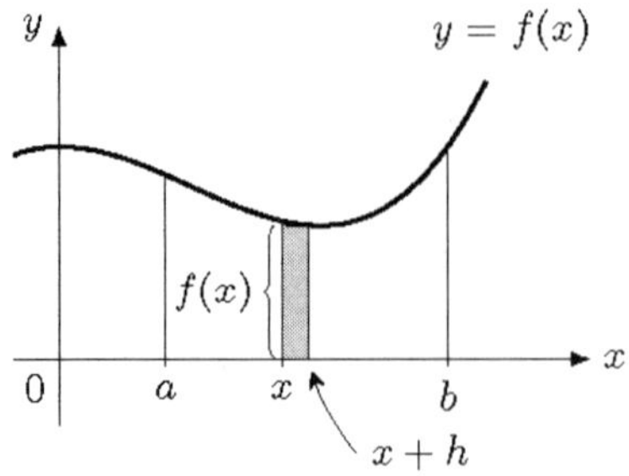

[그림 3.2.4]

$$\begin{aligned} g(x+h)-g(x) &= \int_a^{x+h} f(t)dt - \int_a^x f(t)dt \\ &= \left(\int_a^x f(t)\,dt + \int_x^{x+h} f(t)dt\right) - \int_a^x f(t)dt \\ &= \int_x^{x+h} f(t)dt \end{aligned}$$

이 성립한다. 따라서 충분히 작은 $h(\neq 0)$에 대하여,

$$\frac{g(x+h)-g(x)}{h} = \frac{1}{h}\int_x^{x+h} f(t)dt$$

이다. 이제 $h>0$임을 가정하자. $f(x)$는 폐구간 $[x,\ x+h]$에서 연속이므로 정리 2.7.5에 의하여 $f(u)=m$과 $f(v)=M$이 성립하는 $u,\ v \in [x,\ x+h]$가 존재한다. 여기서 m과 M은 구간 $[x,\ x+h]$에서 $f(x)$의 최솟값과 최댓값이다. 즉, 임의의 $t \in [x,\ x+h]$에 대하여,

$$f(u) \le f(t) \le f(v)$$

정리 3.2.6의 (6)에 의하여

$$f(u)h \le \int_x^{x+h} f(t)dt \le f(v)h$$

를 얻는다. $h>0$이므로 위의 부등식을 h로 나누면

$$f(u) \le \frac{1}{h}\int_{x}^{x+h} f(t)\,dt \le f(v)$$

이다. 위 부등식의 중앙부분을 바꿔 놓으면

$$f(u) \le \frac{g(x+h)-g(x)}{h} \le f(v)$$

만약 $h \to 0^+$이라면, u와 v가 x와 $x+h$ 사이에 있으므로 $u \to x^+$이고 $v \to x^+$이다. f가 x에서 연속이므로

$$\lim_{h\to 0^+} f(u) = \lim_{u\to x^+} f(u) = f(x) \text{이고 } \lim_{h\to 0^+} f(v) = \lim_{v\to x^+} f(v) = f(x)$$

이다. 위의 부등식과 정리 2.1.4의 (5)에 의하여

$$\lim_{h\to 0^+} \frac{g(x+h)-g(x)}{h} = f(x)$$

임을 알 수 있다. 같은 방법으로

$$\lim_{h\to 0^-} \frac{g(x+h)-g(x)}{h} = f(x)$$

이고 따라서 개구간 (a, b)에서 $g'(x) = f(x)$이다. 만약 $x=a$ 또는 $x=b$라면 위 식은 좌극한 또는 우극한으로 해석할 수 있으므로 함수 $g(x)$가 폐구간 $[a, b]$에서 연속임을 알 수 있다.

(2) (1)에 의하여 $g(x) = \int_a^x f(t)dt$는 $f(x)$의 하나의 원시함수이다. 만약 $F(x)$가 폐구간 $[a, b]$에서 $f(x)$의 다른 원시함수라고 하면, $a<x<b$에 대하여,

$$F(x) = g(x) + C$$

이다. F와 g가 폐구간 $[a, b]$에서 연속이므로 위 식의 양변에 극한을 취하면 $x=a$와 $x=b$일 때도 성립한다. $g(x)$의 정의에 의하여

$$g(a) = \int_a^a f(t)dt = 0$$

이 성립하고 $F(b) = g(b) + C$이므로 다음을 얻는다.

$$\begin{aligned} F(b) - F(a) &= (g(b) + C) - (g(a) + C) \\ &= g(b) - g(a) = g(b) \\ &= \int_a^b f(t)dt \end{aligned}$$

∎

예제 3.2.8 다음 정적분을 구하여라.

(1) $\int_0^1 3x^2 dx$ (2) $\int_0^2 (x^3 - 5x)dx$

●●● **풀이** (1) 함수 $f(x) = 3x^2$은 폐구간 $[0, 1]$에서 연속이고 $3x^2$의 한 원시함수는 x^3이다. 따라서 미분적분학의 기본 정리에 의하여

$$\int_0^1 3x^2 dx = \left[x^3 \right]_0^1 = 1$$

(2) 함수 $f(x) = x^3 - 5x$은 폐구간 $[0, 2]$에서 연속이고 $x^3 - 5x$의 한 원시함수는 $\frac{1}{4}x^4 - \frac{5}{2}x^2$이다. 따라서 미분적분학의 기본 정리에 의하여

$$\int_0^2 (x^3 - 5x)dx = \left[\frac{1}{4}x^4 - \frac{5}{2}x^2 \right]_0^2 = \frac{16}{4} - \frac{20}{2} = -6$$

예제 3.2.9 정적분 $\int_0^{\frac{\pi}{2}} \cos x dx$를 구하여라.

●●● **풀이** $\int_0^{\frac{\pi}{2}} \cos x dx = \left[\sin x \right]_0^{\frac{\pi}{2}} = \sin\left(\frac{\pi}{2}\right) - \sin 0 = 1$

예제 3.2.10 정적분 $\int_{-1}^{2} |x| dx$를 구하여라.

●●● **풀이**
$$\begin{aligned}\int_{-1}^{2} |x| dx &= \int_{-1}^{0} |x| dx + \int_0^2 |x| dx \\ &= \int_{-1}^{0} (-x) dx + \int_0^2 x dx \\ &= \left[-\frac{1}{2}x^2 \right]_{-1}^{0} + \left[\frac{1}{2}x^2 \right]_0^2 \\ &= \frac{1}{2} + 2 = \frac{5}{2}\end{aligned}$$

예제 3.2.11 함수 $g(x) = \int_0^x \sqrt{1+t^3}\, dt \ (x \ge 0)$의 도함수를 구하여라.

●●● **풀이** $x \ge 0$에서 $\sqrt{1+x^3}$는 연속함수이다. 따라서 미분적분학의 기본 정리에 의하여

$$\frac{d}{dx} g(x) = \frac{d}{dx} \int_0^x \sqrt{1+t^3}\, dt = \sqrt{1+x^3}$$

예제 3.2.12 $f(x)=\frac{d}{dx}\int_1^{x^2}\frac{1}{t}dt$일 때, $f(x)$를 구하여라.

풀이 $f(x)=\frac{d}{dx}\int_1^{x^2}\frac{1}{t}dt$에서 $u=x^2$라고 하면 연쇄법칙과 미분적분학의 기본 정리에 의하여

$$\frac{d}{dx}\int_1^{x^2}\frac{1}{t}dt=\left(\frac{d}{du}\int_1^{u}\frac{1}{t}dt\right)\left(\frac{du}{dx}\right)=\frac{1}{u}\cdot 2x=\frac{1}{x^2}\cdot 2x=\frac{2}{x}$$

미분적분학의 기본 정리를 적용하기 위해서는 함수 $f(x)$는 반드시 폐구간 $[a, b]$에서 연속이어야 한다. 다음의 정적분 계산을 보자.

$$\int_{-1}^{3}\frac{1}{x^2}dx=\left[-\frac{1}{x}\right]_{-1}^{3}=-\frac{1}{3}-1=-\frac{4}{3}$$

폐구간 $[-1, 3]$에서 함수 $\frac{1}{x^2}$은 양의 함숫값을 갖지만 정적분의 결과는 음수이다. 계산과정에서 $\frac{1}{x^2}$은 $x=0$에서 불연속이므로 미분적분학의 기본 정리를 적용한 것이 잘못된 것이다. 이 책의 정의에 따르면 이 정적분은 계산할 수 없다. 하지만 이런 정적분의 존재성을 판단하고, 존재할 때 구하는 과정을 **이상적분**이라고 한다. (이상적분은 이 책에서는 다루지 않는다.) 실제로 $\int_{-1}^{3}\frac{1}{x^2}dx$는 존재하지 않는다.

▸▸▸ 연습문제 3.2

STEP 1

01 다음 정적분을 구하여라.

(1) $\int_0^2 3dx$

(2) $\int_2^5 (4x+1)dx$

(3) $\int_4^9 2x\sqrt{x}\,dx$

(4) $\int_1^2 \left(\frac{2}{x}-\frac{x}{2}\right)dx$

(5) $\int_0^\pi \sin x\,dx$

(6) $\int_0^1 5^x dx$

(7) $\int_1^2 \left(\frac{1}{x^2}-\frac{4}{x^3}\right)dx$

(8) $\int_1^5 |x-2|dx$

(9) $\int_{-1}^2 (x-2|x|)dx$

(10) $\int_0^{\frac{\pi}{4}} \sec^2 x\,dx$

02 다음을 구하여라.

(1) $\frac{d}{dx}\int_0^x (t^2+1)dt$

(2) $\frac{d}{dx}\int_1^x \frac{1}{\sqrt{1+t^4}}dt$

(3) $\frac{d}{dx}\int_x^0 \cos(t^3)dt$

03 일차함수 $f(x)=ax+b$ 가 $\int_0^1 f(x)dx=1$, $\int_0^1 xf(x)dx=2$ 을 만족할 때, $a+b$ 의 값을 구하여라.

STEP 2

04. 함수 $f(x)=3x^2-2x+1$에 대하여, $\lim_{x\to 0}\frac{1}{x}\int_2^{2+x} f(t)dt$의 값을 구하여라.

05. 극한 $\lim_{n\to\infty}\left(\cos\frac{\pi}{n}+\cos\frac{2\pi}{n}+\cos\frac{3\pi}{n}+\cdots+\cos\frac{n\pi}{n}\right)\frac{1}{n}$ 의 값을 구하여라.

06. 다음 정적분을 구하여라.

(1) $\int_1^2 \frac{(x-1)^3}{x^2}dx$　　(2) $\int_0^1 \frac{1}{1+x^2}dx$

(3) $\int_0^{\frac{\pi}{4}} \tan^2 x dx$　　(4) $\int_0^{\frac{1}{2}} \frac{1}{\sqrt{1-x^2}}dx$

(5) $\int_0^2 |2x-1|dx$　　(6) $\int_0^{\frac{3}{4}\pi} |\cos x|dx$

07. 다음을 구하여라.

(1) $\frac{d}{dx}\int_2^{2x} \frac{t}{1+t^4}dt$　　(2) $\frac{d}{dx}\int_1^{x^2} \sin(t^2)dt$

STEP 3

08. 함수 $f(x)=3x^2-2x+1$에 대하여, $\lim_{x\to 1}\frac{1}{x-1}\int_1^{x^2} f(t)dt$의 값을 구하여라.

09. 다음 정적분을 구하여라.

(1) $\int_0^1 (e^x + e^{-x})^2\,dx$

(2) $\int_0^a \sqrt{a^2 - x^2}\,dx$

(3) $\int_0^1 |e^x - 2|\,dx$

(4) $\int_0^1 \frac{1}{\sqrt{x+1} - \sqrt{x}}\,dx$

10. $0 < k < 4$일 때, $f(k) = \int_0^4 |x - k|\,dx$ 의 최솟값을 구하여라.

11. $2\int_a^x f(t)\,dt = 2\sin x - 1$을 만족하는 함수 $f(x)$와 상수 a를 구하여라.

3.3 치환적분법

정리 3.3.1 [치환적분법]

함수 $u=g(x)$가 치역을 구간 I로 가지는 미분가능이고 함수 f가 I에서 연속이면 다음이 성립한다.

$$\int f(g(x))g'(x)\,dx = \int f(u)\,du$$

이를 **치환적분법**(integration by substitution)이라 한다.

(증명) 함수 $f(u)$의 부정적분을 $F(u)$라고 하면, 연쇄법칙에 의하여 다음을 얻을 수 있다.

$$\frac{dF}{dx} = \frac{dF}{du}\frac{du}{dx} = F'(u)g'(x) = f(u)g'(x) = f(g(x))g'(x)$$

따라서

$$\int f(g(x))g'(x)\,dx = F(u) + C$$

이고 $\int f(u)\,du = F(u) + C$ 이므로

$$\int f(g(x))g'(x)\,dx = \int f(u)\,du$$ ∎

미분법의 연쇄법칙을 이용하여 치환적분법을 증명할 수 있다는 사실에 유의하자. $u=g(x)$로 두면 $du=g'(x)dx$이다. 치환적분법을 기억하는 방법으로 dx와 du를 미분으로 보고 적분기호 뒤에 작용하는 것으로 생각하는 것이다. 이때 $u=g(x)$**로 치환한다**라고 한다. 함수 $y=f(x)$가 미분가능이면 $f'(x)dx$를 y의 **미분**이라 하고 dy로 표시한다. 즉

$$dy = f'(x)dx$$

예제 3.3.2 다음 부정적분을 구하여라.

(1) $\int 2x(x^2+1)^{10}\,dx$　　(2) $\int x^2\sqrt{x^3+1}\,dx$

(3) $\int xe^{x^2}\,dx$　　(4) $\int \frac{\ln x}{x}\,dx$

●●● **풀이** (1) $u=x^2+1$로 치환하면 $du=2xdx$이므로

$$\begin{aligned}\int 2x(x^2+1)^{10}dx &= \int u^{10}du \\ &= \frac{1}{11}u^{11}+C \\ &= \frac{1}{11}(x^2+1)^{11}+C\end{aligned}$$

(2) $u=x^3+1$로 치환하면 $du=3x^2dx$ 즉, $x^2dx=\frac{1}{3}du$이므로

$$\begin{aligned}\int x^2\sqrt{x^3+1}\,dx &= \frac{1}{3}\int \sqrt{u}\,du \\ &= \frac{2}{9}u^{\frac{3}{2}}+C \\ &= \frac{2}{9}(x^3+1)\sqrt{x^3+1}+C\end{aligned}$$

(3) $u=x^2$로 치환하면 $du=2xdx$이므로

$$\int xe^{x^2}dx=\frac{1}{2}\int e^u\,du=\frac{1}{2}e^u+C=\frac{1}{2}e^{x^2}+C$$

(4) $u=\ln x$로 치환하면 $du=\frac{1}{x}dx$이므로

$$\int \frac{\ln x}{x}dx=\int u\,du=\frac{1}{2}u^2+C=\frac{1}{2}(\ln x)^2+C$$

예제 3.3.3 다음 부정적분을 구하여라.

(1) $\int \cos 2x\, dx$ (2) $\int x\cos(x^2)dx$

(3) $\int \sin^2 x \cos x\, dx$ (4) $\int \frac{\cos\sqrt{x}}{2\sqrt{x}}dx$

풀이 (1) $u = 2x$로 치환하면 $du = 2dx$ 즉, $dx = \frac{1}{2}du$이므로

$$\int \cos 2x\, dx = \frac{1}{2}\int \cos u\, du$$

$$= \frac{1}{2}\sin u + C = \frac{1}{2}\sin 2x + C$$

(2) $u = x^2$로 치환하면 $du = 2xdx$ 즉, $x\,dx = \frac{1}{2}du$이므로

$$\int x\cos(x^2)dx = \frac{1}{2}\int \cos u\, du$$

$$= \frac{1}{2}\sin u + C = \frac{1}{2}\sin(x^2) + C$$

(3) $u = \sin x$로 치환하면 $du = \cos x dx$이므로

$$\int \sin^2 x \cos x dx = \int u^2 du$$

$$= \frac{1}{3}u^3 + C = \frac{1}{3}\sin^3 x + C$$

(4) $u = \sqrt{x}$로 치환하면 $du = \frac{1}{2\sqrt{x}}dx$이므로

$$\int \frac{\cos\sqrt{x}}{2\sqrt{x}}dx = \int \cos u\, du$$

$$= \sin u + C = \sin\sqrt{x} + C$$

정리 3.3.4

함수 $f(x)$가 미분가능이면 다음이 성립한다.

$$\int \frac{f'(x)}{f(x)}dx = \ln|f(x)| + C$$

(증명) $u = f(x)$로 치환하면 $du = f'(x)dx$이므로 다음이 성립한다.

$$\int \frac{f'(x)}{f(x)}dx = \int \frac{1}{u}du = \ln|u| + C = \ln|f(x)| + C$$ ∎

예제 3.3.5 다음 부정적분을 구하여라.

(1) $\int \frac{x^2}{x^3 - 4}dx$ (2) $\int \tan x\, dx$ (3) $\int \sec x\, dx$

●●● **풀이** (1) $(x^3 - 4)' = 3x^2$이므로 정리 3.3.4에 의하여

$$\int \frac{x^2}{x^3 - 4}dx = \frac{1}{3}\int \frac{3x^2}{x^3 - 4}dx$$

$$= \frac{1}{3}\ln|x^3 - 4| + C$$

(2) $\tan x = \frac{\sin x}{\cos x}$이고 $(\cos x)' = -\sin x$이므로 정리 3.3.4에 의하여

$$\int \tan x\, dx = -\int \frac{-\sin x}{\cos x}dx$$

$$= -\ln|\cos x| + C$$

$$= \ln|\sec x| + C$$

(3) $\sec x = \frac{\sec x(\sec x + \tan x)}{\sec x + \tan x}$ 이고

$(\sec x + \tan x)' = \sec x \tan x + \sec^2 x$이므로 정리 3.3.4에 의하여

$$\int \sec x\,dx = \int \frac{\sec x(\sec x + \tan x)}{\sec x + \tan x}dx$$

$$= \int \frac{\sec^2 x + \sec x \tan x}{\sec x + \tan x}dx$$

$$= \ln|\sec x + \tan x| + C$$

한편 삼각함수의 적분에서 삼각함수의 기본공식을 이용하여 삼각함수를 변형하면 쉽게 계산이 되기도 한다. 예를 들면 다음 예제와 같다.

예제 3.3.6 다음 부정적분을 구하여라.

(1) $\int \cos^2 x dx$ (2) $\int \sin^3 x dx$

풀이 (1) 반각의 공식을 이용하여

$$\int \cos^2 x\,dx = \int \frac{1+\cos 2x}{2}dx$$

$$= \frac{1}{2}\left(x + \frac{1}{2}\sin 2x\right) + C$$

$$= \frac{1}{2}x + \frac{1}{4}\sin 2x + C$$

(2) $u = \cos x$로 치환하면 $du = -\sin x\,dx$이므로

$$\int \sin^3 x\,dx = \int (1-\cos^2 x)\sin x\,dx$$

$$= \int (1-u^2)(-du)$$

$$= \int (u^2 - 1)du$$

$$= \frac{1}{3}u^3 - u + C$$

$$= \frac{1}{3}\cos^3 x - \cos x + C$$

다음 예제와 같은 경우 치환을 통해 함수를 변형한 후 기본공식을 적용하면 역탄젠트함수와 역사인함수로 나타낼 수 있다.

예제 3.3.7 $a>0$인 상수일 때, 다음이 성립함을 보여라.

(1) $\int \frac{1}{x^2+a^2}dx = \frac{1}{a}\tan^{-1}\left(\frac{x}{a}\right)+C$

(2) $\int \frac{1}{\sqrt{a^2-x^2}}dx = \sin^{-1}\left(\frac{x}{a}\right)+C$

풀이 (1) $\frac{1}{x^2+a^2} = \frac{1}{a^2}\cdot\frac{1}{\left(\frac{x}{a}\right)^2+1}$이다. $u=\frac{x}{a}$로 치환하면 $du=\frac{1}{a}dx$이므로

$$\begin{aligned}\int \frac{1}{x^2+a^2}dx &= \frac{1}{a^2}\int \frac{1}{u^2+1}a\,du \\ &= \frac{1}{a}\int \frac{1}{u^2+1}du \\ &= \frac{1}{a}\tan^{-1}u + C \\ &= \frac{1}{a}\tan^{-1}\left(\frac{x}{a}\right)+C\end{aligned}$$

(2) $\frac{1}{\sqrt{a^2-x^2}} = \frac{1}{a}\cdot\frac{1}{\sqrt{1-\left(\frac{x}{a}\right)^2}}$이다. $u=\frac{x}{a}$로 치환하면

$du=\frac{1}{a}dx$이므로

$$\begin{aligned}\int \frac{1}{\sqrt{a^2-x^2}}dx &= \frac{1}{a}\int \frac{1}{\sqrt{1-u^2}}a\,du \\ &= \int \frac{1}{\sqrt{1-u^2}}du \\ &= \sin^{-1}u + C\end{aligned}$$

$$= \sin^{-1}\left(\frac{x}{a}\right) + C$$

정리 3.3.8 [정적분의 치환적분법]

함수 $g'(x)$가 폐구간 $[a, b]$에서 연속이고 $f(x)$가 $g(x)$의 치역에서 연속이면 다음이 성립한다.

$$\int_a^b f(g(x))g'(x)dx = \int_{g(a)}^{g(b)} f(u)du$$

(증명) $F(u)$를 $f(u)$의 원시함수라고 하면 $F(g(x))$는 $f(g(x))g'(x)$의 원시함수이다. 따라서

$$\int_a^b f(g(x))g'(x)dx = \Big[F(g(x)) \Big]_a^b = F(g(b)) - F(g(a))$$

이고

$$\int_{g(a)}^{g(b)} f(u)du = \Big[F(u) \Big]_{g(a)}^{g(b)} = F(g(b)) - F(g(a))$$

이다. 그러므로 두 정적분은 같음을 알 수 있다. ∎

예제 3.3.9 다음 정적분을 구하여라.

(1) $\displaystyle\int_1^2 \frac{2x}{1+x^2}dx$　　(2) $\displaystyle\int_0^2 \sqrt{4x+1}\,dx$

(3) $\displaystyle\int_0^{\frac{\pi}{4}} \cos(\pi - x)dx$　　(4) $\displaystyle\int_1^e \frac{\ln x}{x}dx$

●●● **풀이** (1) $u = 1 + x^2$로 치환하면 $du = 2xdx$이고, $x = 1$이면 $u = 2$이고 $x = 2$이면 $u = 5$이다. 따라서

$$\int_1^2 \frac{2x}{1+x^2}\,dx = \int_2^5 \frac{1}{u}du = \Big[\ \ln u\Big]_2^5 = \ln 5 - \ln 2 = \ln\frac{5}{2}$$

(2) $u = 4x+1$로 치환하면 $du = 4\,dx$이고, $x=0$이면 $u=1$이고 $x=2$ 이면 $u=9$이다. 따라서

$$\int_0^2 \sqrt{4x+1}\,dx = \frac{1}{4}\int_1^9 \sqrt{u}\,du$$

$$= \frac{1}{4}\Big[\ \frac{2}{3}u^{\frac{3}{2}}\Big]_1^9$$

$$= \frac{1}{6}(27-1) = \frac{13}{3}$$

(3) $u = \pi - x$로 치환하면 $du = -\,dx$이고, $x=0$이면 $u=\pi$이고 $x=\frac{\pi}{4}$이면 $u=\frac{3}{4}\pi$이다. 따라서

$$\int_0^{\frac{\pi}{4}} \cos(\pi - x)dx = -\int_{\pi}^{\frac{3}{4}\pi} \cos u du$$

$$= \int_{\frac{3}{4}\pi}^{\pi} \cos u\,du$$

$$= \Big[\ \sin u\Big]_{\frac{3}{4}\pi}^{\pi} = -\frac{\sqrt{2}}{2}$$

(4) $u = \ln x$로 치환하면 $du = \frac{1}{x}dx$이고, $x=1$이면 $u=0$이고 $x=e$ 이면 $u=1$이다. 따라서

$$\int_1^e \frac{\ln x}{x}dx = \int_0^1 u\,du = \frac{1}{2}\left[u^2\right]_0^1 = \frac{1}{2}$$

〈주의〉 $\int \frac{2x}{1+x^2}\,dx = \ln(1+x^2) + C$이므로 예제 3.3.9의 (1)의 정적분 계산은

다음과 같이 할 수도 있다.

$$\int_1^2 \frac{2x}{1+x^2}\,dx = \Big[\ln(1+x^2)\Big]_1^2 = \ln 5 - \ln 2 = \ln\frac{5}{2}$$

정적분의 치환적분법(정리 3.3.8)을 사용한 결과와 부정적분의 치환적분법(정리 3.3.1)을 사용한 후 미분적분학의 기본 정리를 적용한 결과는 같다.

예제 3.3.10 다음이 성립함을 보여라.

(1) $f(x)$가 우함수이면 $\int_{-a}^{a} f(x)dx = 2\int_0^a f(x)dx$

(2) $f(x)$가 기함수이면 $\int_{-a}^{a} f(x)dx = 0$

풀이 $u=-x$로 두면 $du=-dx$이고, $x=-a$이면 $u=a$, $x=0$이면 $u=0$이다. 따라서

$$\int_{-a}^{0} f(x)\,dx = \int_a^0 f(-u)(-du) = -\int_a^0 f(-u)du$$

$$= \int_0^a f(-u)du = \int_0^a f(-x)dx$$

(1) $f(x)$가 우함수이면, $f(-x)=f(x)$이므로

$$\int_{-a}^{a} f(x)\,dx = \int_{-a}^{0} f(x)dx + \int_0^a f(x)dx$$

$$= \int_0^a f(-x)dx + \int_0^a f(x)dx$$

$$= \int_0^a f(x)dx + \int_0^a f(x)dx$$

$$= 2\int_{0}^{a} f(x)dx$$

(2) $f(x)$가 기함수이면, $f(-x) = -f(x)$이므로

$$\int_{-a}^{a} f(x)\,dx = \int_{0}^{a} f(-x)dx + \int_{0}^{a} f(x)dx$$

$$= -\int_{0}^{a} f(x)dx + \int_{0}^{a} f(x)dx = 0$$

예제 3.3.11 다음 정적분을 구하여라.

(1) $\displaystyle\int_{-1}^{1} (x^6 + 1)dx$ (2) $\displaystyle\int_{-1}^{1} (x^5 + 2x^3 + 3x^2 + 1)\,dx$

(3) $\displaystyle\int_{-1}^{1} \frac{\tan x}{1 + x^2}\,dx$

●●● **풀이** (1) $f(x) = x^6 + 1$은 우함수이므로

$$\int_{-1}^{1} (x^6 + 1)dx = 2\int_{0}^{1} (x^6 + 1)dx$$

$$= 2\left[\frac{1}{7}x^7 + x\right]_0^1 = \frac{16}{7}$$

(2) $f(x) = x^5 + 2x^3$은 기함수이고 $g(x) = 3x^2 + 1$은 우함수이므로

$$\int_{-1}^{1} (x^5 + 2x^3 + 3x^2 + 1)dx$$

$$= \int_{-1}^{1} (x^5 + 2x^3)dx + \int_{-1}^{1} (3x^2 + 1)dx$$

$$= 0 + 2\int_{0}^{1} (3x^2 + 1)\,dx$$

$$= 2\Big[\ x^3 + x\ \Big]_0^1 = 4$$

(3) $f(x) = \dfrac{\tan x}{1+x^2}$ 는 기함수이므로 $\displaystyle\int_{-1}^{1} \frac{\tan x}{1+x^2}\,dx = 0$

▸▸▸ 연습문제 3.3

STEP 1

01 다음 부정적분을 구하여라.

(1) $\int (2x-1)^3\,dx$

(2) $\int \frac{1}{2x+1}\,dx$

(3) $\int \frac{1}{(5x+1)^2}\,dx$

(4) $\int \frac{x}{x^2+3}\,dx$

(5) $\int \sqrt{3x+1}\,dx$

(6) $\int 4x\sqrt{1+2x^2}\,dx$

(7) $\int \frac{1-x}{\sqrt{2x-x^2}}\,dx$

(8) $\int \frac{x}{\sqrt{1+x^2}}\,dx$

(9) $\int \sin x\cos^2 x\,dx$

(10) $\int \sin^5 x\cos x\,dx$

(11) $\int x^2 e^{1-x^3}\,dx$

(12) $\int \sin^2 x\,dx$

(13) $\int (e^u+1)^2 e^u\,du$

(14) $\int e^{\sin u}\cos u\,du$

02 다음 정적분을 구하여라.

(1) $\int_0^1 \sqrt{x+2}\,dx$

(2) $\int_0^2 x^2\sqrt{x^3+1}\,dx$

(3) $\int_0^{\sqrt{\pi}} x\cos\left(x^2+\frac{\pi}{3}\right)dx$

(4) $\int_0^{\frac{\pi}{4}} \sqrt{\tan x}\,\sec^2 x\,dx$

03 $x^2-1=t$로 치환하여 $2\int_0^1 x(x^2-1)^4\,dx$의 값을 구하여라.

04. 함수 $f(x)$가 다음 두 조건을 만족할 때, $f(\pi)$의 값을 구하여라.

$$f'(x)=\cos^2 x,\ \ f(0)=0$$

05. 곡선 $y=f(x)$위의 점 (x, y)에서의 접선의 기울기가 xe^{x^2}이고 이 곡선이 점 $\left(0, \frac{1}{2}\right)$을 지날 때, $f(1)$의 값을 구하여라.

STEP 2

06. 다음 부정적분을 구하여라.

(1) $\displaystyle\int \frac{1}{\sqrt{x+1}-\sqrt{x-1}}dx$ (2) $\displaystyle\int \cos^3 x\,dx$

(3) $\displaystyle\int \frac{1}{x^2+4}dx$ (4) $\displaystyle\int \frac{e^x}{1+e^x}dx$

(5) $\displaystyle\int \frac{1}{x\ln x}dx$ (6) $\displaystyle\int \frac{(\ln t)^2}{t}dt$

(7) $\displaystyle\int e^x\sin(1+e^x)\,dx$ (8) $\displaystyle\int \frac{\sin(2+\sqrt{u})}{\sqrt{u}}du$

(9) $\displaystyle\int \frac{1}{\sqrt{4-x^2}}dx$ (10) $\displaystyle\int \frac{\sin x}{1+\cos^2 x}dx$

07. 다음 부정적분을 구하여라. (단, $m\neq 0$)

(1) $\displaystyle\int \sin mx\,dx$ (2) $\displaystyle\int e^{mx}\,dx$

08 다음 정적분을 구하여라.

(1) $\displaystyle\int_{1}^{2} \frac{x}{(4x^2-1)^2}dx$

(2) $\displaystyle\int_{1}^{2} \frac{1}{\sqrt{x}(1+\sqrt{x})^2}dx$

(3) $\displaystyle\int_{-1}^{0} \frac{x+1}{\sqrt{x^2+2x+2}}dx$

(4) $\displaystyle\int_{0}^{\frac{\pi}{2}} \frac{\sin x}{1+\cos x}dx$

(5) $\displaystyle\int_{0}^{1} \frac{e^x}{1+e^{2x}}dx$

(6) $\displaystyle\int_{1}^{e} \frac{1}{x(1+\ln x)^2}dx$

09 함수 $f(x)$가 다음 두 조건을 만족할 때, $f(2\pi)$의 값을 구하여라.

$$f'(x)=\sin^2\frac{x}{2},\quad f(\pi)=\pi$$

10 $f(x)=\displaystyle\int \frac{\cos(\ln x)}{x}dx$에 대하여, $f(1)=1$일 때, $f(e^{\pi/2})$의 값을 구하여라.

11 $f(x)=\displaystyle\int \frac{\sin x}{1-\cos x}dx$에 대하여, $f\left(\frac{\pi}{2}\right)=3$ 일 때, $f(\pi)$의 값을 구하여라.

12 $\displaystyle\int_{0}^{2} xe^{k-x^2}dx=-\frac{1-e^4}{2e^3}$일 때, 상수 k의 값을 구하여라.

13 다항함수 $f(x)$가 임의의 실수 x에 대하여 $f(-x)=f(x)$이고

$\displaystyle\int_{0}^{5} f(x)dx=10$ 일 때, 다음을 구하여라.

(1) $\displaystyle\int_{-5}^{0} f(x)dx$

(2) $\displaystyle\int_{-5}^{5} xf(x)dx$

STEP 3

14. 다음 부정적분을 구하여라.

(1) $\int \frac{x-1}{\sqrt{x+1}}dx$ (2) $\int \frac{x^3}{\sqrt{1-x^2}}dx$

(3) $\int \cos^4 x\,dx$ (4) $\int \cot x\,dx$

15. 다음 정적분을 구하여라.

(1) $\int_0^3 |x^2-4|\,dx$ (2) $\int_0^1 \frac{2e^x}{1+e^{2x}}dx$

(3) $\int_0^{\frac{1}{2}} \frac{\sin^{-1}u}{\sqrt{1-u^2}}du$ (4) $\int_{-1}^1 \frac{\tan^{-1}x}{1+x^4}dx$

16. 주어진 치환을 이용하여 다음 부정적분을 구하여라.

(1) $\int \frac{1}{x^2\sqrt{1-x^2}}dx \quad \left[x=\sin\theta,\ -\frac{\pi}{2}<\theta<\frac{\pi}{2}\right]$

(2) $\int \frac{1}{\sqrt{(1-x^2)^3}}dx \quad \left[x=\sin\theta,\ -\frac{\pi}{2}\le\theta\le\frac{\pi}{2}\right]$

(3) $\int \frac{1}{\sqrt{x^2+1}}dx \quad \left[x=\tan\theta,\ -\frac{\pi}{2}<\theta<\frac{\pi}{2}\right]$

(4) $\int \frac{1}{\sqrt{(1+x^2)^3}}dx \quad \left[x=\tan\theta,\ -\frac{\pi}{2}<\theta<\frac{\pi}{2}\right]$

17. (1) $\tan^2 x=\sec^2 x-1$을 이용하여 다음이 성립함을 보여라. (단, $n\ge 2$는 자연수)

$$\int \tan^n x\,dx=\frac{\tan^{n-1}x}{n-1}-\int \tan^{n-2}x\,dx$$

(2) 위 식을 이용하여 $\int \tan^5 x\,dx$를 구하여라.

3.4 부분적분법

정리 3.4.1 [부분적분법]

두 함수 $f(x)$와 $g(x)$가 미분가능이면 다음이 성립한다.

$$\int f(x)g'(x)dx = f(x)g(x) - \int f'(x)g(x)dx$$

이를 **부분적분법**(Integration by parts)이라 한다.

(증명) $(f(x)g(x))' = f'(x)g(x) + f(x)g'(x)$에 의하여

$$f(x)g(x) = \int f'(x)g(x)dx + \int f(x)g'(x)dx$$

이다. 따라서

$$\int f(x)g'(x)dx = f(x)g(x) - \int f'(x)g(x)dx$$ ∎

〈참고〉 $\int_a^b f(x)g'(x)dx = \Big[\ f(x)g(x)\Big]_a^b - \int_a^b f'(x)g(x)dx$

예제 3.4.2 다음 적분을 구하여라.

(1) $\int xe^x dx$ (2) $\int x\sin x\, dx$ (3) $\int_0^1 x^2e^x dx$

●●● **풀이** (1) $f(x) = x$, $g'(x) = e^x$로 두면 $f'(x) = 1$, $g(x) = e^x$이므로

$$\int x\,e^x dx = xe^x - \int e^x dx = xe^x - e^x + C$$

(2) $f(x) = x$, $g'(x) = \sin x$로 두면 $f'(x) = 1$, $g(x) = -\cos x$이므로

$$\int x\sin x dx = -x\cos x + \int \cos x dx = -x\cos x + \sin x + C$$

(3) $f(x) = x^2$, $g'(x) = e^x$로 두면 $f'(x) = 2x$, $g(x) = e^x$이므로

$$\int_0^1 x^2 e^x dx = \Big[x^2 e^x\Big]_0^1 - 2\int_0^1 xe^x dx$$

$$= e - 2\Big[xe^x - e^x\Big]_0^1 = e - 2$$

예제 3.4.3 다음 부정적분을 구하여라.

(1) $\int \ln x\, dx$ (2) $\int \tan^{-1} x\, dx$

풀이 (1) $f(x) = \ln x$, $g'(x) = 1$로 두면 $f'(x) = \frac{1}{x}$, $g(x) = x$이므로

$$\int \ln x\, dx = x\ln x - \int \frac{1}{x} x\, dx = x\ln x - x + C$$

(2) $f(x) = \tan^{-1} x$, $g'(x) = 1$로 두면 $f'(x) = \frac{1}{x^2+1}$, $g(x) = x$이므로

$$\int \tan^{-1} x dx = x\tan^{-1} x - \int \frac{x}{x^2+1} dx$$

이때 $u = x^2 + 1$로 치환하면 $du = 2x dx$이므로

$$\int \frac{x}{x^2+1} dx = \frac{1}{2}\int \frac{1}{u} du$$

$$= \frac{1}{2}\ln|u| + C$$

$$= \frac{1}{2}\ln(x^2+1) + C$$

따라서

$$\int \tan^{-1}x dx = x\tan^{-1}x - \frac{1}{2}\ln(x^2+1) + C$$

예제 3.4.4 부정적분 $\int e^x \cos x \, dx$를 구하여라.

풀이 $f(x) = e^x$, $g'(x) = \cos x$로 두면 $f'(x) = e^x$, $g(x) = \sin x$이므로

$$\int e^x \cos x \, dx = e^x \sin x - \int e^x \sin x \, dx$$

이다. 이때 $\int e^x \sin x \, dx$에 대하여, 부분적분법을 사용하면

$$\int e^x \sin x \, dx = -e^x \cos x + \int e^x \cos x \, dx$$

이다. 따라서

$$\int e^x \cos x \, dx = e^x \sin x - \left(-e^x \cos x + \int e^x \cos x \, dx\right)$$

즉,

$$\int e^x \cos x \, dx = \frac{1}{2}e^x(\sin x + \cos x) + C$$

▸▸▸ 연습문제 3.4

STEP 1

01 다음 부정적분을 구하여라.

(1) $\int xe^{-x}dx$ (2) $\int x\cos x\,dx$

(3) $\int x\sin(2x+1)dx$ (4) $\int x\ln x\,dx$

02 다음 정적분을 구하여라.

(1) $\int_0^1 xe^x\,dx$ (2) $\int_0^{\frac{\pi}{2}} x\cos x\,dx$

(3) $\int_0^1 xe^{2x}\,dx$ (4) $\int_0^{\pi} x\sin(2x)dx$

03 양의 실수의 집합에서 정의된 함수 $f(x)=\ln x-\int_1^e f(t)\,dt$에 대하여, $f(e)$를 구하여라.

STEP 2

04 다음 부정적분을 구하여라.

(1) $\int x^2e^{-x}dx$ (2) $\int x^2\sin(2x+1)dx$

(3) $\int (\ln x)^2\,dx$ (4) $\int \sin^{-1}x\,dx$

05 다음 정적분을 구하여라.

(1) $\int_0^1 xe^{-2x}\,dx$　　(2) $\int_0^{\frac{\pi}{2}} x^2\sin x\,dx$

(3) $\int_0^1 e^x\sin x\,dx$　　(4) $\int_1^e x^4\ln x\,dx$

06 점 $\left(e, \frac{1}{4}e^2\right)$을 지나는 곡선 $y=f(x)$ 위의 임의의 점 (x, y)에서의 접선의 기울기가 $(x+1)\ln x$라고 할 때, $f(1)$의 값을 구하여라.

STEP 3

07 다음 부정적분을 구하여라.

(1) $\int x\tan^{-1}x\,dx$　　(2) $\int (\ln x)^5\,dx$

(3) $\int \sec^3 x\,dx$　　(4) $\int x\ln(x^2+1)dx$

08 다음 점화식을 증명하여라. (단, n은 자연수)

(1) $\int (\ln x)^n\,dx = x(\ln x)^n - n\int (\ln x)^{n-1}\,dx$

(2) $\int x^n e^x\,dx = x^n e^x - n\int x^{n-1}e^x\,dx$

(3) $\int \sin^n x dx = -\frac{1}{n}\sin^{n-1}x\cos x + \frac{n-1}{n}\int \sin^{n-2}x dx \quad (n \ge 2)$

(4) $\int \cos^n x dx = \frac{1}{n}\cos^{n-1}x\sin x + \frac{n-1}{n}\int \cos^{n-2}x\,dx \quad (n \ge 2)$

09 다음 정적분을 구하여라. (단, $n \geq 2$인 자연수)

(1) $\int_0^{\frac{\pi}{2}} \sin^n x \, dx$

(2) $\int_0^{\frac{\pi}{2}} \cos^n x \, dx$

3.5 유리함수의 적분

$p(x)$와 $q(x)$가 다항함수인 유리함수 $f(x)=\dfrac{p(x)}{q(x)}$의 적분법을 몇 가지 소개하면 다음과 같다.

Ⅰ. $p(x)=q'(x)$이면 $\displaystyle\int\frac{p(x)}{q(x)}dx=\int\frac{q'(x)}{q(x)}dx=\ln|q(x)|+C$로 적분할 수 있다.

예제 3.5.1 $a\neq 0$일 때, $\displaystyle\int\frac{1}{ax+b}dx$를 구하여라.

●●● **풀이** $u=ax+b$로 치환하면 $du=a\,dx$이므로

$$\int\frac{1}{ax+b}dx=\frac{1}{a}\int\frac{1}{u}du=\frac{1}{a}\ln|u|+C=\frac{1}{a}\ln|ax+b|+C$$

예제 3.5.2 부정적분 $\displaystyle\int\frac{2x+1}{x^2+x+2}dx$를 구하여라.

●●● **풀이** $u=x^2+x+2$로 치환하면 $du=(2x+1)dx$이므로

$$\begin{aligned}\int\frac{2x+1}{x^2+x+2}dx&=\int\frac{1}{u}du\\&=\ln|u|+C\\&=\ln(x^2+x+2)+C\end{aligned}$$

Ⅱ. $p(x)$의 차수가 $q(x)$의 차수보다 작고 $q(x)$가 일차식의 곱으로 인수분해되면 부분분수를 이용하여 적분할 수 있다.

〈참고〉 부분분수 분해는 다음 식을 이용하면 간편하다.

$$\frac{1}{AB}=\frac{1}{B-A}\left(\frac{1}{A}-\frac{1}{B}\right)$$

예제 3.5.3 $a>0$일 때, $\int \frac{1}{x^2-a^2}dx$를 구하여라.

●●● **풀이** $\frac{1}{x^2-a^2}=\frac{1}{(x-a)(x+a)}=\frac{1}{2a}\left(\frac{1}{x-a}-\frac{1}{x+a}\right)$ 이므로

$$\int \frac{1}{x^2-a^2}dx=\frac{1}{2a}\left(\int \frac{1}{x-a}dx-\int \frac{1}{x+a}dx\right)$$

$$=\frac{1}{2a}(\ln|x-a|-\ln|x+a|)+C$$

$$=\frac{1}{2a}\ln\left|\frac{x-a}{x+a}\right|+C$$

예제 3.5.4 부정적분 $\int \frac{1}{x^2+x-2}dx$를 구하여라.

●●● **풀이** $\frac{1}{x^2+x-2}=\frac{1}{(x-1)(x+2)}=\frac{1}{3}\left(\frac{1}{x-1}-\frac{1}{x+2}\right)$이므로

$$\int \frac{dx}{x^2+x-2}=\int \frac{1}{3}\left(\frac{1}{x-1}-\frac{1}{x+2}\right)dx$$

$$=\frac{1}{3}\int \frac{1}{x-1}dx-\frac{1}{3}\int \frac{1}{x+2}dx$$

$$= \frac{1}{3}\ln|x-1| - \frac{1}{3}\ln|x+2| + C$$

$$= \frac{1}{3}\ln\left|\frac{x-1}{x+2}\right| + C$$

예제 3.5.5 부정적분 $\int \frac{2x+4}{x^3-2x^2}dx$를 구하여라.

풀이

$$\frac{2x+4}{x^3-2x^2} = \frac{2x+4}{x^2(x-2)} = \frac{Ax+B}{x^2} + \frac{C}{x-2} = \frac{A}{x} + \frac{B}{x^2} + \frac{C}{x-2}$$

를 만족하는 상수 A, B, C를 구하면, $A=-2=B$, $C=2$이다. 즉,

$$\frac{2x+4}{x^3-2x^2} = \frac{-2}{x} + \frac{-2}{x^2} + \frac{2}{x-2}$$

따라서

$$\int \frac{2x+4}{x^3-2x^2}dx = \int \frac{-2}{x}dx + \int \frac{-2}{x^2}dx + \int \frac{2}{x-2}dx$$

$$= -2\ln|x| + \frac{2}{x} + 2\ln|x-2| + C$$

$$= 2\ln\left|\frac{x-2}{x}\right| + \frac{2}{x} + C$$

Ⅲ. $p(x)$의 차수가 $q(x)$의 차수보다 같거나 크면 유리함수 $\frac{p(x)}{q(x)}$를 다음의 형태로 변형한 후 Ⅰ 또는 Ⅱ를 적용할 수 있다.

$$\frac{p(x)}{q(x)} = s(x) + \frac{r(x)}{q(x)}$$

단, $r(x)$의 차수는 $q(x)$의 차수보다 작다.

예제 3.5.6 정적분 $\int_0^1 \frac{x^2}{x+1}dx$를 구하여라.

●●● **풀이** $\frac{x^2}{x+1}=x-1+\frac{1}{x+1}$이므로

$$\int_0^1 \frac{x^2}{x+1}dx=\int_0^1\left(x-1+\frac{1}{x+1}\right)dx$$

$$=\left[\frac{1}{2}x^2-x+\ln|x+1|\right]_0^1$$

$$=\frac{1}{2}-1+\ln 2=\ln 2-\frac{1}{2}$$

예제 3.5.7 부정적분 $\int \frac{x^3+x}{x^2+x-2}dx$를 구하여라.

●●● **풀이** $\frac{x^3+x}{x^2+x-2}=x-1+\frac{4x-2}{x^2+x-2}$이고

$\frac{4x-2}{x^2+x-2}=\frac{4x-2}{(x-1)(x+2)}=\frac{A}{x-1}+\frac{B}{x+2}$를 만족하는 A, B를 구하면 $A=\frac{2}{3}$, $B=\frac{10}{3}$이다. 즉

$$\frac{x^3+x}{x^2+x-2}=x-1+\frac{2}{3}\cdot\frac{1}{x-1}+\frac{10}{3}\cdot\frac{1}{x+2}$$

따라서

$$\int\frac{x^3+x}{x^2+x-2}dx=\int\left(x-1+\frac{2}{3}\cdot\frac{1}{x-1}+\frac{10}{3}\cdot\frac{1}{x+2}\right)dx$$

$$=\frac{1}{2}x^2-x+\frac{2}{3}\ln|x-1|+\frac{10}{3}\ln|x+2|+C$$

▶▶▶ 연습문제 3.5

STEP 1

01 다음 부정적분을 구하여라.

(1) $\int \frac{1}{1-x}dx$ (2) $\int \frac{1}{2x+5}dx$

(3) $\int \frac{1}{(x+1)^2}dx$ (4) $\int \frac{x}{x^2+1}dx$

(5) $\int \frac{1}{(x+2)(x-3)}dx$ (6) $\int \frac{1}{x(x-1)}dx$

(7) $\int \frac{1}{x^2-1}dx$ (8) $\int \frac{1}{x^2-3x+2}dx$

(9) $\int \frac{2}{x^2-3x-4}dx$ (10) $\int \frac{2x-1}{x}dx$

02 다음 정적분을 구하여라.

(1) $\int_0^1 \frac{1}{x+2}dx$ (2) $\int_5^6 \frac{1}{4-x}dx$

(3) $\int_1^2 \frac{1}{x(x+1)}dx$ (4) $\int_0^1 \frac{1}{x^2+1}dx$

(5) $\int_0^1 \frac{1}{x^2+2x+1}dx$ (6) $\int_0^2 \frac{x}{2x^2+1}dx$

STEP 2

03 다음 부정적분을 구하여라.

(1) $\int \frac{2x-3}{x^2-3x+2}dx$ (2) $\int \frac{x^2}{2x+1}dx$

(3) $\int \frac{3x+1}{2x+1}dx$

(4) $\int \frac{1}{x(x+1)^2}dx$

(5) $\int \frac{1}{x(x^2-1)}dx$

(6) $\int \frac{2}{x^3+x}dx$

(7) $\int \frac{2x^2-1}{x(x+1)(x+2)}dx$

(8) $\int \frac{1}{x^2(x-1)}dx$

04. 다음 정적분을 구하여라.

(1) $\int_4^6 \frac{12}{x^2-9}dx$

(2) $\int_0^3 \frac{12}{x^2+9}dx$

(3) $\int_4^7 \frac{3x}{x^2-x-6}dx$

(4) $\int_1^2 \frac{x+1}{x^2(x+3)}dx$

(5) $\int_2^3 \frac{2x}{(x-1)(x+1)^2}dx$

(6) $\int_2^3 \frac{x+1}{x^3-1}dx$

STEP 3

05. 다음은 적분 $\int \frac{1}{x^2+2x+3}dx$을 구하는 과정이다. 빈 칸에 적합한 값 또는 수식을 구하여라.

$\frac{1}{x^2+2x+3} = \frac{1}{(x+1)^2+2}$ 이므로

$x+1=\sqrt{2}\tan\theta \ \left(-\frac{\pi}{2}<\theta<\frac{\pi}{2}\right)$ 라고 하자.

$dx = \boxed{(가)}\ d\theta$ 이고 $(x+1)^2+2 = \boxed{(나)}$ 이므로

$$\int \frac{1}{x^2+2x+3}dx = \int \frac{1}{\boxed{(나)}}\ \boxed{(가)}\ d\theta$$

$$= \int \frac{1}{\sqrt{2}} d\theta$$

$$= \frac{1}{\sqrt{2}} \theta + C$$

$$= \frac{1}{\sqrt{2}} \boxed{\text{(다)}} + C$$

06. 다음 부정적분을 구하여라.

(1) $\int \frac{1}{x^2 + 2x + 2} dx$

(2) $\int \frac{1}{x^2 + 4x + 8} dx$

(3) $\int \frac{x}{x^2 + 2x + 3} dx$

(4) $\int \frac{x^2}{x^2 + 2x + 2} dx$

3.6 넓이와 부피

함수 $f(x)$가 폐구간 $[a, b]$에서 연속일 때, 곡선 $y=f(x)$와 x축 및 두 직선 $x=a$와 $x=b$로 둘러싸인 영역의 넓이 A를 구해보자. 폐구간 $[a, b]$에서 $f(x) \ge 0$이면 정적분의 정의에 의하여

$$A = \int_a^b f(x)\,dx$$

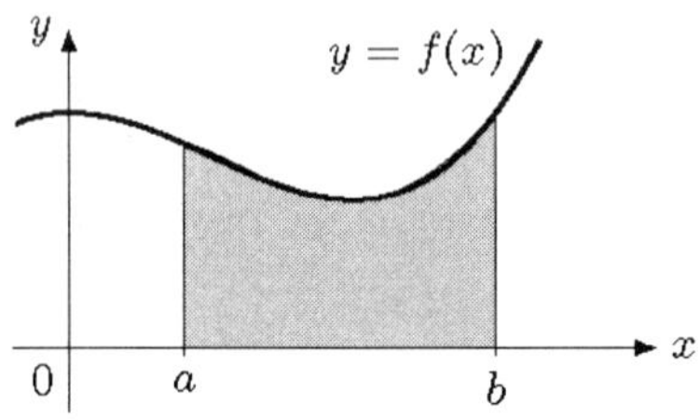

[그림 3.6.1]

폐구간 $[a, b]$에서 $f(x) \le 0$이면 $y=f(x)$와 $y=-f(x)$는 x축에 대하여 대칭이고 $-f(x) \ge 0$이므로

$$A = \int_a^b -f(x)\,dx$$

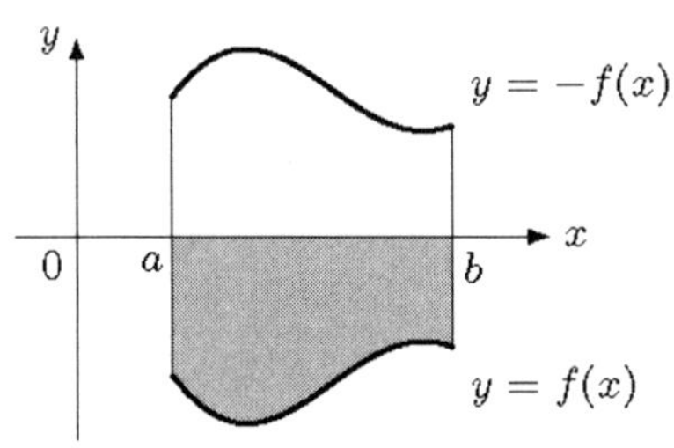

[그림 3.6.2]

폐구간 $[a, b]$에서 $f(x)$의 함숫값이 양수와 음수가 모두 있으면

$$A = \int_a^b |f(x)|\,dx$$

정리 3.6.1 [곡선과 x축 사이의 넓이]

함수 $f(x)$가 폐구간 $[a, b]$에서 연속일 때, 곡선 $y = f(x)$와 x축 및 두 직선 $x = a$와 $x = b$로 둘러싸인 영역의 넓이 A는 다음과 같다.

$$A = \int_a^b |f(x)|\, dx$$

예제 3.6.2 다음 영역의 넓이를 구하여라.

(1) 곡선 $y = 1 - x^2$과 x축으로 둘러싸인 영역

(2) 곡선 $y = \sqrt{x}$와 x축 및 직선 $x = 4$로 둘러싸인 영역

풀이 (1) $y = 1 - x^2$의 x절편은 ± 1이고 폐구간 $[-1, 1]$에서 $y \geq 0$이다. 구하는 영역의 넓이 A는

$$A = \int_{-1}^{1} (1 - x^2)\, dx = \left[x - \frac{1}{3}x^3 \right]_{-1}^{1} = \frac{4}{3}$$

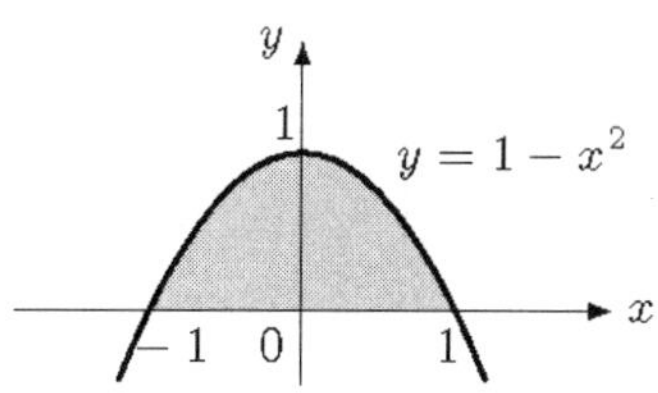

[그림 3.6.3]

(2) 폐구간 $[0, 4]$에서 $y = \sqrt{x} \geq 0$이므로 구하는 영역의 넓이 A는

$$A = \int_0^4 \sqrt{x}\, dx = \frac{2}{3}\Big[x\sqrt{x} \Big]_0^4 = \frac{16}{3}$$

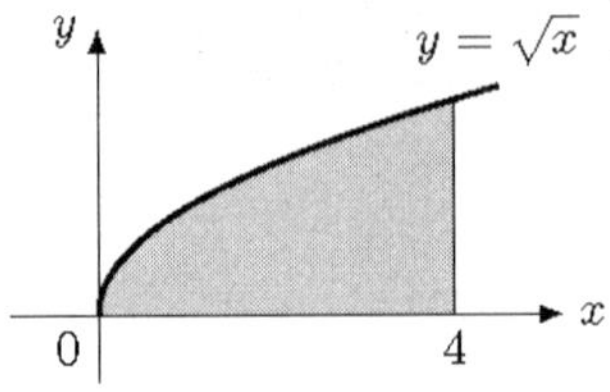

[그림 3.6.4]

예제 3.6.3 곡선 $y = \cos x$와 x축 및 두 직선 $x = 0$과 $x = \pi$로 둘러싸인 영역의 넓이를 구하여라.

●●● **풀이** 구간 $[0, \frac{\pi}{2}]$에서 $y \geq 0$이고 구간 $[\frac{\pi}{2}, \pi]$에서 $y \leq 0$이다. 따라서 구하는 넓이 A는

$$A = \int_0^{\pi} |\cos x|\, dx$$

$$= \int_0^{\frac{\pi}{2}} \cos x dx + \int_{\frac{\pi}{2}}^{\pi} (-\cos x) dx$$

$$= \Big[\ \sin x\Big]_0^{\frac{\pi}{2}} + \Big[\ -\sin x\Big]_{\frac{\pi}{2}}^{\pi} = 2$$

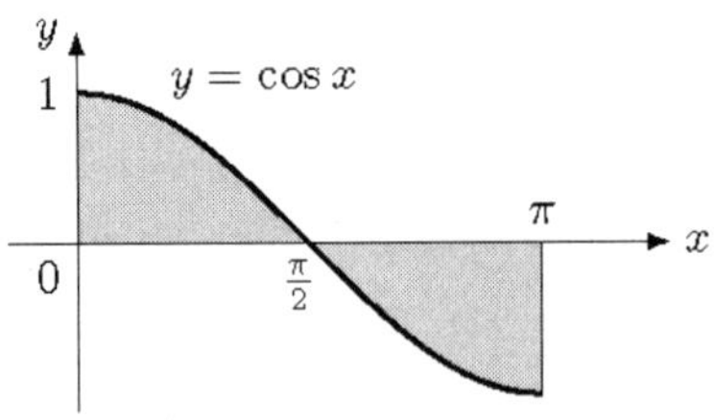

[그림 3.6.5]

곡선 $x = g(y)$와 y축 및 두 직선 $y = c$와 $y = d$로 둘러싸인 영역의 넓이는 다음과 같다.

정리 3.6.4 [곡선과 y축 사이의 넓이]

함수 $g(y)$가 폐구간 $[c, d]$에서 연속일 때, 곡선 $x = g(y)$와 y축 및 두 직선 $y = c$, $y = d$로 둘러싸인 영역의 넓이 A는 다음과 같다.

$$A = \int_c^d |g(y)|\,dy$$

예제 3.6.5 곡선 $y = \ln x$와 y축 및 두 직선 $y = 0$과 $y = 1$로 둘러싸인 영역의 넓이를 구하여라.

●●● **풀이** $y = \ln x$는 $x = e^y$이고 $e^y > 0$이므로 구하는 넓이 A는

$$A = \int_0^1 e^y\,dy = \Big[\ e^y\ \Big]_0^1 = e - 1$$

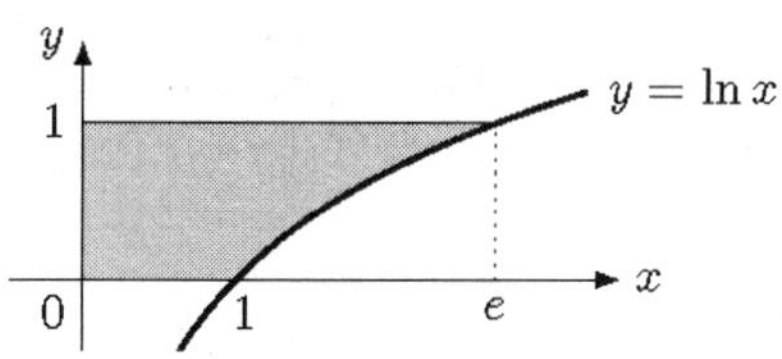

[그림 3.6.6]

이제 두 곡선 $y = f(x)$, $y = g(x)$와 두 직선 $x = a$와 $x = b$로 둘러싸인 영역을 생각해보자.

정리 3.6.6 [두 곡선 사이의 넓이]

함수 $f(x)$와 $g(x)$가 폐구간 $[a, b]$에서 연속이고 $f(x) \geq g(x)$ $(a \leq x \leq b)$일 때, 두 곡선 $y = f(x)$, $y = g(x)$와 두 직선 $x = a$, $x = b$로 둘러싸인 영역의 넓이 A는 다음과 같다.

$$A = \int_a^b (f(x) - g(x))\,dx$$

예제 3.6.7 직선 $y = x + 6$과 곡선 $y = x^2$으로 둘러싸인 영역의 넓이를 구하여라.

풀이 두 곡선의 교점의 x좌표는 $x = -2$, $x = 3$이다. 구간 $[-2, 3]$에서 $x + 6 \geq x^2$이므로 구하는 넓이 A는

$$A = \int_{-2}^{3} (x + 6 - x^2)\,dx = \left[\frac{x^2}{2} + 6x - \frac{x^3}{3}\right]_{-2}^{3} = \frac{125}{6}$$

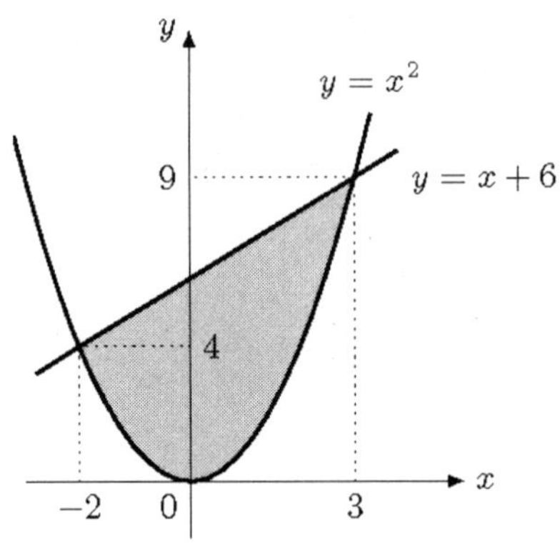

[그림 3.6.7]

예제 3.6.8 세 곡선 $y = \sqrt{x}$, $y = -x + 6$, $y = 1$로 둘러싸인 영역의 넓이를 구하여라.

●●● 풀이 함수 $y=\sqrt{x}$ 와 $y=1$ 의 교점은 $(1,1)$이고, $y=\sqrt{x}$ 와 $y=-x+6$ 의 교점은 $(4,2)$이고 $y=-x+6$ 와 $y=1$ 의 교점은 $(5,1)$이다. 따라서 세 곡선에 의하여 둘러싸인 영역의 넓이 A는

$$
\begin{aligned}
A &= \int_1^4 (\sqrt{x}-1)\,dx + \int_4^5 ((-x+6)-1)\,dx \\
&= \left[\frac{2}{3}x\sqrt{x}-x\right]_1^4 - \left[-\frac{1}{2}x^2+5x\right]_4^5 \\
&= \frac{5}{3}+\frac{1}{2}=\frac{13}{6}
\end{aligned}
$$

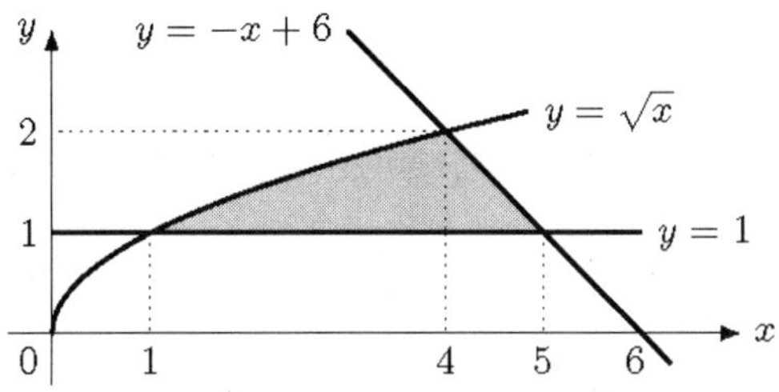

[그림 3.6.8]

또는 정리 3.6.4에서처럼 y의 함수를 이용하여 넓이를 구할 수도 있다. 이때 구하는 넓이는 다음과 같이 나타난다.

$$
A = \int_1^2 ((-y+6)-y^2)\,dy = \left[-\frac{1}{2}y^2+6y-\frac{1}{3}y^3\right]_1^2 = \frac{13}{6}
$$

이제 다음 그림 3.6.9와 같이 $x=a$ 와 $x=b$ 사이에 놓인 입체 S 의 부피를 구해 보자. 임의의 한 점 $x\ (a \le x \le b)$를 지나고 x 축에 수직인 평면으로 입체 S를 절단한 절단면의 넓이를 $A(x)$라고 하자. 만약 $A(x)$가 폐구간 $[a,b]$ 에서 연속이면, 입체 S 의 부피 V는 다음과 같다.

$$
V = \int_a^b A(x)\,dx
$$

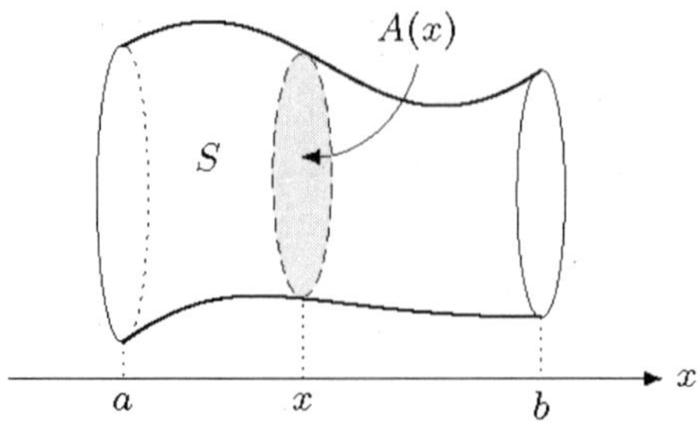

[그림 3.6.9]

예제 3.6.9 한 변이 a인 정사각형을 밑면으로 하고 높이가 h인 정사각뿔의 부피를 구하여라.

풀이 높이가 x일 때, 밑면과 평행하게 자른 단면인 정사각형의 한 변의 길이를 y라 하자. $x : h = y : a$이므로 $y = \dfrac{ax}{h}$이다. 즉, 높이가 x인 정사각뿔의 단면의 넓이는 $A(x) = \dfrac{a^2}{h^2}x^2$이다. 그러므로 정사각뿔의 부피 V는 다음과 같다.

$$V = \int_0^h \frac{a^2}{h^2}x^2 dx = \left[\frac{a^2}{3h^2}x^3\right]_0^h = \frac{a^2}{3h^2}h^3 - 0 = \frac{1}{3}a^2h$$

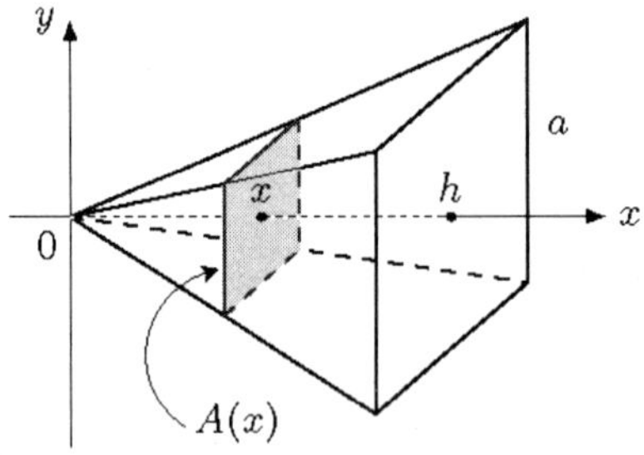

[그림 3.6.10]

곡선 $y=f(x)$를 폐구간 $[a, b]$에서 x축 둘레로 회전하여 생기는 회전체의 부피를 구해보자. 아래 그림과 같이 x를 지나고 x축에 수직인 평면으로 회전체를 절단한 절단면의 넓이는 반지름이 $|f(x)|$인 원의 넓이이므로 회전체의 부피 V는

$$V=\int_a^b \pi(f(x))^2\,dx$$

이다.

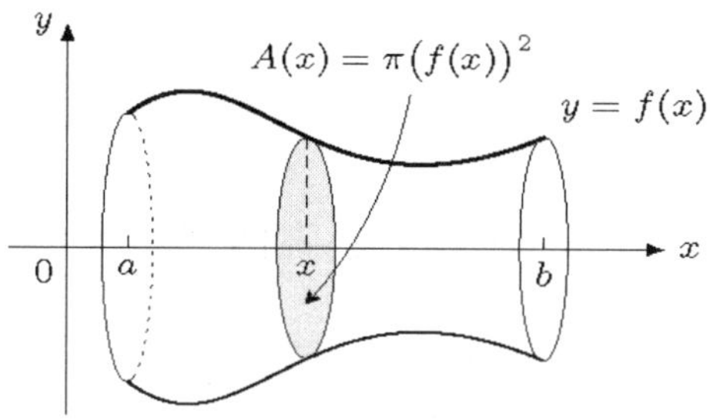

[그림 3.6.11]

정리 3.6.10 [회전체의 부피]

> 함수 $f(x)$가 폐구간 $[a, b]$에서 연속이라 하자. 곡선 $y=f(x)$와 x축 및 두 직선 $x=a$, $x=b$로 둘러싸인 영역을 R이라 할 때, 영역 R을 x축 둘레로 회전하여 생기는 회전체의 부피 V는 다음과 같다.
>
> $$V=\int_a^b \pi(f(x))^2\,dx$$

예제 3.6.11 곡선 $y=\sqrt{x}$과 x축 및 두 직선 $x=1$, $x=4$로 둘러싸인 영역을 x축 둘레로 회전하여 생기는 회전체의 부피를 구하여라.

●●● **풀이** $\int_1^4 \pi(\sqrt{x})^2\,dx = \pi\int_1^4 x\,dx = \pi\left[\frac{x^2}{2}\right]_1^4 = \frac{15}{2}\pi$

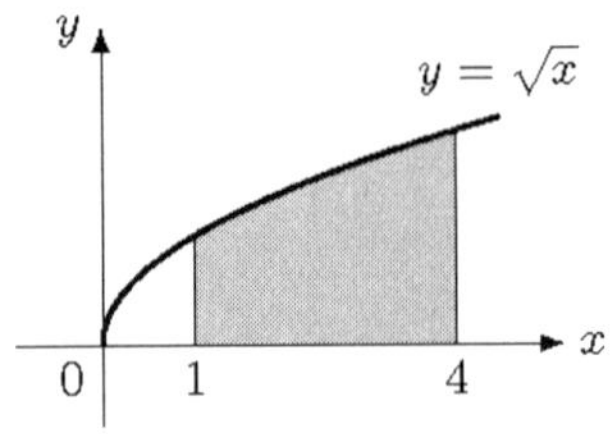

[그림 3.6.12]

예제 3.6.12 반지름이 r인 구의 부피를 구하여라.

●●● **풀이** 중심이 원점이고 반지름이 r인 원의 방정식 $x^2+y^2=r^2$을 생각하자. 구하고자 하는 구의 부피 V는 곡선 $f(x)=\sqrt{r^2-x^2}\ (-r \le x \le r)$을 x축 둘레로 회전하여 생기는 회전체의 부피와 같으므로, 다음과 같다.

$$V=\int_{-r}^{r}\pi(f(x))^2\,dx = \pi\int_{-r}^{r}(r^2-x^2)\,dx = \pi\left[r^2x-\frac{x^3}{3}\right]_{-r}^{r} = \frac{4}{3}\pi r^3$$

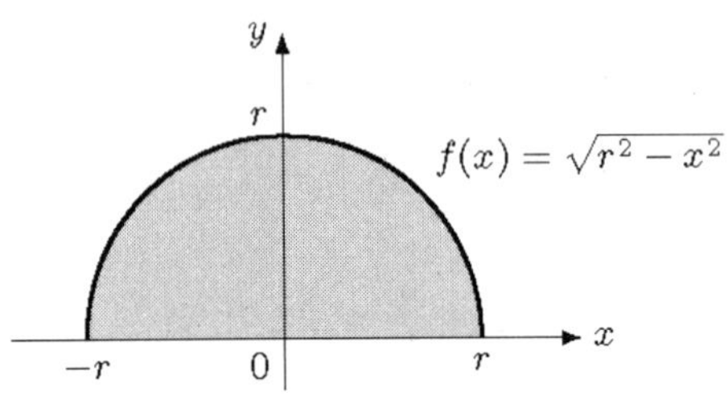

[그림 3.6.13]

예제 3.6.13 두 곡선 $y=x^2+\frac{1}{2}$와 $y=x$ 및 $x=0$, $x=2$로 둘러싸인 영역을 x축 둘레로 회전하여 생기는 회전체의 부피를 구하여라.

●●● **풀이** 폐구간 $[0, 2]$에서 $x^2 + \frac{1}{2} \geq x$이므로 회전체의 부피 V는

$$V = \pi \int_0^2 \left(x^2 + \frac{1}{2}\right)^2 dx - \pi \int_0^2 x^2 dx$$

$$= \pi \int_0^2 \left(x^4 + \frac{1}{4}\right) dx$$

$$= \pi \left[\frac{1}{5}x^5 + \frac{1}{4}x\right]_0^2 = \frac{69}{10}\pi$$

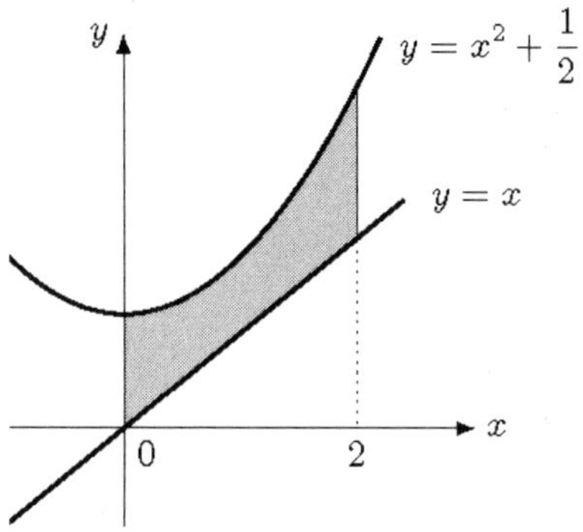

[그림 3.6.14]

▸▸▸ 연습문제 3.6

STEP 1

01 다음 영역의 넓이를 적분으로 나타내어라.

(1)

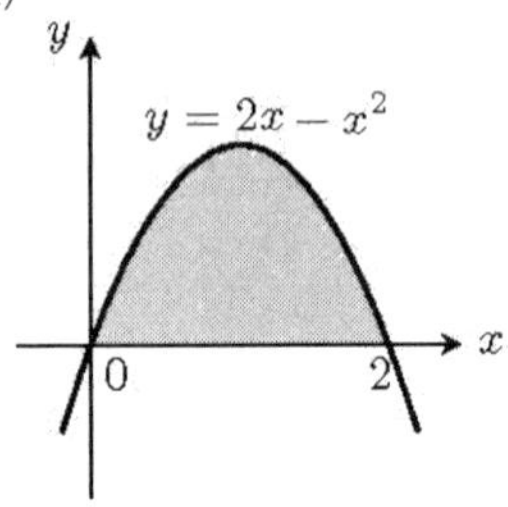

(2)

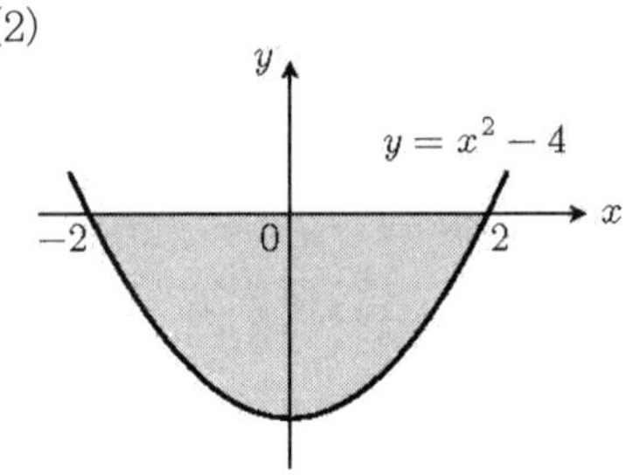

(3)

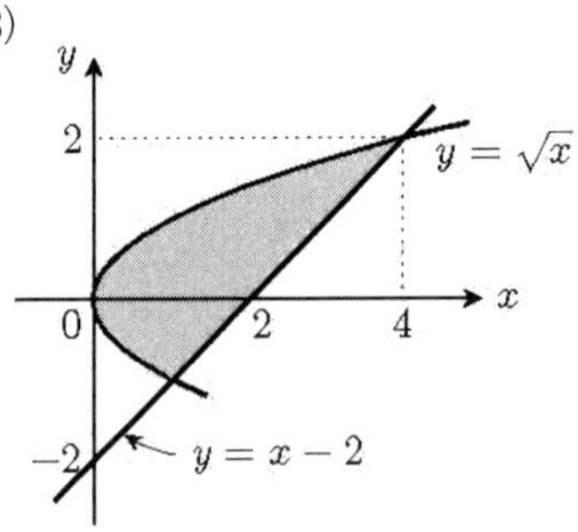

(4)

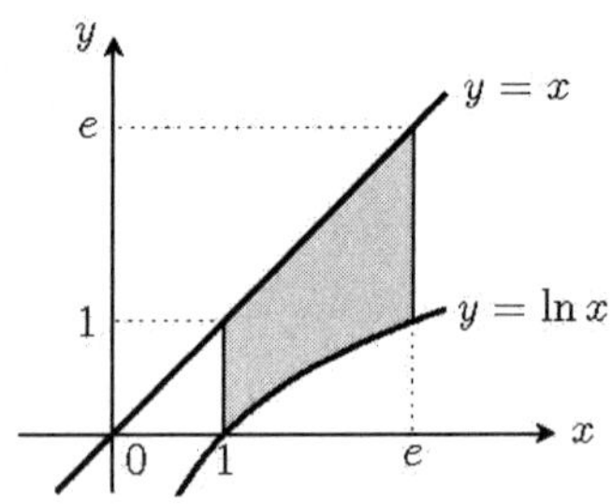

02 다음 영역을 좌표평면에 나타내고 그 영역의 넓이를 구하여라.

(1) 곡선 $y=x^2+1$, $y=x$와 직선 $x=0$, $x=1$로 둘러싸인 영역

(2) 곡선 $y=\sqrt{x}$와 두 직선 $y=1$과 $x=5$로 둘러싸인 영역

(3) 곡선 $y=e^x$와 두 직선 $y=1$과 $x=2$로 둘러싸인 영역

(4) 곡선 $y=\tan x$와 x축 및 $x=\dfrac{\pi}{3}$로 둘러싸인 영역

03 $x=t$일 때, x축에 수직인 평면으로 자른 단면의 넓이가 $\dfrac{t}{t^2+4}$인 입체의 부피를 구하여라. (단, $1 \le t \le 2\sqrt{3}$)

04. 다음 영역을 x축 둘레로 회전하여 생기는 회전체의 부피를 적분으로 나타내어라.

(1)

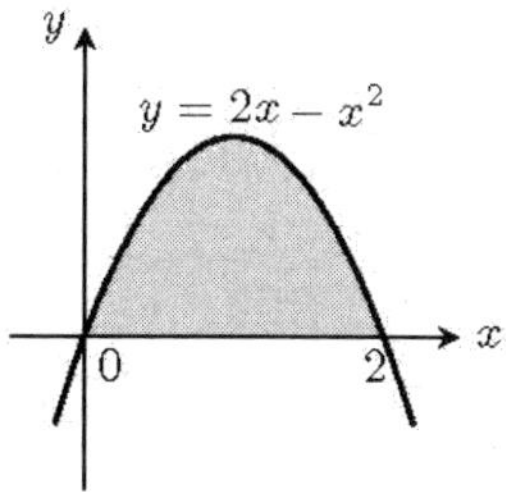

(2)

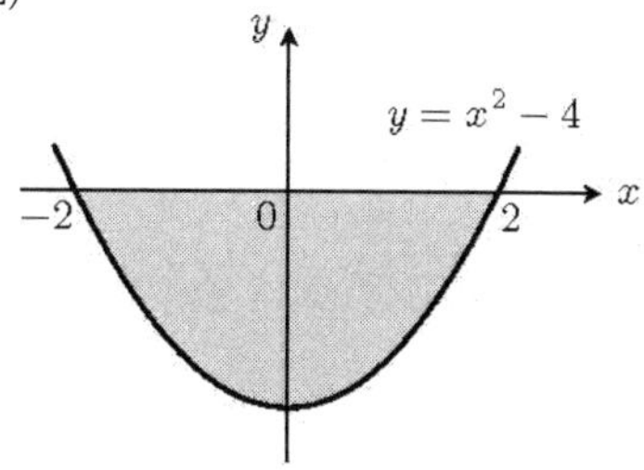

(3)

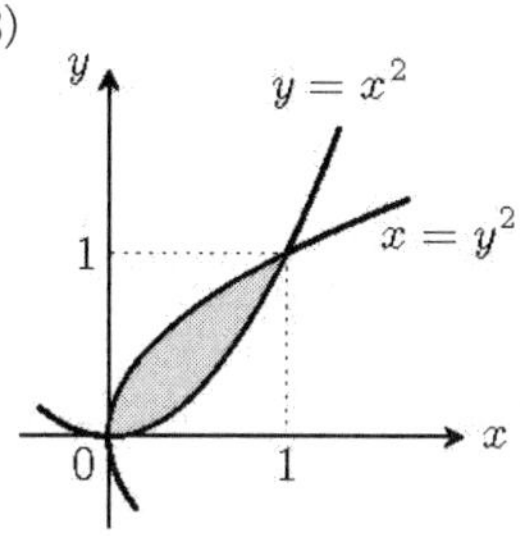

(4)

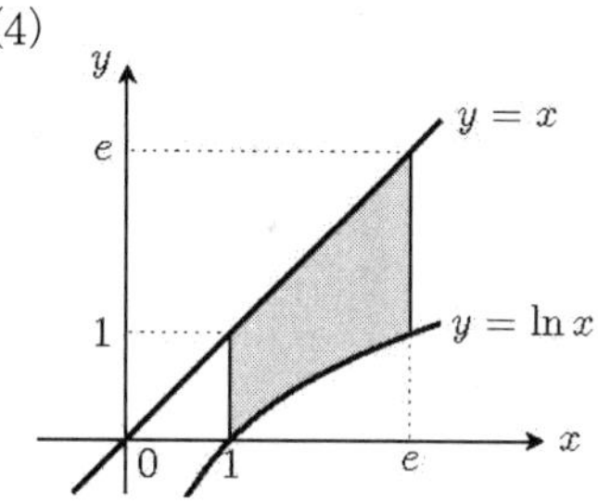

05. 다음 영역을 x축 둘레로 회전하여 생기는 회전체의 부피를 구하여라.

(1) 곡선 $y=x^2+1$, $x=0$, $y=0$ 및 직선 $x=1$로 둘러싸인 영역

(2) 곡선 $y=\dfrac{1}{x}$와 두 곡선 $x=1$과 $x=e$로 둘러싸인 영역

(3) 곡선 $y=\sqrt{x}$와 두 직선 $y=1$과 $x=5$로 둘러싸인 영역

(4) 곡선 $y=e^x$와 두 직선 $y=1$과 $x=2$로 둘러싸인 영역

STEP 2

06. 다음 영역의 넓이를 구하여라.

(1) 곡선 $y=2x-x^2$과 $y=x$로 둘러싸인 영역

(2) 두 곡선 $y=\sqrt{x}$, $y=\dfrac{1}{x}$과 $x=3$으로 둘러싸인 영역

(3) 두 곡선 $y=\sin x$, $y=\cos x$과 두 직선 $x=0$, $x=\pi$로 둘러싸인 영역

(4) 곡선 $y=e^x-1$과 x축 및 두 직선 $x=-1$, $x=1$로 둘러싸인 영역

(5) 곡선 $y=\ln x$와 세 직선 $y=x$, $x=1$ 및 $x=e$로 둘러싸인 영역

07 다음 영역을 x축 둘레로 회전하여 생기는 회전체의 부피를 구하여라.

(1) 두 곡선 $y=\sqrt{x}$와 $y=\dfrac{1}{x}$과 $x=3$로 둘러싸인 영역

(2) 곡선 $y=\sqrt{x}+2$와 y축 및 $y=x$로 둘러싸인 영역

(3) 곡선 $y=x^3$과 $y=1$, y축으로 둘러싸인 영역

(4) 곡선 $y=\sin x$와 x축 및 $x=\dfrac{\pi}{2}$로 둘러싸인 영역

(5) 곡선 $y=\tan x$와 x축 및 $x=\dfrac{\pi}{4}$로 둘러싸인 영역

(6) 곡선 $y=e^{x+1}$, $y=e^x$와 y축 및 $x=1$로 둘러싸인 영역

STEP 3

08 곡선 $y=\cos x-\sqrt{3}\sin x$와 x축, y축 및 직선 $x=\dfrac{\pi}{6}$로 둘러싸인 영역의 넓이를 구하여라.

09 곡선 $y=\ln x$ 위의 점 $(e,1)$에서 그은 접선과 이 곡선 및 x축으로 둘러싸인 영역의 넓이를 구하여라.

10 곡선 $y=\sqrt{x}$와 점 $(0,2)$에서 이 곡선에 그은 접선 및 y축으로 둘러싸인 영역의 넓이를 구하여라.

제4장 수열

4.1 수열과 수열의 합

정의 4.1.1 [수열]

자연수의 집합 $\mathbb{N}$으로부터 실수의 집합 $\mathbb{R}$로의 함수 f를 **수열**(sequence)이라고 한다. 즉,

$$f : \mathbb{N} \to \mathbb{R}, \quad f(n) = a_n$$

이 수열을 $\{a_n\}_{n=1}^{\infty}$, $\{a_n\}$, $\{a_1, a_2, \cdots, a_n, \cdots\}$ 등의 기호로 나타낸다. 또한, a_1을 **첫째 항**이라 하고 n째 항 a_n을 수열의 **일반항**이라 한다.

예제 4.1.2 수열 $\{a_n\}$의 일반항은 $a_n = \dfrac{n-1}{n}$이다. 이때 처음 6개의 항을 구하고 그래프를 그려라.

풀이 n에 1부터 6까지 대입하면 다음과 같다.

$$a_1 = 0,\ a_2 = \frac{1}{2},\ a_3 = \frac{2}{3},\ a_4 = \frac{3}{4},\ a_5 = \frac{4}{5},\ a_6 = \frac{5}{6} +$$

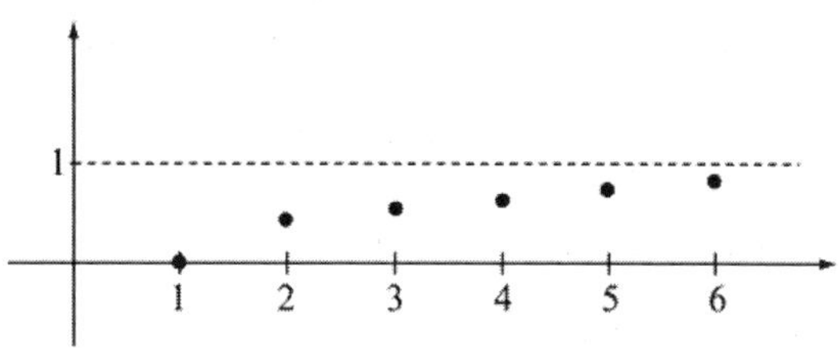

[그림 4.1.1]

예제 4.1.3 수열 $\{a_n\}$의 일반항이 다음과 같이 주어질 때, 처음 6개의 항을 구하고 그래프를 그려라.

$$a_n = \begin{cases} n & , n\text{은 짝수} \\ \dfrac{1}{n} & , n\text{은 홀수} \end{cases}$$

●●● **풀이** n에 1부터 6까지 대입하면 다음과 같다.

$$a_1 = 1,\ a_2 = 2,\ a_3 = \frac{1}{3},\ a_4 = 4,\ a_5 = \frac{1}{5},\ a_6 = 6$$

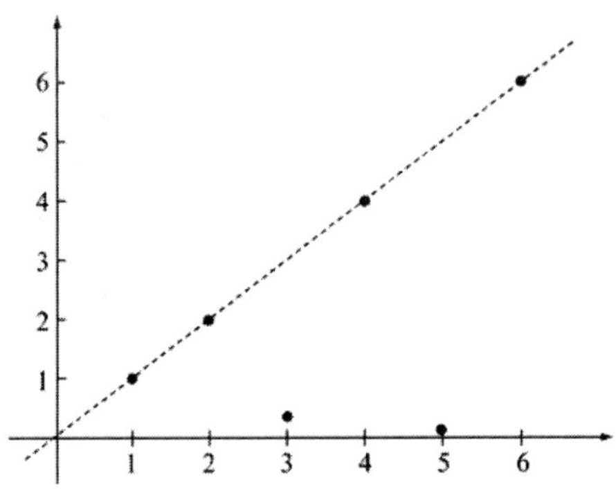

[그림 4.1.2]

예제 4.1.4 다음 수열의 일반항을 구하여라.

(1) $\frac{1}{2}, \frac{1}{4}, \frac{1}{8}, \cdots$

(2) $1, -1, 1, -1, 1, -1, \cdots$

●●● **풀이** (1) 각 항에서 분자는 모두 1이고 분모를 나열하는 규칙을 고려하면, $a_1 = \frac{1}{2}$, $a_2 = \frac{1}{2^2}$, $a_3 = \frac{1}{2^3}$이므로 $a_n = \frac{1}{2^n}$이다.

(2) 첫째 항부터 홀수째 항의 값은 1이고 짝수째 항의 값은 -1이므로 $a_n = (-1)^{n-1}$이다.

예제 4.1.5 수열 $\{a_n\}$의 일반항이 $a_n = 3n+5$일 때, 연속하는 두 항의 차 $a_{n+1} - a_n \ (n=1, 2, \cdots)$를 구하여라.

●●● **풀이** $a_{n+1} - a_n = 3(n+1) + 5 - (3n+5) = 3$

앞의 예제에서처럼 연속하는 두 항의 차 $a_{n+1} - a_n \ (n=1, 2, \cdots)$가 상수 d로 일정할 때 수열 $\{a_n\}$을 **등차수열**이라 하고 d를 **공차**라 한다. 따라서 첫째 항이 a_1이고 공차가 d인 등차수열의 일반항은 다음과 같다.

$$a_n = a_1 + (n-1)d$$

예제 4.1.6 수열 $\{a_n\}$의 일반항이 $a_n = 2^{-n}$일 때, 연속하는 두 항의 비 $\dfrac{a_{n+1}}{a_n} \ (n=1, 2, \cdots)$ 가 일정함을 보여라.

●●● **풀이** $\dfrac{a_{n+1}}{a_n} = \dfrac{2^{-(n+1)}}{2^{-n}} = \dfrac{1}{2}$

앞의 예제에서처럼 연속하는 두 항의 비 $\dfrac{a_{n+1}}{a_n} \ (n=1, 2, \cdots)$가 상수 $r \ (r \neq 0)$로 일정할 때 수열 $\{a_n\}$을 **등비수열**이라 하고 r을 **공비**라 한다. 따라서 첫째 항이 a_1이고 공비가 r인 등비수열의 일반항은 다음과 같다.

$$a_n = a_1 r^{n-1}$$

여기서 등비수열의 첫째 항부터 n항까지의 합을 구하면 다음과 같다.

정리 4.1.7

수열 $\{a_n\}$이 첫째 항이 a이고 공비가 r인 등비수열일 때, 첫째 항부터 n째 항까지의 합 S_n은 다음과 같다.

$$S_n = \begin{cases} \dfrac{a(1-r^n)}{1-r}, & r \neq 1 \\ na, & r = 1 \end{cases}$$

(증명) $r=1$일 때, 첫째 항이 a인 등비수열의 첫째 항부터 n째 항까지의 합 S_n은

$$S_n = a + a + a + \cdots + a = na$$

이다. $r \neq 1$일 때, 첫째 항부터 n째 항까지의 합 S_n은

$$S_n = a + ar + ar^2 + \cdots + ar^{n-2} + ar^{n-1}$$

이다. 위 식의 양변에 $r(\neq 0)$을 곱하면

$$rS_n = ar + ar^2 + \cdots + ar^{n-2} + ar^{n-1} + ar^n$$

가 된다. 이때 두 식의 차는

$$S_n - rS_n = (1-r)S_n = a(1-r^n)$$

이므로

$$S_n = \frac{a(1-r^n)}{1-r}$$ ∎

예제 4.1.8 수열 $\{a_n\}$의 일반항이 $a_n = \left(\dfrac{1}{2}\right)^n$일 때, 첫째 항부터 n째 항까지의 합 S_n을 구하여라.

●●● **풀이** 주어진 수열은 첫째 항은 $\frac{1}{2}$이고 공비가 $\frac{1}{2}$인 등비수열이므로 S_n은

$$S_n = \frac{\frac{1}{2}\left(1-\left(\frac{1}{2}\right)^n\right)}{1-\frac{1}{2}} = 1-\left(\frac{1}{2}\right)^n$$

일반적으로 수열 $\{a_n\}$에 대하여, 첫째 항부터 n째 항까지의 합 $S_n = a_1 + a_2 + \cdots + a_n$ 을 기호로 $\sum_{k=1}^{n} a_k$로 나타낸다. 즉,

$$S_n = a_1 + a_2 + \cdots + a_n = \sum_{k=1}^{n} a_k$$

〈주의〉 $\sum_{k=1}^{n} a_k = \sum_{i=1}^{n} a_i$ 와 같이 변수가 달라진다고 하더라도 첫째 항에서 n째 항까지를 합한다는 의미로 같은 값을 나타낸다. 또한 $\sum_{k=2}^{n} a_k$는 둘째 항에서 n째 항까지를 합하라는 의미이므로 $\sum_{k=2}^{n} a_k = a_2 + a_3 + \cdots + a_n$ 이다.

예제 4.1.9 (1) $\sum_{k=1}^{5} k = 1+2+3+4+5$

(2) $\sum_{k=10}^{15} k = 10+11+12+13+14+15$

(3) $\sum_{k=1}^{n} k^2 = 1^2+2^2+3^2+\cdots+n^2$

(4) $\sum_{k=1}^{n} \frac{1}{2^{k-1}} = 1+\frac{1}{2}+\frac{1}{4}+\frac{1}{8}+\cdots+\frac{1}{2^{n-1}}$

(5) $\sum_{k=1}^{n}\frac{1}{k}=1+\frac{1}{2}+\frac{1}{3}+\frac{1}{4}+\cdots+\frac{1}{n}$

정리 4.1.10

두 수열 $\{a_n\}$, $\{b_n\}$과 상수 c에 대하여, 다음이 성립한다.

(1) $\sum_{k=1}^{n} c\,a_k = c\sum_{k=1}^{n} a_k$

(2) $\sum_{k=1}^{n}(a_k \pm b_k)=\sum_{k=1}^{n} a_k \pm \sum_{k=1}^{n} b_k$

(3) $\sum_{k=1}^{n} a_k = \sum_{k=1}^{i} a_k + \sum_{k=i+1}^{n} a_k$ (단, $1<i<n$)

〈주의〉 일반적으로 $\sum_{k=1}^{n} a_k b_k = \sum_{k=1}^{n} a_k \sum_{k=1}^{n} b_k$ 는 성립하지 않는다.

정리 4.1.11

임의의 자연수 n에 대하여, 다음이 성립한다.

(1) $\sum_{k=1}^{n} k=\frac{n(n+1)}{2}$

(2) $\sum_{k=1}^{n} k^2=\frac{n(n+1)(2n+1)}{6}$

(3) $\sum_{k=1}^{n} k^3=\left(\frac{n(n+1)}{2}\right)^2$

(증명) (1) $\sum_{k=1}^{n} k=S$라고 하면 $S=1+2+\cdots+n$ 이다. 한편

$S=n+(n-1)+\cdots+1$ 로 쓰기도 한다. 두 식의 양변을 더하면

$$2S=(n+1)+(n+1)+\cdots+(n+1)=n(n+1)$$

따라서

$$S=\frac{1}{2}n(n+1)$$

(2) $\sum_{k=1}^{n} k^2=1^2+2^2+\cdots+n^2$이다. 한편,

$$(k+1)^3=k^3+3k^2+3k+1$$

이므로 등식의 양변에 k 대신 $1, 2, \cdots, n$ 을 차례로 대입하여

$$\begin{aligned}
2^3 &= 1^3+3\cdot1^2+3\cdot1+1 \quad (k=1\text{일 때})\\
3^3 &= 2^3+3\cdot2^2+3\cdot2+1 \quad (k=2\text{일 때})\\
4^3 &= 3^3+3\cdot3^2+3\cdot3+1 \quad (k=3\text{일 때})\\
&\vdots\\
(n+1)^3 &= n^3+3\cdot n^2+3\cdot n+1 \quad (k=n\text{일 때})
\end{aligned}$$

이제 이 식들의 양변을 더하여 정리하면

$$(n+1)^3=1^3+3(1^2+2^2+3^2+\cdots+n^2)+3(1+2+3+\cdots+n)+n\cdot1$$

따라서

$$(n+1)^3=1+3\sum_{k=1}^{n}k^2+3\sum_{k=1}^{n}k+n$$

위의 식에서 (1)을 이용하여 다음과 같이 $\sum_{k=1}^{n}k^2$ 을 구할 수 있다.

$$3\sum_{k=1}^{n} k^2 = (n+1)^3 - 1 - n - 3\sum_{k=1}^{n} k$$

$$= (n+1)^3 - (n+1) - 3 \cdot \frac{n(n+1)}{2}$$

$$= \frac{1}{2}(n+1)\{2(n+1)^2 - 2 - 3n\}$$

$$= \frac{1}{2}(n+1)(2n^2 + n)$$

$$= \frac{1}{2}n(n+1)(2n+1)$$

즉,

$$\sum_{k=1}^{n} k^2 = \frac{n(n+1)(2n+1)}{6}$$

(3) 항등식 $(k+1)^4 = k^4 + 4k^3 + 6k^2 + 4k + 1$을 이용하여 (2)의 증명과 유사한 방법으로 보일 수 있다. ▮

예제 4.1.12 다음을 간단히 하여라.

(1) $\sum_{k=1}^{10}(k^2 - k + 1)$ (2) $\sum_{k=1}^{n}(k^3 - 2k)$

●●● **풀이** (1) $\sum_{k=1}^{10}(k^2 - k + 1) = \sum_{k=1}^{10} k^2 - \sum_{k=1}^{10} k + 10$

$$= \frac{10 \cdot 11 \cdot 21}{6} - \frac{10 \cdot 11}{2} + 10 = 340$$

(2) $\sum_{k=1}^{n}(k^3 - 2k) = \left(\frac{n(n+1)}{2}\right)^2 - 2 \cdot \frac{n(n+1)}{2}$

$$= \frac{n(n+1)}{2}\left(\frac{n(n+1)}{2} - 2\right)$$

$$= \frac{1}{4}n(n+1)(n^2 + n - 4)$$

▸▸▸ 연습문제 4.1

STEP 1

01 수열 $\{a_n\}$의 일반항이 다음과 같을 때 처음 6개의 항을 구하여라.

(1) $a_n = (-1)^n \dfrac{1}{n}$

(2) $a_n = \sin\dfrac{n\pi}{2}$

(3) $a_n = (-1)^{n+1} \dfrac{n+1}{5^n}$

02 수열 $\{a_n\}$의 일반항이 다음과 같을 때 첫째 항부터 n항까지의 합을 구하여라.

(1) $a_n = 2n+3$

(2) $a_n = \dfrac{2}{4^n}$

(3) $a_n = \dfrac{3^n - 1}{5^n}$

03 다음을 간단히 하여라.

(1) $\displaystyle\sum_{k=1}^{10}(6k^3 - 2k)$

(2) $\displaystyle\sum_{k=1}^{100}(k^2 + 1)$

(3) $\displaystyle\sum_{k=1}^{n}\left(\frac{1}{2}k^2 - 2k + 1\right)$

(4) $\displaystyle\sum_{k=1}^{n}\left(\frac{1}{n}k^2 - 2k + n\right)$

STEP 2

04 첫째 항이 2, 공비가 2인 등비수열 $\{a_n\}$에 대하여,

$$\log_2 a_1 + \log_2 a_2 + \log_2 a_3 + \cdots + \log_2 a_{10}$$

의 값을 구하여라.

05 공비가 양수인 등비수열 $\{a_n\}$에 대하여, $a_1 + a_3 = 5$, $a_3 + a_5 = 20$이 성립할 때 첫째 항부터 5항까지의 합을 구하여라.

06 등비수열 $1, \frac{1}{2}, \frac{1}{4}, \cdots$ 에서 첫째 항부터 n항까지의 합과 2와의 차가 처음으로 0.01보다 작아지는 최소의 자연수 n을 구하여라.

STEP 3

07 수열 $\{a_n\}$이 $a_{n+2} = a_{n+1} + a_n \ (n = 1, 2, \cdots)$ 을 만족할 때,

$$a_1 + a_2 + \cdots + a_{10} = ka_7$$

을 만족하는 실수 k의 값을 구하여라.

4.2 수열의 극한

정의 4.2.1 [수열의 극한]

수열 $\{a_n\}$에서 n이 한없이 커질 때 a_n이 어떤 일정한 값 L에 한없이 가까워지면, $\{a_n\}$은 L에 **수렴**한다(converge)고 하고, L을 수열 $\{a_n\}$의 **극한값** 또는 **극한**(limit)이라 하고 기호로 다음과 같이 쓴다.

$$\lim_{n \to \infty} a_n = L$$

예제 4.2.2 수열 $\left\{\frac{1}{n}\right\}$의 극한값을 구하여라.

풀이 수열 $\left\{\frac{1}{n}\right\}$의 각 항은

$$1,\ \frac{1}{2},\ \frac{1}{3},\ \frac{1}{4},\ \frac{1}{5},\ \cdots,\ \frac{1}{n},\ \cdots$$

이므로 n이 커진다면 $\frac{1}{n}$은 0에 가까이 간다. 따라서

$$\lim_{n \to \infty} \frac{1}{n} = 0$$

예제 4.2.3 수열 $\left\{\frac{n}{n+1}\right\}$의 극한값을 구하여라.

풀이 수열 $\left\{\frac{n}{n+1}\right\}$은

$$\frac{1}{2}, \frac{2}{3}, \frac{3}{4}, \frac{4}{5}, \cdots, \frac{n}{n+1}, \cdots$$

이므로 n이 커진다면 $\frac{n}{n+1}$은 1에 가까이 간다는 것을 알 수 있다. 따라서 다음을 얻을 수 있다.

$$\lim_{n\to\infty} \frac{n}{n+1} = 1$$

정의 4.2.4 [수열의 발산]

수열 $\{a_n\}$이 수렴하지 않을 때, $\{a_n\}$은 **발산**한다(diverge)고 한다. 특히 n이 한없이 커질 때 a_n이 무한히 커지면 수열 $\{a_n\}$은 **양의 무한대로 발산**한다고 하고 다음과 같이 나타낸다.

$$\lim_{n\to\infty} a_n = \infty$$

한편, n이 한없이 커질 때 a_n이 음수로써 그 절댓값이 무한히 커지면 수열 $\{a_n\}$은 **음의 무한대로 발산**한다고 하고 다음과 같이 나타낸다.

$$\lim_{n\to\infty} a_n = -\infty$$

그리고 $\{a_n\}$이 수렴하지 않으면서 양의 무한대나 음의 무한대로 발산하지도 않을 때, 수열 $\{a_n\}$은 **진동**한다고 한다.

예제 4.2.5 $\lim_{n\to\infty} n = \infty$이고 $\lim_{n\to\infty}(-n) = -\infty$임을 설명하여라.

●●● **풀이** 수열 $\{n\}$의 각 항은

$$1, 2, 3, 4, \cdots, n, \cdots$$

이므로 $\lim_{n\to\infty} n = \infty$이다. 또 수열 $\{-n\}$의 각 항은

$$-1,\ -2,\ -3,\ -4,\ \cdots,\ -n,\ \cdots$$

이므로 $\lim_{n\to\infty}(-n) = -\infty$이다.

정리 4.2.6

두 수열 $\{a_n\}$과 $\{b_n\}$ 이 수렴하고 $\lim_{n\to\infty} a_n = L$, $\lim_{n\to\infty} b_n = M$이라고 하면 다음이 성립한다.

(1) $\lim_{n\to\infty} c\,a_n = c\lim_{n\to\infty} a_n = cL$ (단, c는 상수)

(2) $\lim_{n\to\infty}(a_n \pm b_n) = \lim_{n\to\infty} a_n \pm \lim_{n\to\infty} b_n = L \pm M$

(3) $\lim_{n\to\infty} a_n b_n = (\lim_{n\to\infty} a_n)(\lim_{n\to\infty} b_n) = LM$

(4) $\lim_{n\to\infty} \dfrac{a_n}{b_n} = \dfrac{\lim_{n\to\infty} a_n}{\lim_{n\to\infty} b_n} = \dfrac{L}{M}$ (단, $b_n \neq 0$, $M \neq 0$)

상수로 이루어진 수열 $\{c\}$의 극한은 $\lim_{n\to\infty} c = c$이다. 또한 예제 4.2.2로부터 $\lim_{n\to\infty}\dfrac{1}{n} = 0$임을 알고 있다. 이 사실들과 위의 성질들을 이용하여 극한을 쉽게 구할 수 있다.

예제 4.2.7 다음 극한을 구하여라.

(1) $\lim_{n\to\infty}\frac{1}{2n+1}$ (2) $\lim_{n\to\infty}\frac{n}{n+3}$

(3) $\lim_{n\to\infty}\frac{n^3+n^2-1}{n^2+1}$ (4) $\lim_{n\to\infty}(\sqrt{n^2+n}-n)$

풀이 (1) $\lim_{n\to\infty}\frac{1}{2n+1}=\lim_{n\to\infty}\frac{\frac{1}{n}}{2+\frac{1}{n}}=0$

(2) $\lim_{n\to\infty}\frac{n}{n+3}=\lim_{n\to\infty}\frac{1}{1+\frac{3}{n}}=1$

(3) $\lim_{n\to\infty}\frac{n^3+n^2-1}{n^2+1}=\lim_{n\to\infty}\frac{n+1-\frac{1}{n^2}}{1+\frac{1}{n^2}}=\infty$

(4)
$$\begin{aligned}\lim_{n\to\infty}(\sqrt{n^2+n}-n)&=\lim_{n\to\infty}\frac{(\sqrt{n^2+n}-n)(\sqrt{n^2+n}+n)}{\sqrt{n^2+n}+n}\\&=\lim_{n\to\infty}\frac{n}{\sqrt{n^2+n}+n}\\&=\lim_{n\to\infty}\frac{1}{\sqrt{1+\frac{1}{n}}+1}=\frac{1}{2}\end{aligned}$$

정리 4.2.8

등비수열 $\{r^n\}$의 극한은 다음과 같다.

$$\lim_{n\to\infty}r^n=\begin{cases}\infty, & r>1\\ 1, & r=1\\ 0, & |r|<1\\ \text{진동}, & r\le -1\end{cases}$$

(증명) $r=0$ 또는 $r=1$인 경우는 쉽게 알 수 있다. $r>1$인 경우 r^n의 값은 n이 커지면 한없이 커지므로 극한값이 ∞이다. 또 $-1 \le r$인 경우 r^n의 값은 n이 커지면 절댓값은 한없이 커지고 부호는 n에 따라서 바뀌므로 $\pm\infty$로 진동한다. $-1<r<1$이고 $r \neq 0$인 경우는 $-1<\dfrac{1}{r}$ 또는 $\dfrac{1}{r}>1$이므로 r^n은 0으로 수렴한다. ∎

예제 4.2.9 다음 극한값을 구하여라.

(1) $\lim_{n\to\infty}\left(-\frac{1}{2}\right)^n$　　(2) $\lim_{n\to\infty}(1.01)^n$

(3) $\lim_{n\to\infty}\frac{2^n+100}{3^n+1}$　　(4) $\lim_{n\to\infty}\frac{3^n+2^n}{3^n-2^n}$

●●● **풀이** (1) $\left|-\frac{1}{2}\right|<1$ 이므로 $\lim_{n\to\infty}\left(-\frac{1}{2}\right)^n=0$

(2) $1.01>1$이므로 $\lim_{n\to\infty}(1.01)^n=\infty$

(3) $$\lim_{n\to\infty}\frac{2^n+100}{3^n+1}=\lim_{n\to\infty}\frac{\left(\frac{2}{3}\right)^n+\frac{100}{3^n}}{1+\left(\frac{1}{3}\right)^n}=0$$

(4) $$\lim_{n\to\infty}\frac{3^n+2^n}{3^n-2^n}=\lim_{n\to\infty}\frac{1+\left(\frac{2}{3}\right)^n}{1-\left(\frac{2}{3}\right)^n}=1$$

정의 4.2.10 [증가수열과 감소수열]

수열 $\{a_n\}$이 모든 자연수 n에 대하여,

(1) $a_n < a_{n+1}$이면 수열 $\{a_n\}$은 **증가**(increasing)라 하고,

(2) $a_n \le a_{n+1}$이면 수열 $\{a_n\}$은 **단조증가**(monotone increasing)라 하고,

(3) $a_n > a_{n+1}$이면 수열 $\{a_n\}$은 **감소**(decreasing sequence)라 하고,

(4) $a_n \ge a_{n+1}$이면 수열 $\{a_n\}$은 **단조감소**(monotone decreasing)라 하고,

(5) 수열이 단조증가하거나 단조감소할 때 **단조**(monotone) 수열이라 한다.

예제 4.2.11 다음 수열이 증가, 감소, 단조증가, 혹은 단조감소인지 조사하여라.

(1) $\left\{\frac{3}{n+1}\right\}$ (2) $\left\{\frac{n}{n^2+1}\right\}$ (3) $\left\{n+\frac{1}{n}\right\}$

풀이 (1) $a_n = \frac{3}{n+1}$로 두면

$$a_n - a_{n+1} = \frac{3}{n+1} - \frac{3}{n+2} = \frac{3}{(n+1)(n+2)} > 0$$

이므로 $\{a_n\}$은 감소수열이다.

(2) $a_n = \frac{n}{n^2+1}$로 두면

$$a_n - a_{n+1} = \frac{n}{n^2+1} - \frac{n+1}{(n+1)^2+1} = \frac{n^2+n-1}{(n^2+1)(n^2+2n+2)} > 0$$

이므로 $\{a_n\}$은 감소수열이다.

(3) $a_n = n + \frac{1}{n}$로 두면

$$a_n - a_{n+1} = \left(n+\frac{1}{n}\right) - \left(n+1+\frac{1}{n+1}\right)$$

$$=-1+\frac{1}{n}-\frac{1}{n+1}$$

$$=\frac{-n(n+1)+n+1-n}{n(n+1)}$$

$$=\frac{-n^2-n+1}{n(n+1)}<0$$

이므로 $\{a_n\}$은 증가수열이다.

정의 4.2.12 [위로 유계와 아래로 유계]

수열 $\{a_n\}$이 모든 자연수 n에 대하여,

(1) $a_n \le M$을 만족하는 실수 M이 존재할 때, $\{a_n\}$은 **위로 유계**(bounded above)라 하고,

(2) $m \le a_n$을 만족하는 실수 m이 존재할 때, $\{a_n\}$은 **아래로 유계**(bounded below)라 한다.

정리 4.2.13 [단조수렴정리]

(1) 수열 $\{a_n\}$이 단조증가이고 위로 유계이면 수렴하고,

(2) 수열 $\{a_n\}$이 단조감소이고 아래로 유계이면 수렴한다.

예제 4.2.14 $a_n=\left(1+\frac{1}{n}\right)^n$이면 수열 $\{a_n\}$은 수렴한다.

풀이 $a_n=\left(1+\frac{1}{n}\right)^n$에 이항정리를 적용하면 다음과 같다.

$$
\begin{aligned}
a_n &= 1 + n\frac{1}{n} + \frac{n(n-1)}{2!}\frac{1}{n^2} + \cdots + \frac{n(n-1)\cdots 2\cdot 1}{n!}\frac{1}{n^n} \\
&= 1 + 1 + \frac{1}{2!}\left(1 - \frac{1}{n}\right) + \cdots + \frac{1}{n!}\left(1 - \frac{1}{n}\right)\left(1 - \frac{2}{n}\right)\cdots\left(1 - \frac{n-1}{n}\right) \\
&< 1 + 1 + \frac{1}{2!} + \frac{1}{3!} + \cdots + \frac{1}{n!} \\
&< 1 + 1 + \frac{1}{2} + \frac{1}{2^2} + \cdots + \frac{1}{2^{n-1}} < 3
\end{aligned}
$$

즉, $\{a_n\}$은 위로 유계인 수열이다. 한편

$$
\begin{aligned}
a_{n+1} &= 1 + 1 + \frac{1}{2!}\left(1 - \frac{1}{n+1}\right) + \cdots + \frac{1}{n!}\left(1 - \frac{1}{n+1}\right)\left(1 - \frac{2}{n+1}\right)\cdots\left(1 - \frac{n-1}{n+1}\right) \\
&\quad + \frac{1}{(n+1)!}\left(1 - \frac{1}{n+1}\right)\left(1 - \frac{2}{n+1}\right)\cdots\left(1 - \frac{n}{n+1}\right) \\
&> 1 + 1 + \frac{1}{2!}\left(1 - \frac{1}{n+1}\right) + \cdots + \frac{1}{n!}\left(1 - \frac{1}{n+1}\right)\left(1 - \frac{2}{n+1}\right)\cdots\left(1 - \frac{n-1}{n+1}\right) \\
&> 1 + 1 + \frac{1}{2!}\left(1 - \frac{1}{n}\right) + \cdots + \frac{1}{n!}\left(1 - \frac{1}{n}\right)\left(1 - \frac{2}{n}\right)\cdots\left(1 - \frac{n-1}{n}\right) = a_n
\end{aligned}
$$

이므로 $\{a_n\}$은 증가수열이다. 따라서 단조수렴정리에 의하여 $\{a_n\}$은 수렴한다.

〈주의〉 일반적으로 수열 $\left\{\left(1 + \frac{1}{n}\right)^n\right\}$의 극한은 무리수임이 알려져 있고 그 극한값을 e로 나타낸다. 즉,

$$
\lim_{n\to\infty}\left(1 + \frac{1}{n}\right)^n = e
$$

▶▶▶ 연습문제 4.2

STEP 1

01. 다음 극한을 구하여라.

(1) $\lim_{n\to\infty}\frac{1-n}{2n+1}$

(2) $\lim_{n\to\infty}\frac{n-10}{3n+2}$

(3) $\lim_{n\to\infty}\frac{2n^2-n+2}{n^2+1}$

(4) $\lim_{n\to\infty}\left(1-\frac{1}{n}\right)$

(5) $\lim_{n\to\infty}\frac{3^n}{1+2^n}$

(6) $\lim_{n\to\infty}\frac{3^{n+2}}{5^n}$

02. 다음 수열이 수렴인지 발산인지 결정하여라. 만약 수렴하면 극한값을 구하여라.

(1) $\{n^2\}$

(2) $\left\{\frac{1}{n}\right\}$

(3) $\left\{\frac{4n}{n+1}\right\}$

(4) $\{e^{-n}\}$

(5) $\{(-1)^n\}$

(6) $\left\{\frac{\sqrt{n}}{\sqrt{n}+1}\right\}$

STEP 2

03. 다음 수열이 수렴인지 발산인지 결정하여라. 만약 수렴하면 극한값을 구하여라.

(1) $\left\{\frac{n}{\sqrt{n+2}}\right\}$

(2) $\{(-1)^n 2^n\}$

(3) $\left\{\frac{(-1)^n}{n}\right\}$

(4) $\left\{\frac{3^{n+1}}{5^n+2^n}\right\}$

(5) $\left\{\dfrac{2n+\sqrt{n^2-2n}}{n-\sqrt{n-1}}\right\}$ (6) $\left\{\dfrac{\sqrt{n}}{\sqrt{2n+1}+\sqrt{n-2}}\right\}$

(7) $\left\{\sin\dfrac{n\pi}{2}\right\}$

04 수열 $\{a_n\}$에 대하여, $\lim_{n\to\infty}(3n-2)a_n=6$이 성립할 때 $\lim_{n\to\infty}(2n-1)a_n$의 값을 구하여라.

05 수열 $\{a_n\}$에 대하여, $\lim_{n\to\infty}\dfrac{3^{n+1}a_n+2^n}{3^n-2^n}=243$일 때, $\lim_{n\to\infty}a_n$의 값을 구하여라.

06 수열 $\left\{\dfrac{(2x+1)^n}{3^{n+1}}\right\}$이 수렴하기 위한 x의 값의 범위를 구하여라.

07 두 등비수열 $\{(x-2)^n\}$와 $\left\{\left(\dfrac{x}{2}\right)^n\right\}$가 동시에 수렴할 때, x의 값의 범위를 구하여라.

STEP 3

08 등비수열 $\{(2\sin x-2)^n\}$이 수렴하도록 하는 x의 값의 범위가 $\alpha<x<\beta$일 때, $\beta-\alpha$의 값을 구하여라. (단, $0<x<2\pi$)

09 다음과 같이 주어진 수열 $\{a_n\}$의 수렴 여부를 판정하여라.

$$a_1=2,\ a_{n+1}=\frac{1}{2}(a_n+6),\ n=1,\ 2,\ \cdots$$

4.3 무한급수

정의 4.3.1 [무한급수]

수열 $\{a_n\}$에 대하여,

(1) $a_1+a_2+a_3+\cdots+a_n+\cdots$ 와 같은 형태로 나타낸 것을 **무한급수**(infinite series) 또는 간단히 **급수**(series)라 부르며 다음과 같이 나타낸다.

$$\sum_{n=1}^{\infty} a_n \text{ 또는 } \sum a_n$$

(2) $\{a_n\}$의 첫째 항부터 n째 항까지의 합 $S_n=a_1+a_2+a_3+\cdots+a_n$을 $\{a_n\}$의 **부분합**(partial sum)이라 부른다.

(3) $\{a_n\}$의 부분합으로 이루어진 수열 $\{S_n\}$이 수렴하면 급수 $\sum a_n$도 **수렴한다**(converge)고 하고 $\{S_n\}$이 발산하면 급수 $\sum a_n$도 **발산한다**(diverge)고 한다. 특히 $\{S_n\}$이 수렴하고 극한값이 s일 때, s를 급수 $\sum a_n$의 **합**(sum)이라 하고 다음과 같이 나타낸다.

$$\sum_{n=1}^{\infty} a_n = s$$

예제 4.3.2 다음 급수의 부분합 S_n을 구하고 수렴, 발산을 조사하여라.

(1) $\displaystyle\sum_{n=1}^{\infty} \frac{1}{n(n+1)}$ (2) $\displaystyle\sum_{n=1}^{\infty} 3\left(\frac{1}{2}\right)^n$

풀이 (1) $\dfrac{1}{n(n+1)}=\dfrac{1}{n}-\dfrac{1}{n+1}$이므로

$$S_n = \sum_{k=1}^{n} \frac{1}{k(k+1)} = \sum_{k=1}^{n} \left(\frac{1}{k} - \frac{1}{k+1} \right)$$

$$= \left(1 - \frac{1}{2}\right) + \left(\frac{1}{2} - \frac{1}{3}\right) + \cdots + \left(\frac{1}{n} - \frac{1}{n+1}\right)$$

$$= 1 - \frac{1}{n+1}$$

이고,

$$\lim_{n\to\infty} S_n = \lim_{n\to\infty} \left(1 - \frac{1}{n+1}\right) = 1 - 0 = 1$$

이므로 $\sum_{n=1}^{\infty} \frac{1}{n(n+1)} = 1$로 수렴한다.

(2) 첫째 항이 $\frac{3}{2}$이고 공비가 $\frac{1}{2}$인 등비수열의 합이므로

$$S_n = \frac{\frac{3}{2}\left(1 - \left(\frac{1}{2}\right)^n\right)}{1 - \frac{1}{2}} = 3\left(1 - \left(\frac{1}{2}\right)^n\right)$$

이고,

$$\lim_{n\to\infty} S_n = \lim_{n\to\infty} 3\left(1 - \left(\frac{1}{2}\right)^n\right) = 3(1 - 0) = 3$$

이므로 $\sum_{n=1}^{\infty} 3\left(\frac{1}{2}\right)^n = 3$으로 수렴한다.

앞의 예제 4.3.2의 (2)처럼 등비수열로 이루어진 급수를 **무한등비급수**라고 한다.

예제 4.3.3 급수 $\sum_{n=1}^{\infty}(\sqrt{n+1}-\sqrt{n})$의 수렴, 발산을 조사하여라.

●●● **풀이** $S_n=\sum_{k=1}^{n}(\sqrt{k+1}-\sqrt{k})$

$$=(\sqrt{2}-1)+(\sqrt{3}-\sqrt{2})+\cdots+(\sqrt{n+1}-\sqrt{n})$$
$$=\sqrt{n+1}-1$$

이므로 $\{S_n\}$은 발산한다. 따라서 주어진 급수는 발산한다.

정리 4.3.4

$a\neq 0$일 때, 무한등비급수 $\sum_{n=1}^{\infty}ar^{n-1}$의 수렴과 발산은 다음과 같다.

$$\sum_{n=1}^{\infty}ar^{n-1}=\begin{cases}\dfrac{a}{1-r}, & |r|<1\\ \text{발산}, & |r|\geq 1\end{cases}$$

(증명) 정리 4.1.7에 의하여

$$S_n=\begin{cases}\dfrac{a(1-r^n)}{1-r}, & r\neq 1\\ na, & r=1\end{cases}$$

이다. $r=1$일 때, $\lim_{n\to\infty}S_n=\lim_{n\to\infty}na=\infty$이므로 $\sum_{n=1}^{\infty}ar^{n-1}$은 발산한다.

$r\neq 1$일 때, 정리 4.2.8에 의하여

$$\lim_{n\to\infty}r^n=\begin{cases}\infty, & r>1\\ 0, & |r|<1\\ \text{진동}, & r\leq -1\end{cases}$$

이므로

$$\lim_{n\to\infty} S_n = \begin{cases} \dfrac{a}{1-r}, & |r|< 1 \\ \text{발산}, & |r|\geq 1 \end{cases}$$

즉,

$$\sum_{n=1}^{\infty} ar^{n-1} = \begin{cases} \dfrac{a}{1-r}, & |r|< 1 \\ \text{발산}, & |r|\geq 1 \end{cases}$$ ▮

예제 4.3.5 다음 무한등비급수의 수렴, 발산을 조사하여라.

(1) $\displaystyle\sum_{n=1}^{\infty} \frac{2}{3^n}$ (2) $1-\sqrt{2}+2-2\sqrt{2}+\cdots$

풀이 (1) 첫째 항이 $\dfrac{2}{3}$, 공비가 $\dfrac{1}{3}$인 무한등비급수이므로

$$\sum_{n=1}^{\infty} \frac{2}{3^n} = \frac{\frac{2}{3}}{1-\frac{1}{3}} = 1$$ 이고 $\displaystyle\sum_{n=1}^{\infty} \frac{2}{3^n}$ 은 수렴한다.

(2) 공비가 $-\sqrt{2}$ 인 무한등비급수이고 $|-\sqrt{2}| = \sqrt{2} > 1$ 이므로 주어진 급수는 발산한다.

정리 4.3.6

두 급수 $\displaystyle\sum_{n=1}^{\infty} a_n$와 $\displaystyle\sum_{n=1}^{\infty} b_n$이 수렴하면 다음이 성립한다.

(1) $\displaystyle\sum_{n=1}^{\infty} (a_n \pm b_n) = \sum_{n=1}^{\infty} a_n \pm \sum_{n=1}^{\infty} b_n$

(2) $\displaystyle\sum_{n=1}^{\infty} ca_n = c\sum_{n=1}^{\infty} a_n$ (단, c는 상수)

예제 4.3.7 다음 급수의 합을 구하여라.

(1) $\displaystyle\sum_{n=1}^{\infty}\left(\frac{1}{n(n+1)}+\frac{2}{3^n}\right)$ (2) $\displaystyle\sum_{n=1}^{\infty}\frac{1+2^n}{4^n}$

●●● **풀이** (1) 예제 4.3.2의 (1)과 예제 4.3.5의 (1)로부터 $\displaystyle\sum_{n=1}^{\infty}\frac{1}{n(n+1)}=1$,

$\displaystyle\sum_{n=1}^{\infty}\frac{2}{3^n}=1$이므로

$$\sum_{n=1}^{\infty}\left(\frac{1}{n(n+1)}+\frac{2}{3^n}\right)=1+1=2$$

(2) $\displaystyle\sum_{n=1}^{\infty}\left(\frac{1}{4}\right)^n=\frac{\frac{1}{4}}{1-\frac{1}{4}}=\frac{1}{3}$이고 $\displaystyle\sum_{n=1}^{\infty}\left(\frac{1}{2}\right)^n=\frac{\frac{1}{2}}{1-\frac{1}{2}}=1$이므로

$$\begin{aligned}\sum_{n=1}^{\infty}\frac{1+2^n}{4^n}&=\sum_{n=1}^{\infty}\left(\left(\frac{1}{4}\right)^n+\left(\frac{1}{2}\right)^n\right)\\&=\sum_{n=1}^{\infty}\left(\frac{1}{4}\right)^n+\sum_{n=1}^{\infty}\left(\frac{1}{2}\right)^n\\&=\frac{1}{3}+1=\frac{4}{3}\end{aligned}$$

▸▸▸ 연습문제 4.3

STEP 1

01 다음 무한급수의 수렴, 발산을 조사하여라.

(1) $\sum_{n=1}^{\infty} \frac{1}{n(n+2)}$

(2) $\sum_{n=1}^{\infty} \left(\left(-\frac{1}{2}\right)^n + \left(\frac{1}{2}\right)^n \right)$

(3) $\sum_{n=1}^{\infty} \frac{2^n + 3^n}{4^n}$

(4) $\sum_{n=1}^{\infty} 2\left(\frac{4}{3}\right)^n$

(5) $\sum_{n=1}^{\infty} \left(\frac{1}{n(n+2)} + \frac{1}{2^n} \right)$

(6) $\sum_{n=1}^{\infty} \left(\frac{1}{e}\right)^n$

(7) $1 - \frac{1}{2} + \frac{1}{4} - \frac{1}{8} + \cdots$

(8) $9 - 6 + 4 - \frac{8}{3} + \cdots$

02 다음 무한등비급수가 수렴하도록 x의 범위를 구하고 그 합을 구하여라.

(1) $\sum_{n=1}^{\infty} x^n$

(2) $\sum_{n=1}^{\infty} (-5)^n x^n$

(3) $x + \frac{x}{1+x} + \frac{x}{(1+x)^2} + \frac{x}{(1+x)^3} + \cdots$

STEP 2

03 다음 중 옳은 것을 모두 고르면?

① $\lim_{n\to\infty} a_n = 0$이면 $\sum_{n=1}^{\infty} a_n$은 수렴한다.

② $\lim_{n\to\infty} a_n = 1$이면 $\sum_{n=1}^{\infty} a_n$은 수렴한다.

③ $\lim_{n\to\infty} a_n \neq 0$이면 $\sum_{n=1}^{\infty} a_n$은 수렴한다.

④ $\sum_{n=1}^{\infty} a_n$이 수렴하면 $\lim_{n\to\infty} a_n = 1$이다.

⑤ $\sum_{n=1}^{\infty} a_n$이 수렴하면 $\lim_{n\to\infty} a_n = 0$이다.

04. 무한급수 $\sum_{n=1}^{\infty} \frac{n^2}{n(n+2)}$의 수렴, 발산을 조사하여라.

05. 무한급수 $\left(\frac{1}{2}-\frac{2}{3}\right)+\left(\frac{2}{3}-\frac{3}{4}\right)+\left(\frac{3}{4}-\frac{4}{5}\right)+\cdots$ 의 합을 구하여라.

06. 수열 $1, \frac{2}{4}, \frac{4}{9}, \frac{7}{16}, \frac{11}{25}, \cdots$ 의 극한값을 α라 할 때, $\sum_{n=1}^{\infty} \alpha^n$의 합을 구하여라.

07. 무한급수 $\sum_{n=1}^{\infty} \left(\frac{1}{2}\right)^n \sin\frac{n\pi}{2}$의 합을 구하여라.

08. 다음 무한등비급수가 수렴하기 위한 x의 값의 범위를 구하여라.

$$x + x^2(1-x) + x^3(1-x)^2 + \cdots$$

STEP 3

09. 어떤 공을 지상에서 땅에 떨어뜨리면 떨어진 거리의 $\frac{3}{4}$만큼 튀어 오른다고 한다. 이 공을 지상 $20\,m$의 높이에서 떨어뜨릴 때, 공이 움직인 거리의 극한값은 몇 m인지 구하여라.

10. 첫째 항이 1이고 공비가 $\frac{1}{7}$인 무한등비급수의 합 S를 구하고, S와 n항까지의 부분합 S_n의 차가 0.001 이하가 되는 최소의 자연수 n을 구하여라.

11. 다음 과정에서 이끌어 낼 수 있는 사실을 고르면?

$$1+\frac{1}{2}+\frac{1}{3}+\frac{1}{4}+\frac{1}{5}+\cdots+\frac{1}{8}+\frac{1}{9}+\cdots+\frac{1}{16}+\cdots$$
$$=1+\frac{1}{2}+\left(\frac{1}{3}+\frac{1}{4}\right)+\left(\frac{1}{5}+\cdots+\frac{1}{8}\right)+\left(\frac{1}{9}+\cdots+\frac{1}{16}\right)+\cdots$$
$$\geq 1+\frac{1}{2}+\left(\frac{1}{4}+\frac{1}{4}\right)+\left(\frac{1}{8}+\cdots+\frac{1}{8}\right)+\left(\frac{1}{16}+\cdots+\frac{1}{16}\right)+\cdots$$

① $\sum_{n=1}^{\infty}a_n$이 수렴하면 $\lim_{n\to\infty}a_n=0$이다.

② $\lim_{n\to\infty}a_n=0$이면 $\sum_{n=1}^{\infty}a_n$은 수렴한다.

③ $\lim_{n\to\infty}a_n=0$이지만 $\sum_{n=1}^{\infty}a_n$이 반드시 수렴한다고 볼 수 없다.

④ $\sum_{n=1}^{\infty}a_n$이 수렴하지만 반드시 $\lim_{n\to\infty}a_n=0$이라 할 수 없다.

⑤ $\sum_{n=1}^{\infty}a_n$이 수렴하지 않으면 $\lim_{n\to\infty}a_n=0$이다.

제5장 공간벡터와 행렬

5.1 벡터

크기(magnitude)만을 가진 양을 **스칼라**(scalar)라 하고, 크기와 방향(direction)을 동시에 가진 양을 **벡터**(vector)라 한다. 이 장에서는 유클리드 공간 $\mathbb{R}^2$ 또는 $\mathbb{R}^3$상에서 벡터에 대해 살펴본다.

평면 $\mathbb{R}^2$ 또는 공간 $\mathbb{R}^3$상의 두 점 A와 B에 대하여, A에서 B로 향하는 방향을 가지고 선분 $\overline{AB}$의 길이를 크기로 가지는 양을 **벡터**(vector)라고 부르고 $\overrightarrow{AB}$로 나타낸다. 이때 점 A를 **시점**(initial point)이라 하고 점 B를 **종점**(termial point)이라 한다. 벡터 $\overrightarrow{AB}$의 **크기**(선분 $\overline{AB}$의 길이)를 $|\overrightarrow{AB}|$로 표기한다. 편의상, 벡터를 간단히 $\boldsymbol{a}, \boldsymbol{b}, \boldsymbol{c}, \cdots$ 등으로 나타낸다.

정의 5.1.1 [벡터의 상등]

두 벡터 $\boldsymbol{a}=\overrightarrow{AB}$와 $\boldsymbol{a}'=\overrightarrow{A'B'}$가 방향과 크기가 같을 때, 두 벡터 '**$\boldsymbol{a}$와 $\boldsymbol{a}'$은 같다**' 라고 하고

$$\boldsymbol{a}=\boldsymbol{a}'$$

로 나타낸다. 즉, 벡터 $\boldsymbol{a}$를 평행이동하여 시점 A를 벡터 $\boldsymbol{a}'$의 시점 A'과 일치시켰을 때 종점 B가 벡터 $\boldsymbol{a}'$의 종점 B'과 일치한다면 두 벡터 $\boldsymbol{a}$와 $\boldsymbol{a}'$은 같다고 한다. 크기가 0이고 방향이 없는 벡터를 **영벡터**(zero vector)라고 부르고 $\boldsymbol{0}$로 나타낸다.

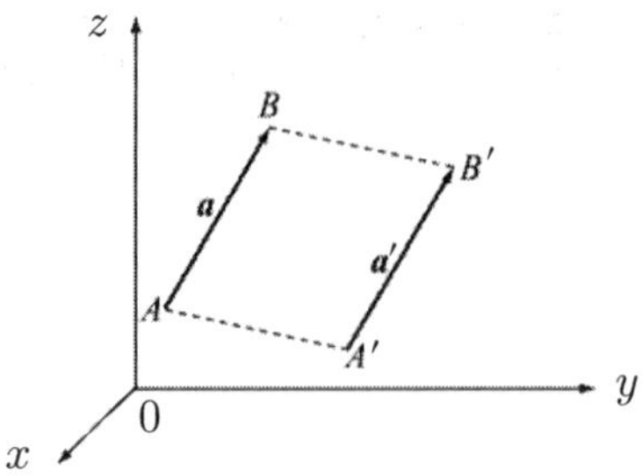

[그림 5.1.1]

예제 5.1.2 두 점 $A(1,2,0)$와 $B(2, 4, 1)$에 대하여, 벡터 $\overrightarrow{AB}$의 크기를 구하여라.

●●● **풀이** 선분 $\overline{AB}$ 의 길이는 $\sqrt{(2-1)^2+(4-2)^2+(1-0)^2}=\sqrt{6}$ 이므로
$|\overrightarrow{AB}|=\sqrt{6}$

예제 5.1.3 다음 그림과 같은 직사각형 $ABCD$의 대각선의 교점을 O라고 할 때, 다음 물음에 답하여라.

(1) 벡터 $\overrightarrow{AB}$와 상등인 벡터는?

(2) 벡터 $\overrightarrow{BO}$와 상등인 벡터는?

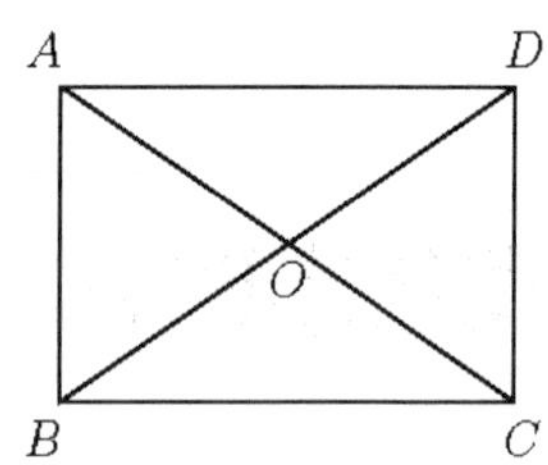

[그림 5.1.2]

●●● **풀이** (1) $\overrightarrow{DC}$

(2) $\overrightarrow{OD}$

정의 5.1.4 [벡터의 합]

두 벡터 $\boldsymbol{a}$와 $\boldsymbol{b}$에 대하여, 벡터 $\boldsymbol{a}$의 종점이 벡터 $\boldsymbol{b}$의 시점이 되도록 $\boldsymbol{b}$를 평행이동하였을 때, $\boldsymbol{a}$의 시점에서 $\boldsymbol{b}$의 종점으로 향하는 벡터를 **'$\boldsymbol{a}$와 $\boldsymbol{b}$의 합**(sum)' 이라고 하고 다음과 같이 나타낸다.

$$\boldsymbol{a}+\boldsymbol{b}$$

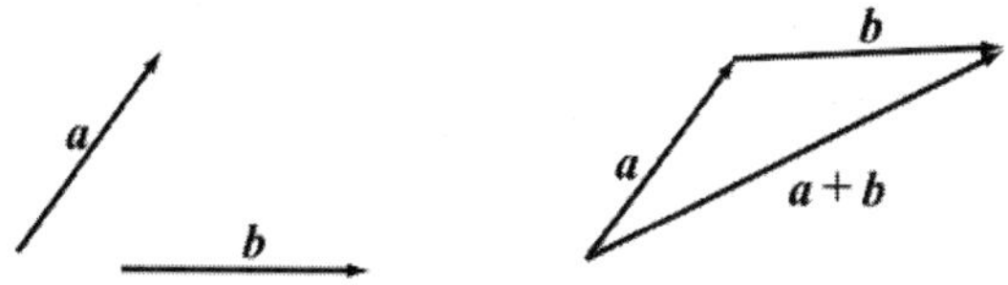

[그림 5.1.3]

정의 5.1.5 [벡터의 스칼라 배]

스칼라(실수) c와 벡터 $\boldsymbol{a}$에 대하여, 스칼라 c와 벡터 $\boldsymbol{a}$의 스칼라 배(scalar multiple) $c\boldsymbol{a}$는 다음과 같다.

(1) $c>0$일 때, 크기가 $|c\boldsymbol{a}|=c|\boldsymbol{a}|$이고 $\boldsymbol{a}$와 방향이 같은 벡터

(2) $c<0$일 때, 크기가 $|c\boldsymbol{a}|=|c||\boldsymbol{a}|$ 이고 $\boldsymbol{a}$와 방향이 정반대인 벡터

(3) $c=0$일 때, 영벡터

로 정의한다. 또한 $-\boldsymbol{a}=(-1)\boldsymbol{a}$ 와 $\boldsymbol{a}-\boldsymbol{b}=\boldsymbol{a}+(-\boldsymbol{b})$ 로 정의한다.

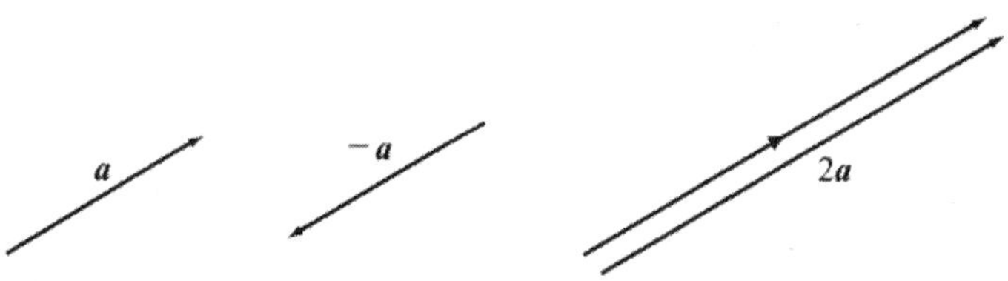

[그림 5.1.4]

정리 5.1.6 [벡터의 합과 스칼라 배에 대한 연산법칙]

$\mathbb{R}^3$상의 벡터들의 집합을 V_3라고 두면 임의의 벡터 $\boldsymbol{a}, \boldsymbol{b}, \boldsymbol{c} \in V_3$와 스칼라 $h, k \in \mathbb{R}$ 에 대해서, 다음이 성립한다.

(1) $\boldsymbol{a}+\boldsymbol{b}=\boldsymbol{b}+\boldsymbol{a}$

(2) $\boldsymbol{a}+\boldsymbol{0}=\boldsymbol{0}+\boldsymbol{a}$

(3) $\boldsymbol{a}+(-\boldsymbol{a})=\boldsymbol{0}$

(4) $(\boldsymbol{a}+\boldsymbol{b})+\boldsymbol{c}=\boldsymbol{a}+(\boldsymbol{b}+\boldsymbol{c})$

(5) $h(k\boldsymbol{a})=(hk)\boldsymbol{a}$

(6) $1\boldsymbol{a}=\boldsymbol{a}$

(7) $k(\boldsymbol{a}+\boldsymbol{b})=k\boldsymbol{a}+k\boldsymbol{b}$

(8) $(h+k)\boldsymbol{a}=h\boldsymbol{a}+k\boldsymbol{a}$

$\mathbb{R}^2$상의 벡터들의 집합을 V_2라고 두면 임의의 벡터 $a, b, c \in V_2$와 스칼라 $h, k \in \mathbb{R}$ 에 대해서도 같은 연산법칙이 성립한다.

예제 5.1.7 그림과 같은 직육면체 $ABCD-EFGH$에서 $\overrightarrow{AB}=a$, $\overrightarrow{AD}=b$, $\overrightarrow{AE}=c$ 라고 할 때, 다음 물음에 답하여라.

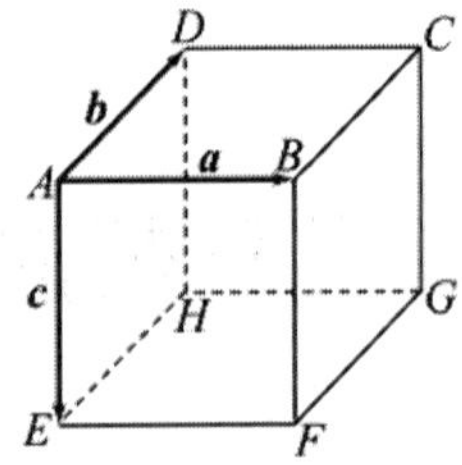

[그림 5.1.5]

(1) $a+b$와 같은 벡터는?

(2) $a+b+c$ 와 같은 벡터는?

(3) $\overrightarrow{DF}$를 a, b, c로 나타내어라.

(4) 한 변의 길이가 1일 때, $a+b+c$의 크기를 구하여라.

(5) $a-b$의 크기는?

풀이 (1) $a+b=\overrightarrow{AB}+\overrightarrow{AD}=\overrightarrow{AB}+\overrightarrow{BC}=\overrightarrow{AC}$ 와 $\overrightarrow{EG}$

(2) $a+b+c=\overrightarrow{AB}+\overrightarrow{AD}+\overrightarrow{AE}=\overrightarrow{EG}+\overrightarrow{AE}=\overrightarrow{AE}+\overrightarrow{EG}=\overrightarrow{AG}$

(3) $\overrightarrow{DF}=\overrightarrow{DA}+\overrightarrow{AF}=-\overrightarrow{AD}+\overrightarrow{AB}+\overrightarrow{BF}=-\overrightarrow{AD}+\overrightarrow{AB}+\overrightarrow{AE}$

$=a-b+c$

(4) 한 변의 길이가 1일 때, $|\overrightarrow{AC}|=\sqrt{2}$ 이므로 $|\overrightarrow{AG}|=\sqrt{2+1}=\sqrt{3}$ 이다. (2)에서 $a+b+c=\overrightarrow{AG}$ 이므로 $a+b+c$의 크기는 $\sqrt{3}$ 이다.

(5) $a-b=\overrightarrow{AB}-\overrightarrow{AD}=\overrightarrow{AB}+\overrightarrow{DA}=\overrightarrow{DB}$ 이고 $|\overrightarrow{DB}|=\sqrt{2}$ 이므로 $a-b$의 크기는 $\sqrt{2}$ 이다.

■ 위치벡터

공간 $\mathbb{R}^3$상의 임의의 두 점 $A(x_1, y_1, z_1)$와 $B(x_2, y_2, z_2)$에 대해서, 벡터 $\overrightarrow{AB}$를 시점이 원점 O가 되도록 평행이동해 보면 점 $C(x_2-x_1,\ y_2-y_1,\ z_2-z_1)$에 대하여, $\overrightarrow{AB}=\overrightarrow{OC}$ 임을 알 수 있다. 즉, $\mathbb{R}^3$상의 모든 벡터들은 원점 O를 시점으로

하는 벡터와 같다. 따라서 $\mathbb{R}^3$상의 모든 벡터들의 집합은 $V_3 = \{\overrightarrow{OA} \mid A = (x, y, z) \in \mathbb{R}^3\}$이다. 한편 $\overrightarrow{OA}$의 시점은 항상 원점이므로, 벡터 $\overrightarrow{OA}$는 종점 $A(x, y, z)$에 의하여 결정된다. 여기에서 우리는 점 $A(x, y, z)$에 대해서, 벡터 $\overrightarrow{OA}$를 편의상 $\langle x, y, z \rangle$로 나타낸다. 즉,

$$\overrightarrow{OA} = \langle x, y, z \rangle$$

일반적으로 벡터 $\overrightarrow{OA} = \langle x, y, z \rangle$를 점 $A(x, y, z)$의 **위치벡터**(position vector)라고 부른다. 임의의 두 점 $A(x_1, y_1, z_1)$와 $B(x_2, y_2, z_2)$에 대해서, 벡터 $\overrightarrow{AB}$는 다음과 같이 나타낼 수 있다.

$$\overrightarrow{AB} = \langle x_2 - x_1, y_2 - y_1, z_2 - z_1 \rangle$$

그러므로 $V_3 = \{\langle a, b, c \rangle \mid a, b, c \in \mathbb{R}\}$로 나타난다.

같은 방법으로 평면 $\mathbb{R}^2$상의 위치벡터를 $\langle x, y \rangle$로 나타낼 수 있고 $\mathbb{R}^2$상의 벡터들을 $V_2 = \{\langle a, b \rangle \mid a, b \in \mathbb{R}\}$로 표현한다. V_3에서 정의되는 연산과 성질들이 대부분 V_2에서도 성립한다.

정리 5.1.8

두 벡터 $\boldsymbol{a} = \langle a_1, a_2, a_3 \rangle$, $\boldsymbol{b} = \langle b_1, b_2, b_3 \rangle \in V_3$ 와 스칼라 $c \in \mathbb{R}$에 대하여, 다음이 성립한다.

(1) $|\boldsymbol{a}| = |\langle a_1, a_2, a_3 \rangle| = \sqrt{a_1^2 + a_2^2 + a_3^2}$

(2) $c\boldsymbol{a} = \langle ca_1, ca_2, ca_3 \rangle$

(3) $\boldsymbol{a} + \boldsymbol{b} = \langle a_1 + b_1, a_2 + b_2, a_3 + b_3 \rangle$

(4) $\boldsymbol{a} - \boldsymbol{b} = \langle a_1 - b_1, a_2 - b_2, a_3 - b_3 \rangle$

(증명) 삼차원 공간에서 점의 위치 관계를 이용하여 증명할 수 있다. ∎

예제 5.1.9 $\mathbf{a}=\langle 3,-2,-1\rangle$, $\mathbf{b}=\langle 1,2,3\rangle$라 할 때, $\mathbf{a}+\mathbf{b}$, $3\mathbf{b}$, $-\mathbf{a}$와 $|\mathbf{a}|$를 구하여라.

●●● **풀이** $\mathbf{a}+\mathbf{b}=\langle 4,0,2\rangle$, $3\mathbf{b}=\langle 3,6,9\rangle$, $-\mathbf{a}=\langle -3,2,1\rangle$ 이고 $|\mathbf{a}|=\sqrt{3^2+(-2)^2+(-1)^2}=\sqrt{14}$ 이다.

V_3에서 $\mathbf{i}=\langle 1,0,0\rangle$, $\mathbf{j}=\langle 0,1,0\rangle$, $\mathbf{k}=\langle 0,0,1\rangle$ 라고 두면, V_3의 임의의 벡터 $\mathbf{a}=\langle a_1,a_2,a_3\rangle$ 는 다음과 같이 나타낼 수 있다.

$$\begin{aligned}\mathbf{a}&=\langle a_1,a_2,a_3\rangle=\langle a_1,0,0\rangle+\langle 0,a_2,0\rangle+\langle 0,0,a_3\rangle\\&=a_1\langle 1,0,0\rangle+a_2\langle 0,1,0\rangle+a_3\langle 0,0,1\rangle\\&=a_1\mathbf{i}+a_2\mathbf{j}+a_3\mathbf{k}\end{aligned}$$

여기에서 $\mathbf{i},\mathbf{j},\mathbf{k}$는 각각 x축, y축, z축 상의 점 $(1,0,0)$, $(0,1,0)$, $(0,0,1)$의 위치벡터이고 $\mathbf{i},\mathbf{j},\mathbf{k}$를 V_3의 **기본벡터**(standard vector)라고 부른다. 한편, 크기가 1인 벡터를 **단위벡터**(unit vector)라고 부른다. 따라서 V_3의 기본벡터 $\mathbf{i},\mathbf{j},\mathbf{k}$는 단위벡터이다.

영벡터가 아닌 임의의 벡터 $\mathbf{a}$와 같은 방향을 가지는 단위벡터는 $\mathbf{u}=\dfrac{\mathbf{a}}{|\mathbf{a}|}$ 이다.

예제 5.1.10 벡터 $2\mathbf{i}-\mathbf{j}-2\mathbf{k}$ 와 같은 방향을 가지는 단위벡터를 구하여라.

●●● **풀이** $|2\mathbf{i}-\mathbf{j}-2\mathbf{k}|=\sqrt{2^2+(-1)^2+(-2)^2}=\sqrt{9}=3$ 이므로 같은 방향을 가지는 단위벡터는

$$\frac{2}{3}\mathbf{i}-\frac{1}{3}\mathbf{j}-\frac{2}{3}\mathbf{k}$$

■ 벡터의 내적

정의 5.1.11 [벡터의 내적]

두 벡터 $\boldsymbol{a} = \langle a_1, a_2, a_3 \rangle$ 와 $\boldsymbol{b} = \langle b_1, b_2, b_3 \rangle$ 에 대하여, 다음과 같이 스칼라를 대응시키는 것을 두 벡터 $\boldsymbol{a}$와 $\boldsymbol{b}$의 **내적**(inner product)이라고 하고 $\boldsymbol{a} \cdot \boldsymbol{b}$로 나타낸다.

$$\boldsymbol{a} \cdot \boldsymbol{b} = a_1 b_1 + a_2 b_2 + a_3 b_3$$

정리 5.1.12

두 벡터 $\boldsymbol{a}$와 $\boldsymbol{b}$의 사이의 각을 θ라고 하면, 다음이 성립한다. (단, $0 \le \theta \le \pi$)

$$\boldsymbol{a} \cdot \boldsymbol{b} = |\boldsymbol{a}||\boldsymbol{b}|\cos\theta$$

(증명) 두 벡터를 $\boldsymbol{a} = \langle a_1, a_2, a_3 \rangle$ 와 $\boldsymbol{b} = \langle b_1, b_2, b_3 \rangle$ 로 두고 아래 그림과 같이 표현하자.

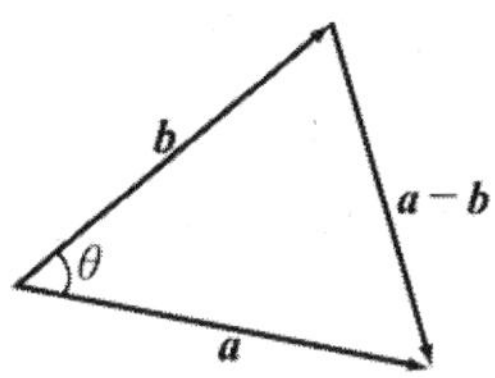

[그림 5.1.6]

$\boldsymbol{a} - \boldsymbol{b} = \langle a_1 - b_1,\ a_2 - b_2,\ a_3 - b_3 \rangle$ 이므로

$$|\boldsymbol{a} - \boldsymbol{b}|^2 = (a_1 - b_1)^2 + (a_2 - b_2)^2 + (a_3 - b_3)^2$$

이다. 제2코사인법칙(정리 1.3.19)에 의하여 다음을 얻을 수 있다.

$$2|\boldsymbol{a}||\boldsymbol{b}|\cos\theta = |\boldsymbol{a}|^2 + |\boldsymbol{b}|^2 - |\boldsymbol{a} - \boldsymbol{b}|^2$$

$$
\begin{aligned}
&= \left(a_1^2 + a_2^2 + a_3^2\right) + \left(b_1^2 + b_2^2 + b_3^2\right) \\
&\quad - \left(a_1^2 - 2a_1b_1 + b_1^2 + a_2^2 - 2a_2b_2 + b_2^2 + a_3^2 - 2a_3b_3 + b_3^2\right) \\
&= 2\left(a_1b_1 + a_2b_2 + a_3b_3\right) \\
&= 2(\boldsymbol{a} \cdot \boldsymbol{b})
\end{aligned}
$$

한편 $\boldsymbol{a}$와 $\boldsymbol{b}$가 평행인 경우도 같은 결과를 얻을 수 있다. ∎

예제 5.1.13 벡터 $\boldsymbol{a} = \langle 1, 0, 1 \rangle$과 $\boldsymbol{b} = \langle 1, -1, 0 \rangle$ 사이의 각을 구하여라.

●●● **풀이** $|\boldsymbol{a}| = \sqrt{1+0+1} = \sqrt{2}$, $|\boldsymbol{b}| = \sqrt{1+1+0} = \sqrt{2}$이고 $\boldsymbol{a} \cdot \boldsymbol{b} = 1$ 이므로

$$\cos\theta = \frac{\boldsymbol{a} \cdot \boldsymbol{b}}{|\boldsymbol{a}||\boldsymbol{b}|} = \frac{1}{\sqrt{2}\sqrt{2}} = \frac{1}{2}$$

따라서 $\theta = \dfrac{\pi}{3}$이다.

두 벡터 $\boldsymbol{a}$와 $\boldsymbol{b}$가 스칼라 c에 대하여, $\boldsymbol{b} = c\boldsymbol{a}$이면 $\boldsymbol{a}$와 $\boldsymbol{b}$는 **평행**(parallel)이라고 하고 $\boldsymbol{a} /\!/ \boldsymbol{b}$로 나타낸다. 영벡터가 아닌 임의의 두 벡터 $\boldsymbol{a}$와 $\boldsymbol{b}$ 사이의 작은 각이 $90°$를 이룰 때, 두 벡터 '$\boldsymbol{a}$와 $\boldsymbol{b}$는 **직교**(perpendicular)한다 (또는 $\boldsymbol{a}$와 $\boldsymbol{b}$는 **수직**(orthogonal)이다)' 라고 하고 $\boldsymbol{a} \perp \boldsymbol{b}$로 나타낸다.

예제 5.1.14 영벡터가 아닌 임의의 두 벡터 $\boldsymbol{a}$와 $\boldsymbol{b}$가 직교할 필요충분조건은 $\boldsymbol{a} \cdot \boldsymbol{b} = 0$이다.

●●● **풀이** 두 벡터 $\boldsymbol{a}$와 $\boldsymbol{b}$ 사이의 작은 각을 θ라고 하자.

$$\cos\theta = \frac{\boldsymbol{a} \cdot \boldsymbol{b}}{|\boldsymbol{a}||\boldsymbol{b}|} \text{이므로 } \theta = 90° \Leftrightarrow \cos\theta = 0 \Leftrightarrow \boldsymbol{a} \cdot \boldsymbol{b} = 0$$

예제 5.1.15 벡터 $\boldsymbol{a}=\langle 1, 1, 1\rangle$과 $\boldsymbol{b}=\langle 6, -3, -3\rangle$ 는 직교한다는 것을 보여라.

●●● **풀이** $\boldsymbol{a}\cdot\boldsymbol{b}=1\cdot 6+1\cdot(-3)+1\cdot(-3)=0$ 이므로 $\boldsymbol{a}$와 $\boldsymbol{b}$는 직교한다.

정의 5.1.16 [방향각과 방향코사인]

영벡터가 아닌 벡터 $\boldsymbol{a}$와 좌표축의 x축, y축, z축의 양의 방향과 이루는 각을 각각 α, β, γ 라고 두자. 이때 α, β, γ를 $\boldsymbol{a}$의 **방향각**(direction angle)이라 하고

$$\cos\alpha,\ \cos\beta,\ \cos\gamma$$

를 $\boldsymbol{a}$의 **방향코사인**(direction cosine)이라 한다.

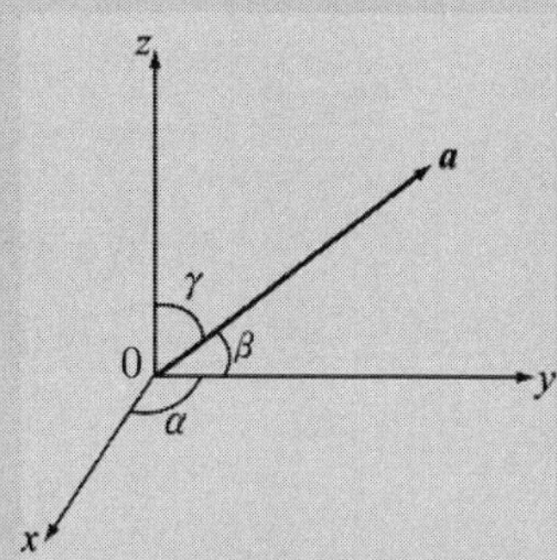

[그림 5.1.7]

정리 5.1.17

영벡터가 아닌 벡터 $\boldsymbol{a}=\langle a_1, a_2, a_3\rangle$ 의 방향코사인은 다음과 같다.

$$\cos\alpha=\frac{a_1}{|\boldsymbol{a}|},\ \cos\beta=\frac{a_2}{|\boldsymbol{a}|},\ \cos\gamma=\frac{a_3}{|\boldsymbol{a}|}$$

따라서 벡터 $\boldsymbol{a}$를 다음과 같이 나타낼 수 있다.

$$\boldsymbol{a}=|\boldsymbol{a}|\langle\cos\alpha,\ \cos\beta,\ \cos\gamma\rangle$$

(증명) α, β, γ는 각각 $\boldsymbol{a}$와 좌표축 x축, y축, z축의 양의 방향과 이루는 각이므로 정리 5.1.12에 의하여

$$\cos\alpha = \frac{\boldsymbol{a}\cdot\boldsymbol{i}}{|\boldsymbol{a}||\boldsymbol{i}|},\ \cos\beta = \frac{\boldsymbol{a}\cdot\boldsymbol{j}}{|\boldsymbol{a}||\boldsymbol{j}|},\ \cos\gamma = \frac{\boldsymbol{a}\cdot\boldsymbol{k}}{|\boldsymbol{a}||\boldsymbol{k}|}$$

이다. 따라서,

$$\cos\alpha = \frac{a_1}{|\boldsymbol{a}|},\ \cos\beta = \frac{a_2}{|\boldsymbol{a}|},\ \cos\gamma = \frac{a_3}{|\boldsymbol{a}|}$$

한편 $a_1 = |\boldsymbol{a}|\cos\alpha,\ a_2 = |\boldsymbol{a}|\cos\beta,\ a_3 = |\boldsymbol{a}|\cos\gamma$ 이므로

$$\begin{aligned}\boldsymbol{a} &= \langle a_1,\ a_2,\ a_3 \rangle \\ &= \langle |\boldsymbol{a}|\cos\alpha,\ |\boldsymbol{a}|\cos\beta,\ |\boldsymbol{a}|\cos\gamma \rangle \\ &= |\boldsymbol{a}|\langle \cos\alpha,\ \cos\beta,\ \cos\gamma \rangle\end{aligned}$$

∎

예제 5.1.18 α, β, γ를 벡터 $\boldsymbol{a}$의 방향각이라 할 때, $\langle \cos\alpha, \cos\beta, \cos\gamma \rangle$는 $\boldsymbol{a}$와 방향이 같은 단위벡터임을 보여라.

●●● **풀이** $\boldsymbol{a}$와 방향이 같은 단위벡터는 $\boldsymbol{u} = \frac{\boldsymbol{a}}{|\boldsymbol{a}|}$ 이고

$\cos^2\alpha + \cos^2\beta + \cos^2\gamma = 1$ 이므로 $\langle \cos\alpha, \cos\beta, \cos\gamma \rangle$는 $\boldsymbol{a}$와 방향이 같은 단위벡터이다.

예제 5.1.19 벡터 $\boldsymbol{a} = \langle 1, 2, 3 \rangle$의 방향코사인을 구하여라.

●●● **풀이** $|\boldsymbol{a}| = \sqrt{14}$ 이므로 $\cos\alpha = \frac{1}{\sqrt{14}},\ \cos\beta = \frac{2}{\sqrt{14}},\ \cos\gamma = \frac{3}{\sqrt{14}}$

▸▸▸ 연습문제 5.1

STEP 1

01 오른쪽 그림과 같은 정육각형 $ABCDEF$에서 $\overrightarrow{AB}=\mathbf{a}$, $\overrightarrow{AD}=\mathbf{b}$라 할 때, $\overrightarrow{FD}$를 $\mathbf{a}$와 $\mathbf{b}$로 나타내어라.

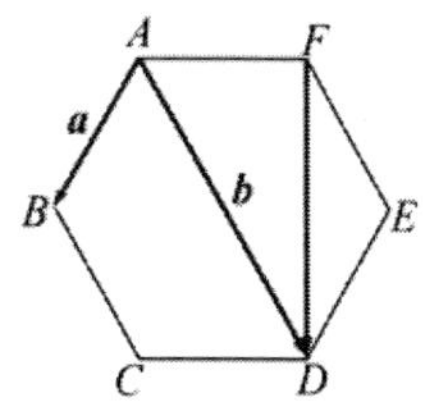

02 그림과 같은 정육면체에서 $\overrightarrow{AB}=\mathbf{a}$, $\overrightarrow{AD}=\mathbf{b}$, $\overrightarrow{AE}=\mathbf{c}$라 할 때, $\overrightarrow{BH}$를 $\mathbf{a}, \mathbf{b}, \mathbf{c}$로 나타내어라.

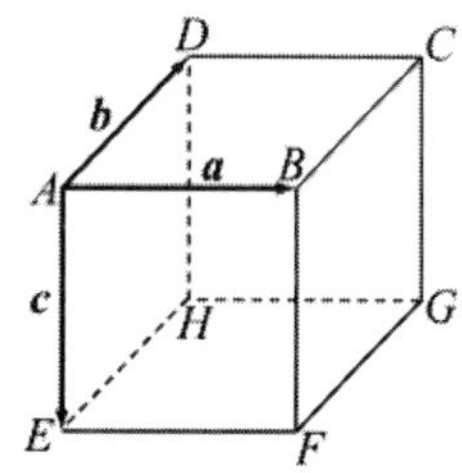

03 두 벡터 $\mathbf{a}=\langle -1, 2\rangle$, $\mathbf{b}=\langle 4, 3\rangle$에 대하여, $|\mathbf{a}|$, $\mathbf{a}+\mathbf{b}$, $\mathbf{a}-\mathbf{b}$, $2\mathbf{a}$와 $3\mathbf{a}+4\mathbf{b}$를 구하여라.

04 두 벡터 $\mathbf{a}=\mathbf{i}+\mathbf{j}+\mathbf{k}$, $\mathbf{b}=2\mathbf{i}-\mathbf{j}+3\mathbf{k}$에 대하여, $|\mathbf{a}|$, $\mathbf{a}+\mathbf{b}$, $\mathbf{a}-\mathbf{b}$, $2\mathbf{a}$와 $3\mathbf{a}+4\mathbf{b}$를 구하여라.

05 다음 두 벡터의 내적을 구하여라.

(1) $\mathbf{a}=\langle 2, 5\rangle$, $\mathbf{b}=\langle -3, 1\rangle$

(2) $\mathbf{a}=\langle 4, 7, -1\rangle$, $\mathbf{b}=\langle -2, 1, 4\rangle$

(3) $\mathbf{a}=\mathbf{i}-\mathbf{k}$, $\mathbf{b}=\mathbf{i}+2\mathbf{j}$

06. 다음 두 벡터 사이의 각을 θ라고 할 때, $\cos\theta$의 값을 구하여라.

(1) $\boldsymbol{a}=\langle 2, 5\rangle$, $\boldsymbol{b}=\langle -3, 1\rangle$

(2) $\boldsymbol{a}=\langle 4, 7, -1\rangle$, $\boldsymbol{b}=\langle -2, 1, 4\rangle$

(3) $\boldsymbol{a}=\boldsymbol{i}-\boldsymbol{k}$, $\boldsymbol{b}=\boldsymbol{i}+2\boldsymbol{j}$

07. 두 벡터 $\boldsymbol{a}=\langle -3, 1, 2\rangle$, $\boldsymbol{b}=\langle 2, -3, 1\rangle$ 이 이루는 각의 크기를 구하여라.

08. 다음 벡터의 방향코사인을 구하여라.

(1) $\langle -4, -1, 2\rangle$

(2) $3\boldsymbol{i}+5\boldsymbol{j}-4\boldsymbol{k}$

09. 다음 두 벡터가 직교인지, 평행인지, 또는 어느 것도 아닌지를 판별하여라.

(1) $\boldsymbol{a}=\langle 2, -4\rangle$, $\boldsymbol{b}=\langle -1, 2\rangle$

(2) $\boldsymbol{a}=\langle 2, -4\rangle$, $\boldsymbol{b}=\langle 4, 2\rangle$

(3) $\boldsymbol{a}=\langle 2, 8, -3\rangle$, $\boldsymbol{b}=\langle -1, 2, 5\rangle$

(4) $\boldsymbol{a}=\langle -1, 5, 2\rangle$, $\boldsymbol{b}=\langle 4, 2, -3\rangle$

(5) $\boldsymbol{a}=3\boldsymbol{i}+\boldsymbol{j}-\boldsymbol{k}$, $\boldsymbol{b}=\boldsymbol{i}-\boldsymbol{j}+2\boldsymbol{k}$

(6) $\boldsymbol{a}=2\boldsymbol{i}+6\boldsymbol{j}-4\boldsymbol{k}$, $\boldsymbol{b}=-3\boldsymbol{i}-9\boldsymbol{j}+6\boldsymbol{k}$

STEP 2

10. 서로 다른 네 점 O, A, B, C에 대하여,

$$\overrightarrow{OA}=2a+b,\ \overrightarrow{OB}=a-b,\ \overrightarrow{OC}=5a+kb$$

일 때, 세 점 A, B, C가 같은 직선 위에 있기 위한 상수 k의 값을 구하여라. (단, $\boldsymbol{a}\neq\boldsymbol{b}$, $\boldsymbol{a}\neq\boldsymbol{0}$, $\boldsymbol{b}\neq\boldsymbol{0}$)

11. 한 변의 길이가 1인 정사각형 $ABCD$에 대하여, $\overrightarrow{AB}=\mathbf{a}$, $\overrightarrow{AC}=\mathbf{b}$, $\overrightarrow{AD}=\mathbf{c}$ 라 할 때, $\mathbf{a}+\mathbf{b}+\mathbf{c}$ 의 크기를 구하여라.

12. 두 벡터 $\mathbf{a}=\langle 1, -2, 3\rangle$, $\mathbf{b}=\langle -1, 1, -1\rangle$ 에 대하여, $\mathbf{a}+t\mathbf{b}$ 의 크기가 최소가 되는 실수 t의 값을 구하여라.

13. 두 벡터 $\mathbf{a}=\langle 1, 2\rangle$, $\mathbf{b}=\langle 2, -1\rangle$ 에 대하여, 벡터 $2\mathbf{a}+\mathbf{b}$의 크기를 구하여라.

14. 두 점 $A(2, 2, -1)$ 와 $B(2, 5, 3)$ 에 대하여, $\mathbf{a}=\overrightarrow{AB}$ 라 할 때, 벡터 $\mathbf{a}$의 크기와 $\mathbf{a}$와 같은 방향의 단위벡터를 구하여라.

15. 두 벡터 $\mathbf{a}, \mathbf{b}$가 이루는 각이 $60°$이다. $\mathbf{b}$의 크기는 1이고 $\mathbf{a}-3\mathbf{b}$의 크기는 $\sqrt{13}$일 때, $\mathbf{a}$의 크기를 구하여라.

16. 두 벡터 $\mathbf{a}=\langle 3, 1\rangle$, $\mathbf{b}=\langle -2, 2\rangle$ 에 대하여, $\mathbf{a}\perp\mathbf{c}$이고 $\mathbf{a}=k\mathbf{b}+\mathbf{c}$일 때, 상수 k의 값을 구하여라.

17. 벡터의 내적에 관한 설명 중 틀린 것을 고르면?

① $\mathbf{a}$ □ $\mathbf{b}$ $\Leftrightarrow \mathbf{a}\cdot\mathbf{b}=\pm|\mathbf{a}||\mathbf{b}|$

② $\mathbf{a}$ □ $\mathbf{b}$ $\Leftrightarrow \mathbf{a}\cdot\mathbf{b}=0$

③ $\mathbf{a}\cdot\mathbf{b}=|\mathbf{a}||\mathbf{b}|\cos\theta$ (단, θ는 두 벡터가 이루는 각의 크기)

④ $(\mathbf{a}+\mathbf{b})\cdot(\mathbf{a}-\mathbf{b})=|\mathbf{a}|^2|\mathbf{b}|^2$

⑤ $|\mathbf{a}\cdot\mathbf{b}|\le|\mathbf{a}||\mathbf{b}|$

18. 두 벡터 $\mathbf{i}+\mathbf{j}$와 $\mathbf{i}+\mathbf{k}$ 모두에 직교하는 단위벡터를 구하여라.

19. 두 벡터 $\boldsymbol{a}=\langle 2, -1, -1\rangle$, $\boldsymbol{b}=\langle 1, -3, 2\rangle$ 와 각각 수직이고 크기가 6인 벡터를 구하여라.

20. 벡터 $\boldsymbol{a}=\langle 2, -2, 1\rangle$ 의 방향코사인이 $\cos\alpha=p$, $\cos\beta=q$, $\cos\gamma=r$일 때, $p-q+2r$의 값을 구하여라.

STEP 3

21. 오른쪽 그림의 정육면체에서 $\overrightarrow{AB}=\boldsymbol{a}$, $\overrightarrow{AD}=\boldsymbol{b}$, $\overrightarrow{AE}=\boldsymbol{c}$ 라고 하고 선분 $\overline{FC}$ 의 중점을 M이라 할 때, $\overrightarrow{EM}$ 을 $\boldsymbol{a}, \boldsymbol{b}, \boldsymbol{c}$로 나타내어라.

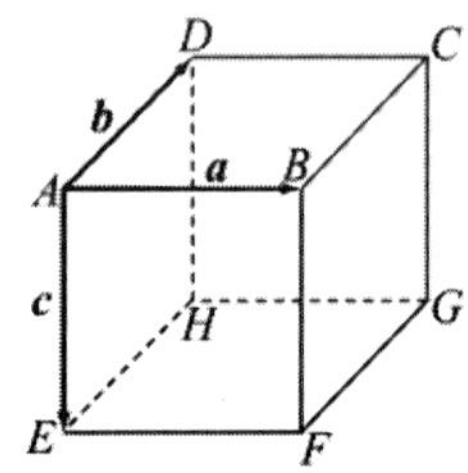

22. $\overrightarrow{OA}=2\boldsymbol{a}+\boldsymbol{b}$, $\overrightarrow{OB}=\boldsymbol{a}-\boldsymbol{b}$, $\overrightarrow{OC}=4\boldsymbol{a}+m\boldsymbol{b}$ 일 때, 세 점 A, B, C는 한 직선위에 있다고 한다. 벡터 $\boldsymbol{a}$와 $\boldsymbol{b}$가 평행이 아니고 각각 영벡터가 아닐 때 실수 m의 값을 구하여라.

23. 방정식 $x^2+y^2+z^2-6x+2y-4z=0$이 나타내는 구의 중심의 좌표와 반지름의 길이를 구하여라.

24. 점 $A(5,1,4)$를 지나고 $xy-$평면, $yz-$평면, $zx-$평면에 모두 접하는 구의 방정식을 구하여라.

25. 좌표평면 위에 세 점 $A(-1,2)$, $B(4,3)$, $C(3,1)$이 있다. 좌표평면 위의 점 P에 대하여 $\overrightarrow{AP}+\overrightarrow{BP}+\overrightarrow{CP}=0$ 가 성립할 때 점 P의 좌표를 구하여라.

26. 세 벡터 $a = \langle 1, 1, 1 \rangle$, $b = \langle 0, -1, 2 \rangle$, $c = \langle -2, 3, 0 \rangle$ 을 사용하여 벡터 $d = \langle 2, 4, -2 \rangle$ 를 $d = ka + lb + mc$ 로 나타낼 때 $k + l + m$의 값을 구하여라.

27. 오른쪽 그림은 한 변의 길이가 2인 정삼각형을 밑면으로 하고 높이가 4인 삼각기둥이다. $\overrightarrow{AB} \cdot \overrightarrow{AF}$의 값을 구하여라.

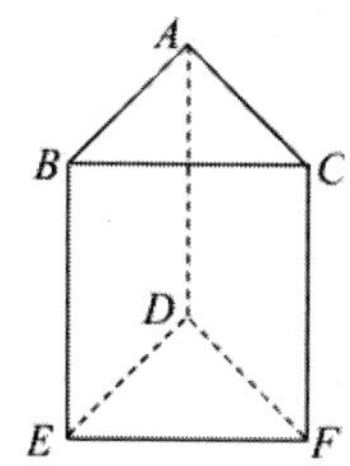

28. $|a| = |b|$, $|2a - b| = |a + b|$ 일 때, 두 벡터 a, b가 이루는 각의 크기를 구하여라. (단, $a \neq 0$)

29. $|a| = 1$, $|b| = 2$이고, a, b가 이루는 각의 크기가 $60°$일 때, $(2a + b) \cdot (a - b)$의 값을 구하여라.

30. $|a| = 1$, $|b| = 2$이고 a, b가 이루는 각의 크기가 $30°$일 때, $|xa + b| = 2$ 가 되게 하는 실수 x 의 값을 구하여라. (단, $x \neq 0$)

31. $|a| = 1$, $|b| = 1$ 이고, 두 벡터 a, b가 이루는 각의 크기가 $60°$일 때, $a + b$와 $a - 2b$ 가 이루는 각의 크기를 구하여라.

32. 네 점 $O(0, 0, 0)$, $A(1, 1, 0)$, $B(0, 1, 1)$, $C(1, 0, 1)$을 꼭짓점으로 하는 정사면체가 있다. 삼각형 $\triangle ABC$와 $\triangle OAB$의 무게중심을 각각 G와 H라 하고 두 벡터 $\overrightarrow{OG}$와 $\overrightarrow{OH}$가 이루는 각의 크기를 θ라 할 때, $\cos\theta$ 의 값을 구하여라.

33. 공간상의 한 직선 위에 있지 않은 세 점 O, A, B가 있다. 두 벡터 $4\overrightarrow{OA}+m\overrightarrow{OB}$ 와 $m\overrightarrow{OA}+2\overrightarrow{OB}$ 가 평행할 때, 양의 실수 m의 값을 구하여라.

34. 두 벡터 $\boldsymbol{a}, \boldsymbol{b}$가 이루는 각의 크기가 $60°$이다. $\boldsymbol{b}$의 크기는 1이고 $\boldsymbol{a}-3\boldsymbol{b}$의 크기가 $\sqrt{13}$일 때, $\boldsymbol{a}$의 크기를 구하여라.

35. $\boldsymbol{a}+\boldsymbol{b}+\boldsymbol{c}=0$ 이고 $|\boldsymbol{a}|=3$, $|\boldsymbol{b}|=5$, $|\boldsymbol{c}|=7$일 때, $\boldsymbol{a}$와 $\boldsymbol{b}$가 이루는 각의 크기를 구하여라.

5.2 직선과 평면의 방정식

▪ 직선의 방정식

공간 $\mathbb{R}^3$상의 직선은 직선 위의 한 점과 그 직선의 방향에 의하여 결정된다. $\mathbb{R}^3$ 상의 한 점 $P_0(x_0, y_0, z_0)$를 지나고 직선의 방향이 벡터 $\boldsymbol{v}$와 같은 방향을 가지는 직선 L의 방정식을 구해보자.

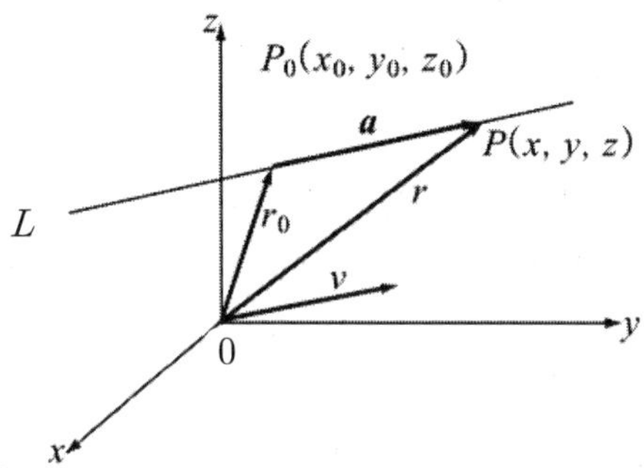

[그림 5.2.1]

$\mathbb{R}^3$상의 한 점 $P_0(x_0, y_0, z_0)$를 지나는 직선 L상의 임의의 점을 $P(x, y, z)$라 두고 점 $P_0(x_0, y_0, z_0)$의 위치벡터를 $\boldsymbol{r}_0$, 임의의 점 $P(x, y, z)$의 위치벡터를 $\boldsymbol{r}$이라고 하자. $\boldsymbol{a} = \overrightarrow{P_0P}$ 라고 두면 $\boldsymbol{r} = \boldsymbol{r}_0 + \boldsymbol{a}$ 이다. 벡터 $\boldsymbol{v} = \langle a, b, c \rangle$ 를 $\boldsymbol{a}$에 평행인 위치벡터라고 두면 $\boldsymbol{a} = t\boldsymbol{v}$로 나타낼 수 있다. 따라서

$$\boldsymbol{r} = \boldsymbol{r}_0 + t\boldsymbol{v}$$

이때 $\boldsymbol{v}$를 직선 L의 **방향벡터**(directional vector)라고 한다.

정의 5.2.1 [직선의 방정식]

$\mathbb{R}^3$상의 한 점 $P_0(x_0, y_0, z_0)$를 지나고 직선의 방향이 벡터 v와 같은 방향을 가지는 직선 L의 방정식을 다음과 같은 세 가지 방법으로 나타낼 수 있는데 각각을 벡터방정식, 매개방정식, 대칭방정식이라 부른다.

(1) $\boldsymbol{r} = \boldsymbol{r}_0 + t\boldsymbol{v}$ $(t \in \mathbb{R})$

$(\boldsymbol{r} = \langle x, y, z \rangle$, $\boldsymbol{r}_0 = \langle x_0, y_0, z_0 \rangle$, $\boldsymbol{v} = \langle a, b, c \rangle)$ [L의 **벡터방정식**]

(2) $x = x_0 + at,\ y = y_0 + bt,\ z = z_0 + ct$ $(t \in \mathbb{R})$ [L의 **매개방정식**]

(3) $\dfrac{x - x_0}{a} = \dfrac{y - y_0}{b} = \dfrac{z - z_0}{c}$ [L의 **대칭방정식**]

〈주의〉 정의 5.2.1의 대칭방정식에서 a, b, c중 적어도 하나가 0이 되는 경우 예외적으로 정의할 필요가 있다. 예를 들면, $a = 0$일 경우 다음과 같이 대칭방정식을 정의한다.

$$x = x_0,\quad \frac{y - y_0}{b} = \frac{z - z_0}{c}$$

예제 5.2.2 점 (5,1,3)을 지나고 벡터 $\boldsymbol{i} + 4\boldsymbol{j} - 2\boldsymbol{k}$에 평행인 직선의 방정식을 구하여라.

풀이 $\boldsymbol{r} = \langle x, y, z \rangle$, $\boldsymbol{r}_0 = \langle 5, 1, 3 \rangle$, $\boldsymbol{v} = \langle 1, 4, -2 \rangle$ 로 두면

(1) 벡터방정식은 $\langle x, y, z \rangle = \langle 5, 1, 3 \rangle + t\langle 1, 4, -2 \rangle$ $(t \in \mathbb{R})$이고,

(2) 매개방정식은 $x = 5 + t,\ y = 1 + 4t,\ z = 3 - 2t$ $(t \in \mathbb{R})$이며,

(3) 대칭방정식은 $\dfrac{x - 5}{1} = \dfrac{y - 1}{4} = \dfrac{z - 3}{-2}$ 이다.

예제 5.2.3 두 점 $A(2,4,-1)$과 $B(1,1,1)$을 지나는 직선의 방정식을 구하여

라.

●●● **풀이** 방향벡터 $v = \overrightarrow{AB} = \langle 1-2,\ 1-4,\ 1-(-1)\rangle = \langle -1,\ -3,\ 2\rangle$ 이고 $r_0 = \langle 1,\ 1,\ 1\rangle$ 이라고 하면

(1) 벡터방정식은 $\langle x, y, z\rangle = \langle 1,\ 1,\ 1\rangle + t\langle -1, -3,\ 2\rangle \ (t \in \mathbb{R})$이고,

(2) 매개방정식은 $x = 1-t,\ y = 1-3t,\ z = 1+2t \ (t \in \mathbb{R})$이며,

(3) 대칭방정식은 $\dfrac{x-1}{-1} = \dfrac{y-1}{-3} = \dfrac{z-1}{2}$ 이다.

$\mathbb{R}^3$상의 임의의 두 점 $A(x_1, y_1, z_1)$와 $B(x_2, y_2, z_2)$의 위치벡터를 r_0와 r_1라고 두면, 점 A에서 점 B로의 선분 $\overline{AB}$의 벡터방정식을 다음과 같이 나타낼 수 있다.

$$r(t) = (1-t)r_0 + tr_1,\ \ 0 \le t \le 1$$

▪ 평면의 방정식

공간 $\mathbb{R}^3$상의 평면은 평면 위의 한 점과 그 평면에 수직인 벡터에 의하여 결정된다. 공간 $\mathbb{R}^3$상의 한 점 $P_0(x_0, y_0, z_0)$을 품고 벡터 $n = \langle a,\ b,\ c\rangle$ 을 수직인 벡터로 가지는 평면의 방정식을 구해보자. 이때 벡터 n을 그 평면의 **법선벡터**(normal vector)라고 한다.

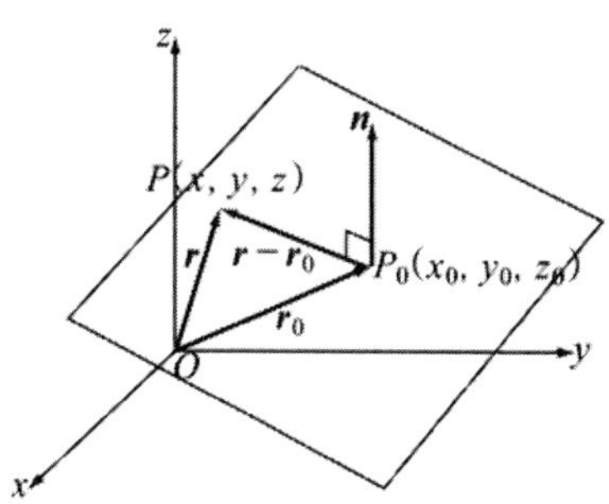

[그림 5.2.2]

$\mathbb{R}^3$상의 한 점 $P_0(x_0, y_0, z_0)$를 품는 평면상의 임의의 점을 $P(x, y, z)$라 두고

점 $P_0(x_0, y_0, z_0)$의 위치벡터를 $\boldsymbol{r}_0$, 점 $P(x, y, z)$의 위치벡터를 $\boldsymbol{r}$라고 하면 벡터 $\boldsymbol{r}-\boldsymbol{r}_0$는 법선벡터 $\boldsymbol{n}$에 수직이 된다.

정의 5.2.4 [평면의 방정식]

공간 $\mathbb{R}^3$상의 한 점 $P_0(x_0, y_0, z_0)$을 품고 벡터 $\boldsymbol{n}=\langle a, b, c\rangle$을 수직인 벡터로 가지는 평면의 방정식을 다음과 같은 세 가지 방법으로 나타낼 수 있는데 각각을 벡터방정식, 스칼라 방정식, 선형방정식이라 부른다.

(1) $\boldsymbol{n}\cdot(\boldsymbol{r}-\boldsymbol{r}_0)=0$ 또는 $\boldsymbol{n}\cdot\boldsymbol{r}=\boldsymbol{n}\cdot\boldsymbol{r}_0$ [평면의 **벡터방정식**]

$(\boldsymbol{n}=\langle a, b, c\rangle,\ \boldsymbol{r}=\langle x, y, z\rangle,\ \boldsymbol{r}_0=\langle x_0, y_0, z_0\rangle)$

(2) $a(x-x_0)+b(y-y_0)+c(z-z_0)=0$ [평면의 **스칼라방정식**]

(3) $ax+by+cz+d=0$ [평면의 **선형방정식**]

〈주의〉 정의 5.2.4의 스칼라방정식에서 a, b, c 중 적어도 하나가 0이 되는 경우 예외적으로 정의할 필요가 있다. 예를 들면, $a=0$일 경우 다음과 같이 정의한다.

$$x=x_0,\ b(y-y_0)+c(z-z_0)=0$$

예제 5.2.5 점 $(2, 1, -1)$을 지나고 법선벡터가 $\boldsymbol{n}=\langle 2, 1, 0\rangle$인 평면의 방정식을 구하여라.

풀이 $\boldsymbol{r}=\langle x, y, z\rangle$, $\boldsymbol{r}_0=\langle 2, 1, -1\rangle$, $\boldsymbol{n}=\langle 2, 1, 0\rangle$로 두면

(1) 벡터방정식은 $\langle 2, 1, 0\rangle\cdot\langle x-2, y-1, z+1\rangle=0$이고,

(2) 스칼라방정식은 $2(x-2)+(y-1)=0,\ z=-1$ 이며,

(3) 선형방정식은 $2x+y=5,\ z=-1$ 이다.

예제 5.2.6 세 점 $P(1,3,2)$, $Q(3,-1,3)$, $R(4,2,1)$을 지나는 평면의 방정식을 구하여라.

●●● **풀이** $\overrightarrow{PQ} = \langle 3-1,\ -1-3,\ 3-2 \rangle = \langle 2,\ -4,\ 1 \rangle$,
$\overrightarrow{PR} = \langle 4-1,\ 2-3,\ 1-2 \rangle = \langle 3,\ -1,\ -1 \rangle$ 이라고 두면, 법선벡터 $\boldsymbol{n}$은 두 벡터 $\overrightarrow{PQ}$와 $\overrightarrow{PR}$에 수직이다. 다음 두 방정식을 연립하여 풀면 법선벡터를 구할 수 있다.

$$2x - 4y + z = 0,\ \ 3x - y - z = 0$$

따라서 법선벡터는 $t\langle 1,\ 1,\ 2 \rangle$꼴이다. $\boldsymbol{r} = \langle x,\ y,\ z \rangle$, $\boldsymbol{r}_0 = \langle 1,\ 3,\ 2 \rangle$, $\boldsymbol{n} = \langle 1,\ 1,\ 2 \rangle$ 라고 두면

(1) 벡터방정식은 $\langle 1,\ 1,\ 2 \rangle \cdot \langle x-1,\ y-3,\ z-2 \rangle = 0$ 이고,

(2) 스칼라방정식은 $(x-1)+(y-3)+2(z-2)=0$이며,

(3) 선형방정식은 $x+y+2z=8$이다.

예제 5.2.7 평면 $x+y+z=1$과 $x-2y+3z=1$의 교선 L에 대한 대칭방정식을 구하여라.

●●● **풀이** 평면 $x+y+z=1$과 $x-2y+3z=1$의 법선벡터는 각각 $\boldsymbol{n}_1 = \langle 1,1,1 \rangle$과 $\boldsymbol{n}_2 = \langle 1,-2,3 \rangle$ 이고 교선 L의 방향벡터는 두 법선벡터에 수직이므로 다음 두 방정식을 연립하여 풀면 L의 방향벡터를 구할 수 있다.

$$x+y+z=0,\ \ x-2y+3z=0$$

따라서 L의 방향벡터가 $\langle 5,-2,-3 \rangle$ 이고 교선 L상의 한 점은 $(1,0,0)$이므로 두 평면의 교선 L에 대한 대칭방정식은 다음과 같다.

$$\frac{x-1}{5} = \frac{y}{-2} = \frac{z}{-3}$$

예제 5.2.8 점 $P_0(x_0, y_0, z_0)$에서 평면 $ax+by+cz+d=0$까지의 거리 D는 다음과 같음을 보여라.

$$D=\frac{|ax_0+by_0+cz_0+d|}{\sqrt{a^2+b^2+c^2}}$$

풀이 평면 $ax+by+cz+d=0$의 법선벡터는 $\boldsymbol{n}=\langle a, b, c\rangle$ 이므로 $P_0(x_0, y_0, z_0)$ 를 지나고 방향벡터가 $\boldsymbol{n}=\langle a, b, c\rangle$ 인 직선 L 은 평면 $ax+by+cz+d=0$ 와 수직이다. 따라서 직선 L 과 평면 $ax+by+cz+d=0$ 의 교점 Q 을 구하고 점 P_0 와 교점 Q 까지 거리를 구하면 된다. 먼저 L은 $P_0(x_0, y_0, z_0)$를 지나고 방향벡터가 $\boldsymbol{n}=\langle a, b, c\rangle$ 인 직선이므로 매개방정식은 다음과 같다.

$$x=x_0+at,\ y=y_0+bt,\ z=z_0+ct,\ \forall t$$

다음으로 직선의 매개방정식과 평면의 선형방정식을 연립하여 풀었을 때의 교점 $Q(x_1, y_1, z_1)$의 좌표는 다음과 같다.

$$x_1=x_0+at_1,\ y_1=y_0+bt_1,\ z_1=z_0+ct_1$$

여기서 $t_1=-\dfrac{ax_0+by_0+cz_0+d}{a^2+b^2+c^2}$ 이다.

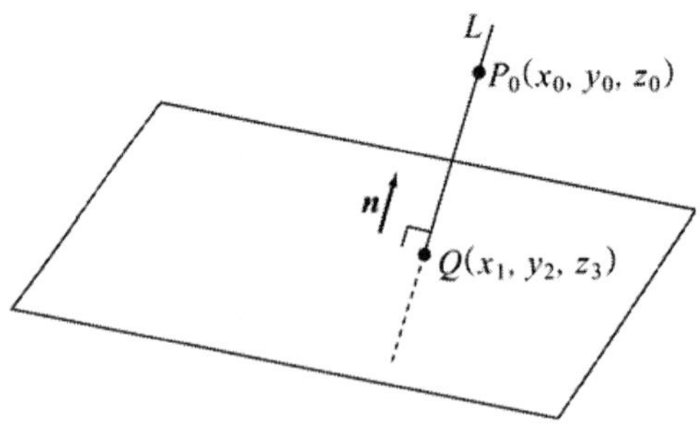

[그림 5.2.3]

점 P_0와 교점 Q까지 거리를 구하면 다음과 같다.

$$\begin{aligned} D &= \sqrt{(x_1 - x_0)^2 + (y_1 - y_0)^2 + (z_1 - z_0)^2} \\ &= \sqrt{(a^2 + b^2 + c^2)t_1^2} \\ &= \sqrt{(a^2 + b^2 + c^2)}\ |t_1| \end{aligned}$$

따라서 $P_0(x_0,\ y_0,\ z_0)$에서 평면 $ax + by + cz + d = 0$까지의 거리는

$$D = \frac{|ax_0 + by_0 + cz_0 + d|}{\sqrt{a^2 + b^2 + c^2}}$$

예제 5.2.9 평행한 두 평면 $10x + 2y - 2z = 5$ 과 $5x + y - z = 1$ 사이의 거리를 구하여라.

●●● **풀이** 점 $P\left(\frac{1}{2}, 0, 0\right)$은 평면 $10x + 2y - 2z = 5$ 상의 한 점이므로 점 P에서 평면 $5x + y - z = 1$까지 거리를 구하면 된다. 따라서 두 평면 $10x + 2y - 2z = 5$ 과 $5x + y - z = 1$ 사이의 거리는 다음과 같다.

$$D = \frac{\left|5 \cdot \frac{1}{2} + 1 \cdot 0 + (-1) \cdot 0 - 1\right|}{\sqrt{5^2 + 1^2 + (-1)^2}} = \frac{\frac{3}{2}}{\sqrt{27}} = \frac{\sqrt{3}}{6}$$

▸▸▸ 연습문제 5.2

STEP 1

01 다음 직선의 매개방정식과 대칭방정식을 구하여라.

(1) 원점과 점 $(1, 2, 3)$을 지나는 직선

(2) 두 점 $(-8, 1, 4)$, $(3, -2, 4)$를 지나는 직선

(3) 점 $(2, 1, 0)$을 지나고 직선 $x+2=\frac{y}{2}=z-3$과 평행인 직선

02 다음 평면의 방정식을 구하여라.

(1) 점 $(6, 3, 2)$를 지나고 벡터 $\langle -2, 1, 5\rangle$에 수직인 평면

(2) 점 $(4, 0, -3)$을 지나고 벡터 $\mathbf{j}+2\mathbf{k}$를 법선벡터로 가지는 평면

(3) 점 $(2, 0, 1)$을 지나고 직선 $x=3t$, $y=2-t$, $z=3+4t$과 직교하는 평면

(4) 점 $(2, 4, 6)$을 지나고 평면 $z=x+y$와 평행인 평면

(5) 세 점 $(0, 1, 1)$, $(1, 0, 1)$과 $(1, 1, 0)$를 지나는 평면

03 다음 점과 평면 사이의 거리를 구하여라.

(1) $(1, -2, 4)$; $3x+2y+6z=5$

(2) $(-6, 3, 5)$; $x-2y-4z=8$

STEP 2

04 세 점 $A(1, 5, -2)$, $B(2, 8, 1)$, $C(a, 2, b+2)$가 일직선 위에 있을 때, $a+b$의 값을 구하여라.

05 다음 평면과 직선이 이루는 예각의 크기를 α라고 할 때, $\sin\alpha$의 값을 구하여라.

(1) $2x+y-2z=0$, $x-2=\dfrac{y+1}{-2}=\dfrac{z-3}{2}$

(2) $x+2y+2z=7$, $\dfrac{x+3}{4}=\dfrac{y-4}{5}=\dfrac{z+2}{-3}$

(3) $5x-4y-3z-1=0$, $\dfrac{x+1}{5}=\dfrac{y-1}{3}=\dfrac{z-5}{-4}$

06 두 평면 $2x-2y-z+1=0$과 $4x-2y-5z+3=0$의 교선을 l이라 할 때, 직선 l의 방정식을 구하여라.

07 직선 $x-1=\dfrac{y-2}{2}=\dfrac{z-3}{3}$과 평면 $ax+y+z+2=0$이 평행할 때, 상수 a의 값을 구하여라.

08 한 점 $(1,-4,2)$을 지나고 평면 $2x+y-2z+3=0$에 평행인 평면과 원점 사이의 거리를 구하여라.

09 세 직선 $l: y=-\dfrac{1}{2}x+4$, $m: x+2y-2=0$, $n: 2x-y+4=0$ 에 대한 다음 〈보기〉의 설명 중 옳은 것을 모두 고르면?

〈보기〉

ㄱ. 두 직선 l과 m은 평행하다.
ㄴ. 두 직선 m과 n은 수직이다.
ㄷ. 두 직선 l과 n은 수직이다.

10. 평행한 두 평면 $2x+y-2z+5=0$과 $2x+y-2z+10=0$ 사이의 거리를 구하여라.

11. 두 직선 $2x=\frac{y}{3}=-z+4$와 $\frac{x-1}{a}=\frac{3y+6}{5}=\frac{z+4}{b}$가 평행일 때, $a+b$의 값을 구하여라.

12. 좌표공간에서 두 직선 $l_1:x-1=\frac{y-a}{2}=\frac{3-z}{3}$과 $l_2:\frac{x+a}{2}=\frac{y}{2}=z-a$가 한 개의 교점을 가질 때, 교점의 좌표를 구하여라.

13. 점 $A(2,-1,0)$을 지나고 직선 $\frac{x+1}{2}=\frac{y-1}{3}=1-z$에 수직인 평면의 방정식을 구하여라.

14. 두 점 $A(1,3,2)$, $B(2,5,-1)$을 지나는 직선과 평면 $2x+y+z-9=0$과의 교점의 좌표를 구하여라.

STEP 3

15. 영벡터가 아닌 두 벡터 $\boldsymbol{a}$와 $\boldsymbol{b}$에 대하여, $\overrightarrow{OA}=\boldsymbol{a}+\boldsymbol{b}$, $\overrightarrow{OB}=2\boldsymbol{a}-\boldsymbol{b}$, $\overrightarrow{OC}=3\boldsymbol{a}+k\boldsymbol{b}$ 이고, 세 점 A, B, C가 일직선 위에 있을 때, 실수 k의 값을 구하여라. (단, $\boldsymbol{a}$와 $\boldsymbol{b}$는 평행하지 않다.)

16. 직선 $\frac{x-2}{2}=\frac{y+1}{-1}=\frac{z-5}{2}$가 x축, y축, z축과 이루는 각을 각각 α,β,γ라 할 때, $\cos\alpha+2\cos\beta+2\cos\gamma$의 값을 구하여라.

17. 점 (a, b, c)을 구 $x^2+y^2+z^2=4$위의 한 점이라고 할 때, 두 평면 $ax+by+cz=1$과 $ax+by+cz=3$사이의 최단거리를 구하여라.

18. 좌표공간 위의 한 점 $A(0, 1, 2)$에서 평면 $6x-2y+3z-11=0$에 내린 수선의 발을 H라 하자. 점 H의 좌표를 (a, b, c)라 할 때, $a+b+c$의 값을 구하여라.

19. 두 평면 $2x+3y-z+6=0$과 $x-2y-z-3=0$의 교선이 평면 $x+by+cz+4=0$에 수직이다. 이때 $5(b+c)$의 값을 구하여라.

20. 구 $x^2+y^2+z^2=4$위의 점 $A(1, 3, -2)$에서 접하는 평면의 방정식을 구하여라.

21. 평면 $4x+3y+2z-24=0$과 구 $(x+2)^2+(y-1)^2+z^2=36$가 만나서 생기는 원의 넓이를 구하여라.

22. 두 직선 $l : \dfrac{x-3}{2}=\dfrac{y-1}{-1}=z-5$, $m : x-2=\dfrac{y+1}{2}=\dfrac{z+1}{3}$ 과 동시에 수직으로 만나는 직선의 방정식을 구하여라.

23. 좌표공간에서 구 $x^2+y^2+z^2=4$ 위의 점 P와 평면 $x+2y-2z-15=0$ 위의 점 Q에 대하여, 선분 $\overline{PQ}$의 최솟값을 구하여라.

24. 두 평면 $\alpha : 2x+y+z=5$, $\beta : x-y-z=3$ 과

직선 $l : x+1=\dfrac{y-2}{2}=-(z-3)$ 에 대하여, 평면 α와 β가 이루는 각을 θ_1, α와 직선 l이 이루는 각을 θ_2라 할 때, $\theta_1-\theta_2$의 값을 구하여라.

25. 두 점 $A(1,2,6)$, $B(4,-1,0)$을 이은 선분을 $2:1$로 내분하는 점을 지나고 x축, y축, z축의 양의 방향과 각각 $45°$, $60°$, $60°$의 각을 이루는 직선의 방정식을 구하여라.

26. 점 $A(1,2,3)$을 지나고 두 평면 $x-y+z=1$와 $x+2y+2z=3$의 교선에 수직인 평면의 방정식을 $ax+by+cz+3=0$이라 할 때, $a+b+c$의 값을 구하여라.

5.3 행렬의 정의와 연산

일반적으로 수 또는 수를 나타내는 변수 등을 직사각형 모양으로 배열한 것을 **행렬**(matrix)이라고 부른다.

예제 5.3.1 $A=\begin{pmatrix}1&2&3&4\\0&2&1&-1\\3&2&0&-2\end{pmatrix}$, $B=\begin{pmatrix}1&x&x-1\\x&0&x+1\\2&1-x&x^2+x\end{pmatrix}$은 행렬이다.

여기에서 행렬에 사용되는 여러 가지 용어들을 소개한다.

(1) 행렬을 구성하는 요소들을 행렬의 **원소**(element) 또는 **성분**(component)이라 한다.

(2) 행렬의 가로 줄은 **행**(row), 세로 줄은 **열**(column)이라 한다.

(3) i 행과 j 열이 교차하는 위치에 있는 행렬의 원소를 그 행렬의 (i, j)−**원소**라고 한다.

(4) 행의 개수가 m이고 열의 개수가 n인 행렬을 $m\times n$**행렬**이라 부른다.

(5) 행의 개수와 열의 개수가 n으로 같은 행렬을 n**차 정사각행렬**(square matrix)이라 부른다.

(6) $1\times n$ 행렬을 n**차 행벡터**(row vector)이라 부른다.

(7) $m\times 1$ 행렬을 m**차 열벡터**(column vector)이라 부른다.

예제 5.3.2 $(1\,1\,1)$은 3차 행벡터이고, $\begin{pmatrix}1\\2\\3\end{pmatrix}$는 3차 열벡터이다.

일반적으로 행렬은 알파벳 대문자로 나타내며, 행렬 A의 (i, j)-원소를 a_{ij}로 나타내며, 행렬 A가 $m \times n$행렬일 때, 행렬 A를 다음과 같이 나타낸다.

$$A = (a_{ij}) = \begin{pmatrix} a_{11} & a_{12} & \cdots & a_{1n} \\ a_{21} & a_{22} & \cdots & a_{2n} \\ \vdots & \vdots & & \vdots \\ a_{m1} & a_{m2} & \cdots & a_{mn} \end{pmatrix}$$

여기에서, a_{ij}의 첨자 i는 i번째 행을, j는 j번째 열을 나타낸다.

▪ 행렬의 연산

정의 5.3.3 [행렬의 상등]

(1) 두 행렬 A와 B의 행의 개수와 열의 개수가 각각 같을 때, **'A와 B는 같은 꼴이다'** 라고 한다.

(2) 같은 꼴인 두 행렬 A와 B가 서로 대응하는 원소가 모두 같을 때, **'A와 B는 서로 같다'** 라고 하고 $A = B$라고 쓴다. 즉,

$$A = (a_{ij}),\ B = (b_{ij})\text{라 할 때, } A = B \Leftrightarrow a_{ij} = b_{ij} \quad \forall i, j$$

예제 5.3.4 등식 $\begin{pmatrix} 3a+1 & 5c \\ -4a & d+2 \end{pmatrix} = \begin{pmatrix} 2 & 3c+1 \\ 4b-1 & 6 \end{pmatrix}$을 만족하는 a, b, c, d를 구하여라.

●●● **풀이** $3a+1=2$, $5c=3c+1$, $-4a=4b-1$, $d+2=6$이므로

$$a = \frac{1}{3},\ b = -\frac{1}{12},\ c = \frac{1}{2},\ d = 4$$

정의 5.3.5 [행렬의 덧셈]

같은 꼴인 두 행렬 A와 B에 대하여, 행렬 $A+B$는 A와 같은 꼴이며 그 성분은 행렬 A와 B의 대응하는 원소의 합인 행렬이고 이 행렬을 행렬 A와 B의 **합**(sum)이라고 부른다. 즉,

$$A=\begin{pmatrix} a_{11} & a_{12} \\ a_{21} & a_{22} \end{pmatrix},\ B=\begin{pmatrix} b_{11} & b_{12} \\ b_{21} & b_{22} \end{pmatrix} \Rightarrow A+B=\begin{pmatrix} a_{11}+b_{11} & a_{12}+b_{12} \\ a_{21}+b_{21} & a_{22}+b_{22} \end{pmatrix}$$

〈주의〉 행렬 $A=(a_{ij})$ 와 $B=(b_{ij})$가 $m\times n$ 행렬이면 행렬 A와 B의 합 $A+B$도 $m\times n$ 행렬이다.

정의 5.3.6 [영행렬]

모든 원소가 0인 행렬을 **영행렬**이라 부르고 일반적으로 O로 나타낸다.

예제 5.3.7 $\begin{pmatrix} 0 & 0 \\ 0 & 0 \end{pmatrix}$는 2×2 영행렬이다.

정리 5.3.8 [행렬의 덧셈법칙]

행렬 A, B, C가 같은 꼴 행렬이고 O는 영행렬일 때,

(1) $A+B=B+A$ [덧셈에 대한 교환법칙]

(2) $(A+B)+C=A+(B+C)$ [덧셈에 대한 결합법칙]

(3) $O+A=A+O=A$ [덧셈에 대한 항등원]

(4) $(-A)+A=A+(-A)=O$ [덧셈에 대한 역원]

예제 5.3.9 $A=\begin{pmatrix}1&2\\3&4\end{pmatrix}$, $B=\begin{pmatrix}5&6\\7&8\end{pmatrix}$ 일 때,

(1) $A+X=B$를 만족하는 행렬 X를 구하여라.

(2) $Y+B=A$를 만족하는 행렬 Y를 구하여라.

●●● **풀이** (1) $X=B-A=\begin{pmatrix}5&6\\7&8\end{pmatrix}-\begin{pmatrix}1&2\\3&4\end{pmatrix}=\begin{pmatrix}4&4\\4&4\end{pmatrix}$

(2) $Y=A-B=\begin{pmatrix}1&2\\3&4\end{pmatrix}-\begin{pmatrix}5&6\\7&8\end{pmatrix}=\begin{pmatrix}-4&-4\\-4&-4\end{pmatrix}=-\begin{pmatrix}4&4\\4&4\end{pmatrix}$

정의 5.3.10 [행렬의 스칼라 배]

주어진 행렬 A에 대하여, 행렬 kA는 행렬 A의 모든 성분에 스칼라 k를 곱한 것을 성분으로 가지는 행렬을 나타내며 행렬 A의 **스칼라 배**(scalar multiple)라 부른다. 즉,

$$A=\begin{pmatrix}a_{11}&a_{12}\\a_{21}&a_{22}\end{pmatrix}\Rightarrow kA=\begin{pmatrix}ka_{11}&ka_{12}\\ka_{21}&ka_{22}\end{pmatrix}$$

〈주의〉 행렬 $A=(a_{ij})$가 $m\times n$ 행렬이면 행렬 A의 스칼라 배 kA도 $m\times n$ 행렬이다.

정의 5.3.11 [행렬의 차]

주어진 행렬 A의 모든 원소의 부호를 바꾼 것을 원소로 가지는 행렬을 $-A$로 나타내고 주어진 같은 꼴의 행렬 A와 B의 차 $A-B$는 행렬 $A+(-B)$를 의미한다. 즉,

$$A=\begin{pmatrix}a_{11}&a_{12}\\a_{21}&a_{22}\end{pmatrix}\Rightarrow -A=\begin{pmatrix}-a_{11}&-a_{12}\\-a_{21}&-a_{22}\end{pmatrix}$$

〈주의〉 $A=\begin{pmatrix} a_{11} & a_{12} \\ a_{21} & a_{22} \end{pmatrix}$, $B=\begin{pmatrix} b_{11} & b_{12} \\ b_{21} & b_{22} \end{pmatrix}$이면 $A-B=\begin{pmatrix} a_{11}-b_{11} & a_{12}-b_{12} \\ a_{21}-b_{21} & a_{22}-b_{22} \end{pmatrix}$이다.

정리 5.3.12 [행렬의 곱]

(1) $1\times n$행렬(행벡터) A와 $n\times 1$행렬(열벡터) B의 곱 AB는 다음과 같이 정의된다.

$$A=(a_1\ a_2\ \cdots\ a_n),\ B=\begin{pmatrix} b_1 \\ b_2 \\ \vdots \\ b_n \end{pmatrix} \Rightarrow AB=(a_1b_1+a_2b_2+\cdots+a_nb_n)$$

(2) 주어진 행렬 A와 B의 곱 AB은 A의 열의 개수와 B의 행의 개수가 같아야 정의되며 행렬 AB의 $(i,\ j)$-원소는 A의 i행의 행벡터와 B의 j열의 열벡터의 곱으로 정의된다. 즉,

$$A=\begin{pmatrix} a_{11} & a_{12} \\ a_{21} & a_{22} \end{pmatrix},\ B=\begin{pmatrix} b_{11} & b_{12} \\ b_{21} & b_{22} \end{pmatrix} \Rightarrow AB=\begin{pmatrix} a_{11}b_{11}+a_{12}b_{21} & a_{11}b_{12}+a_{12}b_{22} \\ a_{21}b_{11}+a_{22}b_{21} & a_{21}b_{12}+a_{22}b_{22} \end{pmatrix},$$

$A=(a_{ij}) : m\times p$ 행렬, $B=(b_{ij}) : p\times n$ 행렬

$$\Rightarrow AB=\left(\sum_{k=1}^{p} a_{ik}b_{kj}\right) : m\times n \text{ 행렬}$$

(3) 행렬 A가 정사각행렬이면 $AA=A^2$, $AAA=A^3$, $\cdots$, A^n 로 간단히 나타낸다.

예제 5.3.13 다음 행렬의 곱을 계산하여라.

(1) $\begin{pmatrix} 1 \\ 3 \end{pmatrix}(10\ \ -20)$

(2) $\begin{pmatrix} a & b & c \\ a^2 & b^2 & c^2 \end{pmatrix}\begin{pmatrix} -a & -a^2 \\ b & -b^2 \\ -b & -c^2 \end{pmatrix}$

●●● **풀이** (1) $\begin{pmatrix}1\\3\end{pmatrix}(10 \ \ -20) = \begin{pmatrix}10 & -20\\30 & -60\end{pmatrix}$

(2) $\begin{pmatrix}a & b & c\\a^2 & b^2 & c^2\end{pmatrix}\begin{pmatrix}-a & -a^2\\b & -b^2\\-b & -c^2\end{pmatrix} = \begin{pmatrix}-a^2+b^2-bc & -a^3-b^3-c^3\\-a^3+b^3-bc^2 & -a^4-b^4-c^4\end{pmatrix}$

예제 5.3.14 다음 연립방정식을 $AX=B$의 형태로 나타내어라. 단, $X=\begin{pmatrix}x\\y\\z\end{pmatrix}$.

$$\begin{cases}2x+4y+\ \ z=15\\ \ x-2y+\ 5z=20\\5x+\ y-10z=\ 5\end{cases}$$

●●● **풀이** $\begin{pmatrix}2 & 4 & 1\\1 & -2 & 5\\5 & 1 & -10\end{pmatrix}\begin{pmatrix}x\\y\\z\end{pmatrix} = \begin{pmatrix}15\\20\\5\end{pmatrix}$

정리 5.3.15 [행렬의 곱셈법칙]

주어진 스칼라(실수) k, l과 행렬 A, B, C에 대하여, 아래에 주어진 연산이 가능하도록 행렬 A, B, C의 꼴이 주어졌다고 가정할 때, 다음이 성립한다.

(1) $(kl)A=k(lA)$, $(k+l)A=kA+lA$, $k(A+B)=kA+kB$

(2) $(kA)B=A(kB)=k(AB)$

(3) $(AB)C=A(BC)$ [곱셈에 대한 결합법칙]

(4) $(A+B)C=AC+BC$, $A(B+C)=AB+AC$ [곱셈에 대한 배분법칙]

〈주의〉 (1) 일반적으로 곱셈에 대한 교환법칙 $AB=BA$은 성립하지 않는다. 예를 들면 다음과 같다.

$$A=\begin{pmatrix}1\\2\end{pmatrix},\ \ B=(1\ \ 2) \Rightarrow AB=\begin{pmatrix}1 & 2\\2 & 4\end{pmatrix},\ \ BA=(5)$$

(2) 일반적으로 다음은 성립하지 않는다.

$$(A+B)(A-B)=A^2-B^2,\ \ (A+B)^2=A^2+2AB+B^2$$

▶▶▶ 연습문제 5.3

STEP 1

01. 오른쪽 그림은 세 나라 P_1, P_2, P_3사이의 국제 통신망을 화살표로 나타낸 것이다. 행렬 A의 (i,j)−성분은 P_i에서 P_j로 보내는 통신망의 수를 나타낸다고 할 때, 행렬 A를 구하여라. (단, $i=j$일 때, (i,j)−성분은 0이고, 화살표 방향으로만 통신을 할 수 있다.)

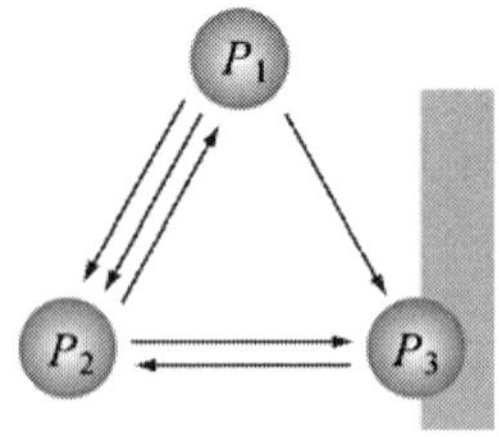

02. 2×3행렬 A의 (i,j)−성분이 $2j-i-3$과 같이 주어질 때, 행렬 A을 구하여라.

03. 3×3행렬 A의 (i,j)−성분이 다음과 같이 각각 주어질 때, 행렬 A을 구하여라.

(1) $i=j$일 때, $a_{ij}=1$이고 $i\neq j$일 때, $a_{ij}=0$이다.

(2) $i\le j$일 때, $a_{ij}=i$이고 $i>j$일 때, $a_{ij}=-a_{ji}$이다.

04. A의 (i,j)−성분 a_{ij}가 다음과 같이 각각 주어질 때, 행렬 A을 구하여라.

(1) $a_{ij}=i+j \ \ (i=1,2,\ j=1,2,3)$

(2) $a_{ij}=(-1)^{i+j} \ \ (i=1,2,3,\ j=1,2,3)$

05. 두 행렬 $A=\begin{pmatrix}0 & 1\\ 2 & -1\end{pmatrix}$와 $B=\begin{pmatrix}2 & 3\\ 0 & 1\end{pmatrix}$에 대하여, $X=2A-B$일 때, 행렬 X의 덧셈에 대한 역원을 구하여라.

06. 행렬 $A=\begin{pmatrix}1 & -1\\ 0 & 1\end{pmatrix}$일 때, A^3을 구하여라.

07. 두 행렬 $A=\begin{pmatrix}1 & -1\\ -1 & -1\end{pmatrix}$, $B=\begin{pmatrix}1 & 1\\ -1 & 0\end{pmatrix}$에 대하여, $AB-A$을 구하여라.

08. 두 행렬 $A=\begin{pmatrix}0 & -1\\ -1 & 0\end{pmatrix}$, $B=\begin{pmatrix}2 & a\\ 1 & b\end{pmatrix}$에서 $AB=BA$가 성립할 때, $a+b$의 값을 구하여라.

09. 행렬 A,B에 대하여, $A+2B=\begin{pmatrix}1 & 1\\ 2 & 3\end{pmatrix}$와 $A-2B=\begin{pmatrix}-3 & 1\\ -2 & 1\end{pmatrix}$가 성립할 때, A^2-4B^2을 구하여라.

10. 두 행렬 $A=\begin{pmatrix}-3 & 1\\ -4 & 2\end{pmatrix}$, $I=\begin{pmatrix}1 & 0\\ 0 & 1\end{pmatrix}$에 대하여, $A^2+kA=2I$을 만족하는 상수 k을 구하여라.

11. 행렬 $A=\begin{pmatrix}-2 & -1\\ 1 & 0\end{pmatrix}$, $B=\begin{pmatrix}2 & 3\\ 3 & 6\end{pmatrix}$에 대하여, $X+Y=A$, $X-Y=B$을 만족하는 행렬 X,Y을 구하여라.

STEP 2

12. 두 행렬 $A=\begin{pmatrix}2 & -1\\ -1 & 6\end{pmatrix}$, $B=\begin{pmatrix}1 & 2\\ a & b\end{pmatrix}$에 대하여, 등식

$(A+B)(A-B)=A^2-B^2$이 성립할 때, 상수 a,b의 곱 ab의 값을 구하여라.

13. 행렬 $A=\begin{pmatrix}-4 & -2\\ 6 & 2\end{pmatrix}$에 대하여, 행렬 A^{2013}의 모든 성분의 합을 구하여라.

14. 모든 실수 x, y에 대하여, 다음 등식이 성립할 때, $a+b$의 값을 구하여라.

$$(1\ \ 1)\begin{pmatrix}a & 1\\ 1 & b\end{pmatrix}\begin{pmatrix}x\\ y\end{pmatrix}=(1\ \ 1)\begin{pmatrix}a-1 & a\\ b & -2\end{pmatrix}\begin{pmatrix}x\\ y\end{pmatrix}$$

15. 두 행렬 $A=\begin{pmatrix}-2 & a\\ 6 & b\end{pmatrix}$, $B=\begin{pmatrix}3 & 9\\ 2 & 6\end{pmatrix}$에 대하여, $AB=O$가 성립할 때, 두 실수 a, b의 값을 구하여라. (단, O는 영행렬)

16. 두 행렬 A, B에 대하여, $(A+B)^2=\begin{pmatrix}1 & 2\\ 3 & 4\end{pmatrix}$이고 $(A-B)^2=\begin{pmatrix}3 & 4\\ 1 & 2\end{pmatrix}$일 때, 행렬 A^2+B^2의 모든 성분의 합을 구하여라.

17. 행렬 $A=\begin{pmatrix}1 & -1\\ -1 & 1\end{pmatrix}$일 때, $A+A^2+A^3+A^4+A^5=kA$을 만족하는 실수 k의 값을 구하여라.

18. 행렬 $A=\begin{pmatrix}2 & -5\\ 1 & -2\end{pmatrix}$에 대하여, $A^n=\begin{pmatrix}1 & 0\\ 0 & 1\end{pmatrix}$을 만족하는 자연수 n의 최솟값을 구하여라.

STEP 3

19. 행렬 $A=\begin{pmatrix}2 & -3\\ 1 & -2\end{pmatrix}$에 대하여 행렬 B가 $B=A^{1002}+A^{1001}+A^{1000}+\cdots+A$을 만족할 때, 행렬 B의 $(2,1)$-성분을 구하여라.

5.4 역행렬과 선형연립방정식

정의 5.4.1 [단위행렬]

n차 정사각행렬로 대각선상의 원소가 모두 1이고 나머지 원소는 모두 0인 행렬을 **n차 단위행렬**(identity matrix, unit matrix)이라고 하고 I_n 또는 E_n 으로 나타낸다. 즉,

$$I_2 = \begin{pmatrix} 1 & 0 \\ 0 & 1 \end{pmatrix},\ I_3 = \begin{pmatrix} 1 & 0 & 0 \\ 0 & 1 & 0 \\ 0 & 0 & 1 \end{pmatrix}$$

정리 5.4.2

주어진 행렬 A가 $m \times n$ 행렬일 때, 다음이 성립한다.

$$A\,I_n = A = I_m\,A$$

정의 5.4.3 [역행렬]

주어진 n차 정사각행렬 A에 대하여,

$$AB = I_n = BA$$

인 n차 정사각행렬 B가 존재할 때, 행렬 B는 행렬 A의 **역행렬**(inverse matrix)이라 하고 A^{-1}로 나타낸다.

정리 5.4.4

2×2 행렬 $A=\begin{pmatrix} a & b \\ c & d \end{pmatrix}$의 역행렬이 존재하면, 역행렬은 다음과 같다.

$$A^{-1}=\frac{1}{ad-bc}\begin{pmatrix} d & -b \\ -c & a \end{pmatrix}$$

(증명) $\begin{pmatrix} a & b \\ c & d \end{pmatrix}\begin{pmatrix} d & -b \\ -c & a \end{pmatrix}=\begin{pmatrix} ad-bc & 0 \\ 0 & ad-bc \end{pmatrix}=(ad-bc)I_2$,

$\begin{pmatrix} d & -b \\ -c & a \end{pmatrix}\begin{pmatrix} a & b \\ c & d \end{pmatrix}=\begin{pmatrix} ad-bc & 0 \\ 0 & ad-bc \end{pmatrix}=(ad-bc)I_2$ ∎

정리 5.4.5

n차 정사각행렬 A와 B에 대하여, 다음이 성립한다.

(1) A의 역행렬 A^{-1}이 존재하면 $(A^{-1})^{-1}=A$이다.

(2) A와 B의 역행렬이 존재하고 AB가 정의되면 $(AB)^{-1}=B^{-1}A^{-1}$

(증명) (2) $(AB)(B^{-1}A^{-1})=A(BB^{-1})A^{-1}=AA^{-1}=I_n$,

$(B^{-1}A^{-1})(AB)=B^{-1}(A^{-1}A)B=B^{-1}B=I_n$ ∎

▪ 선형연립방정식과 행렬

아래에 왼편에 주어진 선형연립방정식을 행렬의 곱으로 표현하면 오른편에 주어진 형태로 표현된다.

$$\begin{cases} a_{11}x_1+a_{12}x_2+\cdots+a_{1n}x_n=b_1 \\ a_{21}x_1+a_{22}x_2+\cdots+a_{2n}x_n=b_2 \\ \vdots \qquad \vdots \qquad \vdots \qquad \vdots \\ a_{m1}x_1+a_{m2}x_2+\cdots+a_{mn}x_n=b_m \end{cases} \Rightarrow \begin{pmatrix} a_{11} & a_{12} & \cdots & a_{1n} \\ a_{21} & a_{22} & \cdots & a_{2n} \\ \vdots & \vdots & & \vdots \\ a_{m1} & a_{m2} & \cdots & a_{mn} \end{pmatrix}\begin{pmatrix} x_1 \\ x_2 \\ \vdots \\ x_n \end{pmatrix}=\begin{pmatrix} b_1 \\ b_2 \\ \vdots \\ b_m \end{pmatrix}$$

즉,

$$AX = B \quad \text{단, } A = \begin{pmatrix} a_{11} & a_{12} & \cdots & a_{1n} \\ a_{21} & a_{22} & \cdots & a_{2n} \\ \vdots & \vdots & & \vdots \\ a_{m1} & a_{m2} & \cdots & a_{mn} \end{pmatrix},\ X = \begin{pmatrix} x_1 \\ x_2 \\ \vdots \\ x_n \end{pmatrix},\ B = \begin{pmatrix} b_1 \\ b_2 \\ \vdots \\ b_m \end{pmatrix}$$

정리 5.4.6

> 행렬 A가 n차 정사각행렬이고 역행렬 A^{-1}을 가지면 선형연립방정식 $AX = B$의 해는 $X = A^{-1}B$이다.

(증명) 행렬 A가 역행렬 A^{-1}을 가지므로 선형연립방정식의 양변에 A^{-1}를 곱하면 $AX = B$의 해를 얻을 수 있다. 즉,

$$X = A^{-1}AX = A^{-1}B \qquad \blacksquare$$

예제 5.4.7 다음 연립방정식을 풀어라.

$$\begin{cases} 2x + 4y = 1 \\ x - 2y = 2 \end{cases}$$

●●● **풀이** 연립방정식을 행렬로 나타내면 $\begin{pmatrix} 2 & 4 \\ 1 & -2 \end{pmatrix}\begin{pmatrix} x \\ y \end{pmatrix} = \begin{pmatrix} 1 \\ 2 \end{pmatrix}$ 이므로

$$\begin{pmatrix} x \\ y \end{pmatrix} = \frac{1}{-8}\begin{pmatrix} -2 & -4 \\ -1 & 2 \end{pmatrix}\begin{pmatrix} 1 \\ 2 \end{pmatrix} = \frac{1}{-8}\begin{pmatrix} -10 \\ 3 \end{pmatrix} = \begin{pmatrix} \frac{5}{4} \\ -\frac{3}{8} \end{pmatrix}$$

▸▸▸ 연습문제 5.4

01 $A=\begin{pmatrix} 1 & 3 \\ 2 & 7 \end{pmatrix}$, $B=\begin{pmatrix} 2 & 1 \\ 1 & 1 \end{pmatrix}$일 때, $B=A^{-1}PA$을 만족하는 행렬 P의 $(2,2)-$성분을 구하여라.

02 행렬 $\begin{pmatrix} x+y & -2y-1 \\ -1 & x-y \end{pmatrix}$가 역행렬을 갖지 않을 때, 점 (x, y)가 나타내는 도형을 그려라.

03 $A=\begin{pmatrix} 1 & 1 \\ 1 & 2 \end{pmatrix}$, $A^{-1}BA=\begin{pmatrix} 1 & 1 \\ 0 & 1 \end{pmatrix}$일 때, 행렬 B^{20}의 모든 성분의 합을 구하여라.

04 두 행렬 $A=\begin{pmatrix} 5 & 1 \\ 3 & 6 \end{pmatrix}$, $E=\begin{pmatrix} 1 & 0 \\ 0 & 1 \end{pmatrix}$에 대하여, $(A-4E)B=E$을 만족하는 행렬 B의 모든 성분의 합을 구하여라.

05 이차 정사각행렬 A, B에 대하여, $A^2+A=E$와 $AB=2E$가 성립할 때, B^2을 A와 E로 나타내어라. (단, E는 이차 단위행렬)

06 행렬 $A=\begin{pmatrix} 1 & 2 \\ 3 & 4 \end{pmatrix}$, $E=\begin{pmatrix} 1 & 0 \\ 0 & 1 \end{pmatrix}$일 때, $A^2-2A-2E$을 구하여라.

07 이차 정사각행렬 A에 대하여, $A\begin{pmatrix} x \\ y \end{pmatrix}=\begin{pmatrix} 1 \\ 2 \end{pmatrix}$와 $A\begin{pmatrix} z \\ w \end{pmatrix}=\begin{pmatrix} 2 \\ 1 \end{pmatrix}$가 성립할 때, 행렬 $A\begin{pmatrix} 2x-z \\ 2y-w \end{pmatrix}$를 구하여라.

08 등식 $X\begin{pmatrix} 2 & 4 \\ 1 & 3 \end{pmatrix}=\begin{pmatrix} 2 & 2 \\ 4 & 4 \end{pmatrix}$을 만족하는 행렬 X을 구하여라.

09. $A+B=\begin{pmatrix}5 & 2\\ -6 & -3\end{pmatrix}$, $AX=\begin{pmatrix}0 & 2\\ 0 & -2\end{pmatrix}$, $BX=\begin{pmatrix}-1 & 1\\ 3 & -1\end{pmatrix}$일 때, 행렬 X의 모든 성분의 합을 구하여라.

10. 등식 $\begin{pmatrix}2 & 1\\ 1 & 1\end{pmatrix}\begin{pmatrix}x\\ y\end{pmatrix}=\begin{pmatrix}10\\ 9\end{pmatrix}$을 만족하는 실수 x, y를 구하여라.

11. 다음 연립방정식이 오직 한 쌍의 해를 가질 a의 조건을 구하여라.

$$\begin{cases} ax - 3y = a \\ 2x + (a-5)y = a \end{cases}$$

12. 역행렬을 써서 다음 연립방정식의 해를 구하여라.

$$\begin{cases} ax + by = a^2 \\ bx - ay = b^2 \end{cases}$$

찾아보기

수리 강의록 시리즈 1

이공학도를 위한

수학의 기초

지은이 경북대학교 기초교육원
펴낸이 조경희
펴낸곳 경문사
펴낸날 2021년 3월 2일
등 록 1979년 11월 9일 제1979-000023호
주 소 04057, 서울특별시 마포구 와우산로 174
전 화 (02)332-2004 팩스 (02)336-5193
이메일 kyungmoon@kyungmoon.com

값 22,000원

ISBN 978-89-6105-890-2